Introduction to
Financial Management

2版

財務管理概論

劉亞秋　薛立言　合著

東華書局

國家圖書館出版品預行編目資料

財務管理概論 / 劉亞秋, 薛立言合著. -- 2 版. -- 臺北市 : 臺灣東華, 2018.02

512 面 ; 19x26 公分

ISBN 978-957-483-931-5 (平裝)

1. 財務管理

494.7　　　　　　　　　　　　　　107001135

財務管理概論

著　者	劉亞秋・薛立言
發 行 人	陳錦煌
出 版 者	臺灣東華書局股份有限公司
地　　址	臺北市重慶南路一段一四七號三樓
電　　話	(02) 2311-4027
傳　　眞	(02) 2311-6615
劃撥帳號	00064813
網　　址	www.tunghua.com.tw
讀者服務	service@tunghua.com.tw
門　　市	臺北市重慶南路一段一四七號一樓
電　　話	(02) 2371-9320

2028 27 26 25 24 23　HJ　10 9 8 7 6 5 4 3 2

ISBN　　978-957-483-931-5

版權所有・翻印必究

二版序

　　過去十年，全球企業一方經歷了金融海嘯、歐債危機的衝擊，另一方也躬逢了美、歐央行一連串量化寬鬆政策對市場的資金挹注；走過國際經濟波濤洶湧的年代，一些企業更加成長茁壯，另一些則隨浪花而消逝的無影無蹤。

　　最近（2017年年底）美國參眾兩院通過了減稅與促進就業法案 (Tax Cuts and Jobs Act, TCJA)，將企業稅率從35%大幅調降至21%；此舉讓各國企業都繃緊神經，畢竟目前仍是全球最大經濟體的美國所提供的減稅利基，足以影響的層面至廣，包括產品定價、徵才、投資分布版圖、股利政策等等，一旦企業反應不夠機敏，就有可能從全球競爭激烈的經濟舞台敗下陣來或提前出局。

　　一家成功經營的企業必然要有成功的財務管理，而財務管理若未向基礎知識紮根，則有可能讓企業營運如空中樓閣。本書二版將重點放在經營公司的各類議題上。首先將各章節之順序重新編排，以使書中傳遞之觀念能更為平順接軌。其次，將財務報表與比率分析改以兩整章的篇幅來解說，亦把資本結構與資金成本分作兩章來闡釋，而公司三大決策之一的股利政策因在初版中並未加以說明，故本版新增此章。至於重要金融工具的評價，本版僅討論公司會發行的債券與股票之評價，而將屬於衍生商品的選擇權之評價予以刪除。

　　除了初版已有的「財務問題探究」與「財經訊息剪輯」單元，二版又新增「金融法律常識」單元；同時，為強化財務與法律觀念

之聯結，二版亦在各章節篇幅中對於成立公司、發行債券及股票、現金增資等之相關法令規範有較多著墨。另外，二版新增「延伸學習庫」並置於東華書局網站，包括 Excel 資料夾及 Word 資料夾，前者納入現值、終值等之計算，報酬率與風險之衡量，可供選擇投資組合群及效率前緣之導出，以及債券評價等等；後者則針對書中所言法律條文內容提供相關網頁超連結，直接將訊息呈現在學生眼前。

　　特別感謝東華書局全體工作夥伴的辛勞，讓本書二版得以順利發行。顯然目前全球政經情勢讓未來一年仍是充滿挑戰，而只有繼續走在汲取新知的道途上，我們才會無所畏懼，祝福大家！

劉亞秋・薛立言 謹識

2018 年 1 月

初版序

　　在國內外大學教了二十多年的書,始終堅信一本概念清楚的基礎財務管理課本,可以讓學子在初探財務學門的路上少一點崎嶇而多一些興趣。雖然投身著書行列已多年,每日筆桿與鍵盤齊飛仍難比時光匆匆,直待送走了 2006 年才換得「財務管理概論」一書的誕生。

　　這本書描述財務管理的理論與實務。不僅是公司經理人需要藉助財務理論的演進與提示來應對快速變化的環境,個人生活裡的許多重要決定也經常會停泊在財務的思維上。一本融會理論並貫穿實務而作有系統陳述的財務管理書,除了抓住歷史的軌跡,並在新的年代剖析新的問題。

　　財務管理是一門相當新的學科,在學術的紀元裡正式佔有一席之地也僅是半個世紀以來的事;然而,近一、二十年來財務理論與模型在實務界的廣泛應用,已讓這門學科的發展對經濟社會產生極為深遠的影響。理論引導實務,而實務又激發出更多理論的革新與創見。舉例來說,過去我們習慣採用每股盈餘 (EPS) 來衡量公司的經營表現,如今附加經濟價值 (Economic Value Added, EVA) 已成為更令人信賴的衡量指標。EVA 觀念是由兩位財務學教授史登 (Joel Stern) 和史都華 (Bennett Stewart) 所創設的史登史都華財務顧問公司 (Stern Stewart & Co.) 所提出。這是學術更新實務面作法的其中一個佐證。又譬如金融市場運作倚仗甚深的各種評價模型,特別是讓企業界在避險方面有諸多揮灑空間的選擇權之評價,若少了

財務學家布萊克與修茲厥功至偉的選擇權評價模型，今天市場中衍生工具評價模型的專精與複雜化不可能有這般順利。

從過去到現在，財務學界念茲在茲的努力對企業的順利經營以及金融市場的平滑運轉已經立下了汗馬功勞；事實上，如今沒有任何一個產業敢於承擔不重視財務管理的後果。面對產業競爭優勢快速挪移的風雲詭譎，財務創新的腳步更加難以稍歇；學子為強化個人競爭力自有必要在財務領域取得最起碼的涉獵。提供優良的財務管理教科書是我們著書的初衷，也是在學術園地裡為知識傳承而樂在其中的使命。

在完書之際寫下這篇序言，憶起十多年前因父親（岳父）經歷的重大手術而收拾行囊踏上歸鄉之路；如今與父親已是「十年生死兩茫茫，不思量，自難忘」，還是可以感受到在天際的彼端，慈眉善目的父親仍是開懷地分享我們生活中的點點滴滴。回到自己生長的地方教書，絕大多數學生的虛心受教早已讓「日暮鄉關何處是」的情懷滯留海外。君不聞蘇軾的「歸來彷彿三更；家童鼻息已雷鳴，敲門都不應，倚仗聽江聲」？一樣的豁達，乃因在質樸上進的學生與認真授業的老師之間仍見人間的一片淨土。

由衷的感謝，獻給年邁的父母；無比的祝福，送給守在自己崗位認真工作的每一個人。願在 2007 年人人皆能見到花更好而知與誰同。

劉亞秋・薛立言

2007 年 2 月

於國立中正大學管理學院

金融創新與債券研究中心

目錄

二版序　　　　　　　　　　　　　　　　　iii

初版序　　　　　　　　　　　　　　　　　v

第一章　財務管理導論　　　　　　　　　1

第一節　財務管理的重要課題　　　　　　2
第二節　公司經營的目標及重要決策　　　5
第三節　企業的組織型態　　　　　　　　8
第四節　代理問題與公司治理　　　　　　17

第二章　現金流量的複利與折現　　　　　35

第一節　現值與終值的轉換　　　　　　　37
第二節　非整數期間與複利次數的考量　　46
第三節　年金的終值與現值計算　　　　　53

第三章　企業財務報表　　　　　　　　　75

第一節　資產負債表　　　　　　　　　　76
第二節　損益表　　　　　　　　　　　　86
第三節　現金流量表　　　　　　　　　　91
第四節　權益變動表　　　　　　　　　　100

第四章　財務比率分析　　117

第一節　五大類型的財務比率　　119
第二節　杜邦方程式　　138
第三節　強調營業績效的財務指標　　141

第五章　風險與報酬　　155

第一節　個別資產的報酬率及風險衡量　　157
第二節　投資組合的報酬率及風險衡量　　169
第三節　投資組合的風險分散效果　　182

第六章　投資組合理論與資產定價　　193

第一節　投資組合的風險剖析　　195
第二節　資本資產定價模型　　203
第三節　風險性資產的效率前緣　　211
第四節　最適投資組合與資本市場線　　219

第七章　債券基礎觀念與評價　　237

第一節　債券的募集與發行　　239
第二節　債券的基本規格與多樣化設計　　244
第三節　債券評價　　257

第八章　股票基礎觀念與評價　　279

第一節　股票的募集與發行　　281
第二節　現金增資與現金減資　　291
第三節　股票評價　　300
第四節　股票評價模型的應用要領　　312

第九章　資金成本　　327

第一節　資金成本的基本概念　　329
第二節　加權平均資金成本各項目的計算　　337
第三節　部門或投資方案的資金成本　　347

第十章　資本結構　　361

第一節　資本結構與財務槓桿　　363
第二節　M&M 資本結構理論　　369
第三節　最適資本結構與融資順位理論　　383

第十一章　資本預算決策與評量　　397

第一節　投資方案類型及新增現金流量　　399
第二節　資本預算評量方法　　411
第三節　各種評量方法優缺點比較　　420
第四節　修正的內部報酬率　　429

第十二章　股利政策　445

第一節　股利分配的各種形式　447

第二節　股利政策理論　463

第三節　股利分配實務　471

第四節　公司減資　474

中文索引　488
英文索引　495

CHAPTER 1 財務管理導論

"Persistence can knock down closed doors."
「堅定持續的努力可以開啟已關閉的門。」

―智慧小語―

　　財務管理相較於經濟學、物理學等，堪稱是一門「年輕」的學科，其發展至今不過六十年，但對金融市場與產業界的影響已極為深遠！財務管理現代化的紀元可回溯至 1958 年，乃因墨迪格里阿尼 (Franco Modigliani) 和米勒 (Merton Miller) 兩位教授在該年提出了財務史上第一個總體均衡模型：**資本結構無關論**[1]。之後有更多極具實務價值的財務理論與模型相繼推出，從而奠定了財務學門值得深入探究的基礎。

　　本章第一節介紹財務管理的重要課題；第二節描述公司經營的目標與決策；第三節探討企業組織的型態；第四節說明代理問題與公司治理。

---

[1] 墨迪格里阿尼 (1918-2003) 為 1985 年諾貝爾經濟學獎得主；米勒 (1923-2000) 為 1990 年諾貝爾經濟學獎得主；兩人的姓皆是以 M 字母開頭，故其 1958 年理論亦稱為「M&M 無關論」。兩位學者在 1963 年又推出「M&M 有關論」；這些理論將在本書第十章中作詳細探討。

第一節　財務管理的重要課題

本節重點提問

　　財務管理有哪些基礎與決策面課題？

　　「財務管理」或「財務金融」在當今仍是既熱門又具發展潛力的學科，任何決心要以財務研究為職志的人士，有必要在此領域的各個重要課題上深植根基。

財務管理的基礎課題

　　企業或個人經常會有「投資」與「融資」的問題要面對，而此正為財務管理最重要的兩大工作項目。不論是何種型態的投資與融資，必定會運用到財務學的一些基礎概念與分析方法，包括現金流量折現、財務報表與財務比率分析、風險與報酬、投資組合理論與資產定價模型、金融工具的評價等，茲簡要說明如下。

現金流量折現

　　財務管理著重於**現金流量**(Cash Flow)的管理；在比較兩筆或多筆金額時，一定要注意現金流量發生的時點。只要發生的時點不同，就必須進行**現金流量折現**的處理，亦即用**複利**(Compounding)或**折現**(Discounting)的方式，把所有正在考慮的現金流量拉到同一個時點來作比較。由於人們對貨幣的使用有時間偏好，同樣數量的貨幣愈早收到愈有價值，而「現金流量折現」的作法，就是要以正確的方式將**貨幣的時間價值**(Time Value of Money)納入考量。

財務報表與財務比率分析

要瞭解一家企業的經營狀況，研讀其財務報表是必要的步驟，而閱讀企業財報的能力更是現代人選擇投資標的之必備。**財務比率分析**則如同對公司進行體檢，是洞悉企業營運體質、協助投資人揭開財報面紗的有利工具。由於財報涵蓋了企業在投資及融資方面的短期、長期作法與經營成果，因此不論是個人、企業為投資之目的或為銀行貸款找依據，財務報表與比率分析都是財務管理不可或缺的一項重要課題。

風險與報酬

一般人都知道，任何投資標的之選取必須同時考量**風險**與**報酬**；掌理財務的人則不能不知如何衡量報酬與風險。報酬與風險有主觀與客觀兩種衡量方式，前者利用機率分配，後者利用歷史資料。不過，風險的衡量會因所持有資產的多寡及種類的不同而比報酬的衡量更為複雜；換句話說，投資人會因所持有的是**單一資產**或是由多種資產建構的**投資組合**而重視不同的風險類別。風險與報酬的衡量是財務管理的入門課題之一，也是基礎財務課程必然涵蓋的範疇。

投資組合理論與資產定價模型

財務管理學門之能夠兼備理論與實用的價值，其中一個重要的原因是文獻上已導出幾個重要的資產定價模型。這些模型讓市場上個別資產或投資組合的定價及報酬率計算有了理論的依據，並得以不斷創造出新的金融商品。最早推出的定價模型為**夏普／林特納／莫辛 (William Sharpe/John Lintner/Jan Mossin)** 的**資本資產定價模**

型,此定價模型誕生的重要推手則是**馬可維茲** (Harry Markowitz)的**投資組合理論**。由於資本資產定價是一切財務評價模型之始,初學者應熟習此評價模型的基本概念。

◉ 重要金融工具的評價

金融工具的評價若亂無章法而缺乏合理依據,則不僅市場無法接受,政府主管當局也絕不容許。因此,評價工作對於修習財務的人來說,是挑戰也是重任。一般財務管理的基礎課程多會將債券及股票的基本評價觀念納入,乃因此兩類金融工具是企業取得長期資金最主要的管道,其能否運用得宜則攸關企業經營的成敗。

以上所述的財務管理基礎課題,其所探討的概念可同時應用在**個人理財**或**企業金融**方面,至於專屬財務經理人主掌的「企業金融」部分,則另涵蓋了幾項重要的決策面課題。

◉ 財務管理的決策面課題

「財務管理」所探討的各項觀念與議題,可為不同的組織與個人所運用,而公司的財務管理工作,則是其中最艱鉅也最複雜的,必須用上全套的財務管理觀念及技術。由於公司理財是財務管理工作最具體的實現,**財務管理**與**公司理財**遂常成為教科書命名時兩個相互通用的名稱。

除了前述提到的基礎課題外,財務管理有哪些決策方面的課題?基本上,企業的決策議題除了與投資及融資有關,另還有盈餘分配的問題要處理。長期構面上的決策包括資本結構、資金成本、

資本預算、股利政策等，短期方面則主要是營運資金管理，而定期的財務規畫與預測也是屬於決策面的範疇。本書後半部將會針對企業長期的財務決策逐一加以說明[2]。

第二節　公司經營的目標及重要決策

> **本節重點提問**
> - 公司為何要以「股票價格極大化」為經營目標？
> - 公司在執行三大主軸的決策過程中，有哪些應遵循的原則？

公司經營目標

前述提及，「公司理財」是「財務管理」的本質與內涵最具體的實現，那麼公司經營的目標，即可看作是財務管理的目標。然而，什麼該作為公司經營的目標呢？「利潤極大化」？「市占率極大化」？還是「股票價格極大化」？

首先，利潤極大化並非是理想的公司經營目標，此乃因公司的獲利年年不同，到底該極大化未來哪一年的利潤呢？即使可以極大化若干年利潤的平均值，而這個「若干年」又該如何決定？公司的利潤可以從各種不同的角度來衡量，譬如毛利、營業利益、稅後淨

---

[2] 其他重要的企業決策議題分析，請參考劉亞秋、薛立言合著之《財務管理》二版，華泰文化出版。

利等；到底是要極大化何種形式的利潤呢？由上述可知，採用「利潤極大化」當公司目標，不論是在利潤的形式或時點上，都無法讓我們得到清晰一致的概念。

其次，市占率極大化也不是理想的公司經營目標，這是因為市占率愈大，並不表示公司愈會賺錢，而且管理階層為擴大市占率，可能會用降低產品價格的方式來達成，但是削價競爭未必會提升公司的獲利，反而有可能造成虧損，傷及股東權益。另外，削價競爭也可能招致同業的反擊，影響公司長遠的發展。

理想的公司經營目標應該是：**股票價格極大化** (Stock Price Maximization)，其所指的股票當然是每家上市櫃公司都會發行的普通股。股票目前的價格反映公司在（可以預見的）未來之獲利能力；未來獲利持續看好的公司其股價會上漲，未來獲利有隱憂的公司其股價會下跌。若用財務上的術語來說，股票目前的價格即等於公司未來所有現金流量的現值加總。因此，管理階層經營公司的成果必定會在股價上表現出來。

進一步說，公司既為股東所擁有，替股東極大化其財富乃是理所當然，而股東財富等於「普通股股票價格」乘以「股東持有股數」。在既定的持股數之下，**股東財富極大化** (Stockholder Wealth Maximization) 無異於股票價格極大化。基於上述的說明，可見理想的公司經營目標應是「股票價格極大化」。

若一家公司的股票尚未在市場公開交易，或私下在現有股東之間也很少進行換手，則很難找出每股股票的市場價格。在此情況下，與股東財富極大化吻合的目標應是：**股東權益價值極大化**。

公司經營的重要決策

公司經營的重要決策可以歸納為三大主軸：**投資**、**融資**及**股利決策**，其中投資與融資又有長期與短期之分。長期投資決策主要是指固定資產的投資，稱作**資本預算決策**，而長期融資決策的重點在於**資本結構**及**資金成本**的決定。短期的投資與融資決策合稱為**營運資金管理**。股利政策雖是每年度決定的大事，但仍應有長期的規畫才不致於對股價產生不利的衝擊。當然，公司也可能會著手一些特殊的決策方案譬如**併購**計畫等。不論是什麼決策，都必須與銷售額的成長目標搭配進行，因此企業必須經常透過長短期的**財務規畫**來整合決策的資金需求，如此才不會有資金短絀的現象發生。

前述提及公司的重要決策主要在於投資、融資及股利三方面，這些決策的執行有其各自應遵循的原則，說明如下：

1. **投資決策原則**

    投資方案的報酬率必須大於**門檻利率** (Hurdle Rate)。門檻利率是指企業可接受之最低報酬率，通常是反映投資方案的資金成本。投資方案的風險愈高，門檻利率自然也愈高。

2. **融資決策原則**

    每一投資方案可使用不同的融資工具（例如債券、股票等），而這些融資工具的搭配比重應盡量讓公司的全面資金成本降至最低。另外，融資工具的到期結構也應與投資方案之到期結構相配合，也就是應符合**到期期限配合原則** (Maturity Matching Principle)，亦即短期投資搭配短期融資，而長期投資搭配長期融資。

3. 股利決策原則

若無足夠的投資方案可賺得比門檻利率高的報酬率,則可考慮將過剩資金以股利方式發還給股東。股利決策考量的重點包括:股利發放的形式(採用現金股利或股票股利)?以及該支付多少?

綜上所述,我們可以將公司經營的目標、重要決策及決策考量重點,整理如圖 1-1 所示。

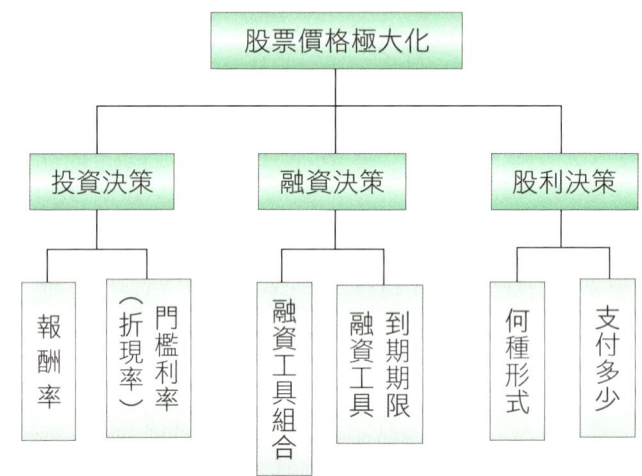

圖 1-1　公司經營的目標、重要決策及決策考量重點

第三節　企業的組織型態

本節重點提問

- 企業的組織型態分為哪幾大類?公司的型態又分為哪幾大類?
- 我國為避免重複課稅的問題,從 1998 年以來施行了哪些政策?

CHAPTER 1 財務管理導論

企業經營是以營利為目的，故通稱為營利事業[3]。我們可將企業的組織型態概分為**獨資** (Sole Proprietorship)、**合夥** (Partnership) 及**公司** (Corporation) 三大類，其中獨資與合夥是以自然人名義經營的組織，依商業登記法辦理即可成立。公司則是以法人名義來經營，並依公司法登記成立的組織。每一種企業型態有其各自的優缺點，其考量主要在於下列四方面：(1) 稅費負擔，(2) 對外籌資能力，(3) 業主（股東）承擔之責任，及 (4) 所有權移轉。

獨資

獨資就是一人企業，是最簡單的一種企業組織型態，業主只須辦理商業登記，取得營業執照（稅籍登記）就可開門做生意[4]。獨資型態的企業所受到的法令管制最少，稅費負擔最輕，業主可完全掌控企業的經營活動及決策，並獨享所有獲利。由於不具法人資格，獨資企業的對外籌資屬個人借貸，故較不易廣為籌措資金；因此，其規模受限於業主本身財富的多寡。另外，獨資企業的損失是由業主承擔，而且是**無限清償** (Unlimited Liability) 責任；也就是說，當獨資企業經營不善而倒閉時，債權人可以要求業主將其個人甚至其配偶名下的財產都拿來還債。最後，獨資企業的生命有限，因所

---

[3] 不以營利為目的之事業（團體）則稱作非營利組織 (Non-Profit Organization, NPO)；此類組織必須具備公益使命，可享有政府稅賦優惠，主要包括財團法人（如教會、私校、寺廟、基金會等）、社團法人及非法人團體（如公寓大廈管委會、職工福利委員會等）。

[4] 由於公司也可能為一人所擁有，為釐清「獨資」與「一人公司」的區別，更精準的獨資定義為：「非公司型」的一人企業。

有權不易移轉；原業主若過世而無法繼續經營時，只能將剩餘資產拍賣掉，即使有新業主願承接也得重新申請執照，原獨資企業也就結束掉了。

合夥

合夥是指兩人或兩人以上透過訂定合夥契約，共同出資、經營並分攤盈虧的「非公司型」企業。合夥與獨資在各方面都相差無幾，最大的區別即在於業主人數的不同。合夥的優點與獨資相似，同樣

獨資、合夥企業的營利所得課稅

獨資、合夥企業在我國原本不須繳納營利事業所得稅，而是直接將營利所得併入獨資者或各合夥人的個人所得來課徵個人綜合所得稅；自 2015 年起，我國兩稅合一制已由「完全設算扣抵制」改為「部分設算扣抵制」，使獨資或合夥企業在申報營利所得時，必須先繳納當年度的一半稅額，詳如下述。

我國現行所得稅法第 71 條第 2 項規定：「納稅義務人為獨資、合夥組織之營利事業者，以其全年應納稅額之半數，減除尚未抵繳之扣繳稅額，計算其應納之結算稅額，於申報前自行繳納；其營利事業所得額減除全年應納稅額半數後之餘額，應由獨資資本主或合夥組織合夥人依本法規定列為營利所得，課徵綜合所得稅。但其為小規模營利事業者，無須辦理結算申報，其營利事業所得額，應由獨資資本主或合夥組織合夥人依本法規定課徵綜合所得稅。」

貼心提示：小規模營利事業者，指的是每月營業額未達 20 萬元，經核定免用統一發票的獨資或合夥事業。有關獨資、合夥事業的所得稅法相關條文，可參考本書延伸學習庫 → Word 資料夾 → Chapter 1 → No.2。

是容易成立、法令管制少、所有獲利皆屬於合夥人等；缺點也與獨資相仿，亦即對外籌資管道有限、合夥人有無限清償責任、所有權移轉困難等。基本上，只要合夥人中有人去世或決定拆夥，原合夥關係即告終止。

上述的合夥事業型態也稱之為**一般合夥** (General Partnership)，也就是合夥事業中的所有合夥人，皆須負無限清償責任。另一種合夥型態稱作**有限合夥** (Limited Partnership)；在此關係中，至少有一人為普通合夥人，負無限清償及管理企業的責任，其餘則為有限合夥人，僅負**有限清償** (limited Liability) 責任；有限清償是指最多賠掉其**出資額**。每一普通合夥人或有限合夥人，不問其出資額多寡，均享有一票表決權，但亦可在契約中訂明是按出資額比例來分配表決權票數。須注意的是，有限合夥人不得參與有限合夥業務之執行，亦不得對外代表該合夥事業簽約。有限合夥的盈餘分配須依

例 1-1

有一獨資商號在 2018 年 4 月底結束營業，以當年度營利所得 $2,000 萬來計算，應如何繳納其營所稅及獨資業主的綜所稅？

----

1. 向國稅局申請 2018 年 1 到 4 月營所稅結算申報時，以當年營利所得 $2,000 萬來計算，結算當下須先繳納 $170 萬（即 $2,000 萬乘以營所稅 17% = 應納稅額 $340 萬，$340 萬的半數為 $170 萬）。
2. 剩下的 $1,830 萬（= $2,000 萬 − $170 萬）列為獨資業主的個人所得，於 2019 年 5 月申報綜所稅時併入個人所得繳納稅款。

照契約之約定，若未有約定，則依各合夥人出資額比例分配[5]。

◎ 公司

公司是指依公司法組織、登記、成立之社團法人，其組織架構要比獨資或合夥事業複雜。任何公司都須有自己的**章程** (Charter)，章程中載有公司名稱、所在地點、資本額、經營項目，以及經營管理之相關制度規範，包括董事設置、盈餘分配方式等。

公司是一個法人，可以和自然人一樣享有權利並盡責任；譬如公司可以擁有房地產，可以借錢，可以和自然人或其他公司簽訂合約，可以興訟，也可能被訴。基本上，公司的成立可採下列四種型態[6]：

1. **無限公司**

   由二人以上股東所組織的公司，其中半數股東應在國內有住所。股東對公司債務負連帶無限清償責任。

2. **有限公司**

   由一人以上股東所組織的公司。股東就其出資額為限，對公司負其責任。除非章程另有規定，每一股東不問出資多寡，均有一表決權。有需要時也可申請變更設立為股份有限公司。

---

[5] 我國的有限合夥法係於 2015 年通過實施。有限合夥法相關條文，請參考本書延伸學習庫→ Word 資料夾→ Chapter 1 → No.1。要連結至本書延伸學習庫，請登入東華書局網頁 (www.tunghua.com.tw) →點選「書籍資訊」財金/財稅→點選「財務管理概論（第二版）」→點選「資源下載」，然後下載「延伸學習庫壓縮檔 (.rar)」。

[6] 我國公司法相關條文，請參考本書延伸學習庫→ Word 資料夾→ Chapter 1 → No.3。

3. 兩合公司

   由一人以上無限責任股東,與一人以上有限責任股東所組織的公司。其中,無限責任股東對公司債務負連帶無限清償責任,而有限責任股東就其出資額為限,對公司負其責任。

4. 股份有限公司

   由二人以上股東,或政府、法人股東一人所組織的公司。全部資本分為股份,股東就其所認股份對公司負其責任。

根據我國公司法之規定,公司必須先在主管機關登記,方得成立。所謂主管機關,在中央是**經濟部**,在直轄市則為**直轄市政府**;不過,受直轄市政府管轄的也僅限於資本額在五億元以下的公司。譬如想在台北市成立一家公司,若資本額在五億元以下,則應向「台北市政府」辦理公司登記事宜並受其管轄。至於資本額在五億元以上的公司,即使是位於直轄市,其主管機關仍是經濟部。

成立公司的優點包括:對外籌資容易(特別是股份有限公司,可發行債券或股票)、股東僅負有限清償責任(有限或股份有限公司)、所有權轉讓容易(法人生命可無限延續)等;缺點則包括成立手續較繁瑣、法令管制較多、稅也可能繳的比較多等。

關於公司繳稅較多這一點,我們可再加以仔細分析。一般而言,公司針對獲利要繳納營利事業所得稅,繳稅之後才能將淨利以股利方式分配給股東;股東收到股利後須繳納個人綜合所得稅。因此,公司的利潤事實上被課稅兩次,一次是在公司的水準,另一次則是在個人的水準;此現象稱作**重複課稅** (Double Taxation)。

我國自 1998 年 1 月以來開始實施**兩稅合一**制度，基本上排除了重複課稅的問題；兩稅合一讓公司繳納的營利事業所得稅（營所稅），得作為股東在申報個人綜合所得稅（綜所稅）時的**可扣抵稅額**，也就是說，股東可把由股利分配而得到的「可扣抵稅額」用來抵減個人因收取股利而繳納的稅額。以營所稅率 (17%) 來看，股東對於所收股利可使用的「稅額扣抵比率」最高為 20.48% [=17% / (1 − 17%)]。

不過，自 2015 年起，政府將兩稅合一制度下的股利「可扣抵稅額」由全額改成減半，導致為避免重複課稅而施行的政策效果亦遭減半，亦即「稅額扣抵比率」已降至 10.24% (=20.48% / 2)。

在美國經營公司同樣有營利所得被重複課稅的問題；不過，最近這些年來，美國五十個州都已立法通過一種新的企業組織型態，稱作**有限清償公司** (Limited Liability Corporation, LLC)，乃是一個合夥與公司的混合體。企業若申請成立 LLC，一方面如公司一樣只須負有限清償責任，另一方面又如合夥一樣，所有利潤是併同個人其他所得繳納個人綜合所得稅，因此不會被重複課稅。許多著名的投資銀行譬如摩根史坦利 (Morgan Stanley)、美林 (Merrill Lynch)、高盛 (Goldman Sachs) 等都是以合夥形式開始創業，最後因規模及業務拓展而不得不轉型為公司。華爾街最後一家保持合夥人關係的投資銀行是高盛公司，由於是較晚才從合夥轉型，因此是先轉成 LLC，再進一步讓股票公開上市而成為公開發行公司。

 ## 閉鎖性股份有限公司

我國於 2015 年 6 月修正公司法，針對股份有限公司的部分，增修了「閉鎖性股份有限公司」的相關條文。此一公司組織型態與傳統的股份有限公司比較起來，有何好處及受到什麼限制？

在受限制方面，閉鎖性股份有限公司的股東人數不得超過 50 人，其股份不得任意轉讓（須於章程中訂定轉讓限制），亦不得公開發行或募集有價證券。

設立閉鎖性股份有限公司的好處頗多。首先，此類公司的股東出資類型相當多樣化，除了現金之外，亦可用事業所需之財產、技術、勞務或信用來抵充。其次，閉鎖型公司可選擇發行無面額的股票（傳統的股票面額為每股 $10），此點對新創事業之幫助甚大。這是因為創業者在成立公司時往往缺乏資金，若採每股 10 元的傳統票面金額，恐無法取得相當之股權比例。即便可採技術入股方式取得股權，但若是零出資（亦即完全未出錢購買），則持股人未來出脫股票時所面對的是高額的（財產交易）所得稅。若採無票面金額，則股票的發行價格不會受到「不得低於票面金額」的束縛；創業者可用極低的價格（例如每股 $0.01）取得高數量的股票，日後若以高價出脫，則其獲利完全免稅（此為資本利得，而我國未課徵資本利得稅）。再者，過去只有公開發行公司得發行可轉債，但閉鎖性公司不受此限制。搭配無票面金額股票，閉鎖性公司可在轉換比率的規畫上享有更多彈性，有利於吸引創投或天使投資人 (Angel Investor) 的資金挹注。另外，閉鎖性股份有限公司每半年即可分配公司盈餘（一般為每年分配），並可採取視訊會議方式來開股東會。

閉鎖性公司在日後若想分散股權，擴大股東規模，只要申請變更登記即可轉為一般之股份有限公司。相對而言，若公開發行公司要轉換為閉鎖性股份有限公司，則須經股東會同意（須已發行股份總數三分之二以上出席股東會，並經出席表決權過半通過），至於非公開發行公司則須全體股東之同意。

公司的組織架構

公司是一種組織，所有的營運活動係透過組織內的分工合作來達成。若從財務管理的角度來看公司的組織架構，我們可參考下列之公司簡化組織圖：

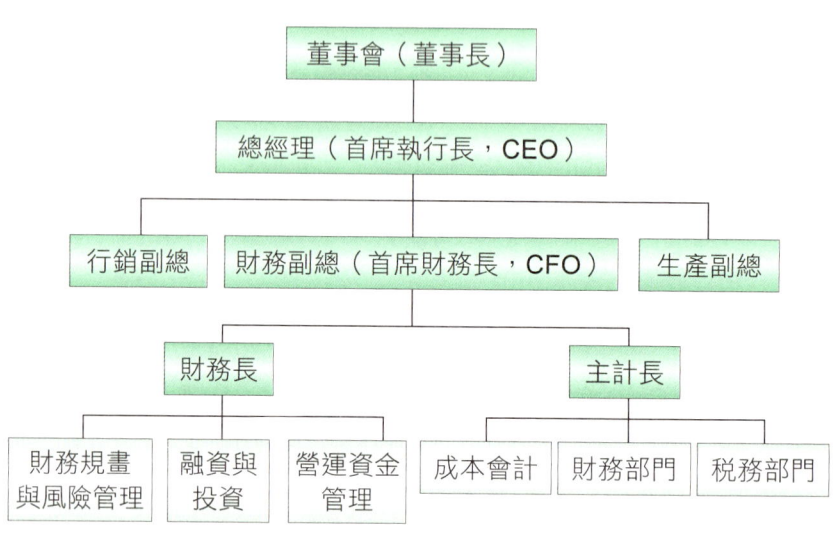

圖 1-2　著重財務角度之公司簡化組織架構

公司規模愈大、資本額愈高，其組織結構相對亦較為健全；市場上比較有規模且制度健全的公司大多為股份有限公司。股份有限公司的**董事會** (Board of Directors)，是由股東大會所選出的董事組成，再由董事推選出**董事長** (Chairman of the Board)。董事會聘請並授權以**總經理** (Chief Executive Officer, CEO) 為首的管理團隊來經營公司。總經理之下可設多位副總，例如行銷副總、**財務副總** (Chief Financial Officer, CFO) 及生產副總等。以財務功能而言，

財務副總之下又可分設**財務長** (Treasurer) 與**主計長** (Controller)；前者負責所有財務管理方面的問題（即本書所涵蓋的範圍），包括資本預算（長期投資）、長期融資、營運資金管理（現金管理、信用管理）、財務規畫等議題，後者則主管財務報表的編製、成本會計、資料處理與稅務方面的工作[7]。

第四節　代理問題與公司治理

本節重點提問

- 何謂企業的代理問題？代理問題的根源是什麼？
- 公司與債權人之間的代理問題有哪四種形式？

股東與管理者之間的代理問題

隨著公司的成長與規模擴張，股東們對於經營管理所需的專業能力將愈顯不足，而有必要委請專業管理團隊來經營公司。照理說這些委聘來的管理者，應是要為擁有公司所有權的全體股東謀取最大的利益，但是多數的股東（小股東）並無法實質參與公司經營，使得股東與管理團隊之間出現**所有權** (Ownership) 與**管理權** (Management) 分離的情況，進而引發**代理問題** (Agency Problem)。

代理問題的主要根源是**代理關係** (Agency Relationship) 的存

---

[7] 國內上市櫃公司的企業組織圖例，請參考本書延伸學習庫→Word 資料夾→ Chapter 1 → No.4。

在。股東經由股東大會選出董事會成員，並聘任管理者來經營公司；在此雇傭關係中，股東是**主理人** (Owner-Principal)，對公司掌控所有權；管理者是**代理人** (Agent)，對公司行使管理權或經營權。董事會介於股東會與管理者之間，本應替股東監督管理階層，但董事會與管理者較為親近熟識，而且有些董事本身亦躋身於管理團隊之中，因此往往未能替（小）股東善盡監督之責。

管理團隊取得代理人身分後，本應以「股東財富極大化」為經營目標，但可能因本身握有的股權極少，且與多數的小股東之間有**資訊不對稱** (Information Asymmetry) 的問題，故會在行使決策權時，傾向於謀求個人利益而忽視股東權益。「資訊不對稱」是指代理人與股東擁有不一樣的資訊內容；管理階層因主掌公司的經營，故對於公司的重大決策、經營績效、發展藍圖、未來展望等訊息都有完整且即時的資訊，而大多數的股東卻只能從媒體或定期公布的財報得知部分或片面的訊息。

代理關係與資訊不對稱的存在，讓大型公司的管理者有動機從事「管理者本身效用極大化」的行為，例如：(1) 以公司資源補貼個人過度的消費。譬如更換豪華座車、濫用企業專機、過度裝潢辦公室等。(2) 對公司經營不願克盡全力。所餘之精力可能用來拓展自己其他的事業，並藉公司之職位便捷個人其他事業的發展。(3) 過度尋求公司規模擴大或市占率提升以拉抬個人聲望。公司規模擴大或市占率提升，管理者的聲望地位也會隨之水漲船高。為達此目的，管理者有可能會從事不當的併購或過度投資；譬如以過高的股價收購其他公司，或是進行不具獲利性的投資等，結果都是傷害到公司股東的利益。

公司與債權人之間的代理問題

代理問題也可能會出現在公司（股東）與債權人之間，這是因為（大）股東對公司經營方向與決策有控制權，而債權人則無，同時雙方又有潛在的利益衝突問題。（大）股東可能透過董事會指使管理者從事一些對自己有利但卻剝奪債權人應享利益之行徑。公司與債權人之間的代理問題，可能有下列四種形式：

1. **資產類別替換** (Asset Class Substitution)

   債權人將資金借給公司，預期之報酬為契約載明之利息加上本金償還，屬於頗為固定的收益；因此，債權人期望公司從事低風險的投資，只要投資所得足夠償付債權人的利息及本金即可。然而，使用負債資金的公司會有誘因放棄低風險（低報酬）的投資，而改為從事高風險（高報酬）的投資，因為若投資成功，多餘的報酬全歸公司所有，若投資失敗，所虧掉的也多半是債權人的資金。此種可能將低風險資產替換為高風險資產的投資行為，正是源自於公司與債權人間的代理關係。

2. **債權稀釋** (Claim Dilution)

   公司管理當局也可能會未經債權人的同意就發行新債，使得公司的負債比率非預期地提高，破產風險也跟著上升，導致舊債的價值因債權稀釋而下跌，進而損害到原有債權人之權益。債權稀釋對舊債的不利衝擊在於公司一旦破產或清算，原有債權人必須與新債權人共同分配公司破產或清算後的價值，因而受到的保障減少。

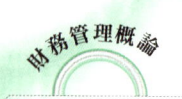

3. 股利支付 (Dividend Payout)

   公司有可能向債權人借得資金卻未進行實際的投資，而是將資金當成股利發放給股東或挪作他用。未將資金依原訂計畫作投資，公司自然無法在未來創造出現金流量以供償債，致使債權人限於不利的處境。

4. 投資不足 (Under-Investment)

   公司從事投資案所得之利益，若僅夠償還負債而不會增加股東財富，則管理當局有可能捨棄投資案而任由資金閒置或挪作他用，構成投資不足問題，並傷害到債權人應有之利益。

代理成本

代理問題的存在必然會招致**代理成本** (Agency Cost)；譬如管理者為增加自身效用而以公司資源補貼個人消費，其所耗費的資源即是公司所需承擔的代理成本。公司為解決代理問題而設立各種**誘因計畫** (Incentive Plan) 或預防條款，同樣也會招致代理成本。譬如授予**股票選擇權**作為公司管理者的績效獎勵、設置額外的監督機構、建立分層負責的機制等；獎勵績效或設置監督機構會導致額外的支出，而分層監控則可能引起行政效率的減低，而這些都是公司為了防堵代理問題所必須額外負擔的成本。

公司與債權人之間的代理問題又應如何防範呢？債權人可在債券契約中加入一些**限制條款** (Restrictive Covenants)，譬如股利發放的限制、新債發行的限制等；這些限制條款多少會干擾到公司經營的效率性，對公司而言無疑也是一種代理成本。

CHAPTER 1　財務管理導論

財務問題探究：CEO 為私人用途而使用公司專機的花費，到底是不是應控管的代理成本？

2008 年金融海嘯之後，美國很多大企業的董事會都削減了執行長 (CEO) 的諸多津貼，譬如打獵用的豪華鄉間住所、高爾夫俱樂部的會員證等，但執行長把公司洽談生意用的專機挪作私人用途的情形卻不見減少，且至今仍是一個熱門話題。

過去華爾街日報等媒體也多次評論，大企業執行長已領了可觀的薪津與獎酬，他們有能力支付私人旅遊的費用，實不該再由公司埋單，浪費投資人的錢。不過，許多公司〔包括奇異 (GE) 和波音 (Boeing) 等公司〕，都要求他們的 CEO（有時還不僅是 CEO 本人）所有的飛行都必須搭乘公司專機，理由是安全考量。美國蘋果公司 (Apple Inc.) 的 CEO 提姆庫克 (Tim Cook) 也被公司董事會要求，自 2017 年開始，所有的商務及私人行程都必須使用公司專機，蘋果公司聲明是基於安全角度考量。

各家公司考量 CEO 甚至其家人安全而為其私人旅程花費之專機公帑，到底是應該盡量控管的代理成本，還是為降低關鍵人物風險 (Key Man Risk) 而應編列的開銷，似乎已成了一個見仁見智的議題！

公司治理

公司治理的議題，多年來在國內、外已經普遍受到產業界與主管當局的高度重視，並在學術界引起廣泛的討論。美國在 2001 年及 2002 年相繼發生了震驚全球的**安隆** (Enron) 與**世界通訊** (WorldCom) 破產倒閉事件[8]，這些知名公司因長期作假帳、低估負

---

[8] 安隆 (Enron) 曾是美國最大的能源、電力及天然氣公司，其倒閉是美國在雷曼兄弟倒閉之前最大的企業破產案。世界通訊 (WorldCom) 曾是美國第二大長途電話公司。

債、虛增盈餘及會計師財報簽證不實等問題而引起美國金融市場上極嚴重的危機。台灣從 1998 年起數年間，也發生四十多家上市、櫃公司驚傳財務危機的案例，雖說 1997 年的亞洲金融風暴帶來一些衝擊，但問題的根源還是在於這些公司本身的治理機制有嚴重瑕疵。2004 年台灣金融市場上又出現博達、訊碟、皇統等科技公司因作假帳與操縱損益等情事被揭發而一夕成為地雷公司，再度令投資人膽戰心驚、惡夢連連。

企業界層出不窮的詐騙醜聞，大致反映兩個現象。其一，高階主管為了自身利益而巧取豪奪投資人的財富；其二，現行法規及公司制度不夠完備，致使董事會無法發揮監督之功能，而外部審計人員（簽證會計師）也未能堅守其獨立性與公正性。換句話說，弊端的發生乃是代理問題及公司治理機制的漏洞並存所致。良好的公司治理，已被認為是防堵企業危機、強化公司獲利能力、端正金融市場風氣、提升國家整體競爭力之必備，更是解決代理問題與降低代理成本之基石。

良好的公司治理必須靠公司內、外部各種機制共同發揮作用；內部依靠公司本身之自律，外部則有賴政府法令的規範，專業機構的嚴正監督以及市場本身競爭機制的發揮。此外，還應授予管理者用心經營的誘因，使其能傾全力來經營公司。若給「公司治理」一個具體的定義，我們可以說，公司治理 (Corporate Governance) 就是透過公司內、外部完善機制的建立與運行，以確保管理者公平對待所有利害關係人，並使管理者保有經營的誘因及自由度來創造最佳績效，進而極大化公司價值，使所有利害關係人皆能受惠。

所謂**利害關係人** (Stakeholders)，是指與企業有利害關係的所有群體，包括普通股股東、特別股股東、債權人、公司員工、供應商、消費者，甚至公司所在地的社區及各級政府，他們的利益均會因公司是否能良性經營而受到直接或間接的影響。

現代企業應該在什麼樣的公司治理原則之下從事經營管理？經濟合作暨發展組織在 2015 年 9 月出版的「公司治理」報告中，將最新修正的治理原則放在六大章中作了詳細描述，此處只取重點說明如下：

一、確保主管機關執行監管的品質。
二、保障股東權利，並使其被公平對待。
三、發揮機構投資人與股票市場之公平、有效的功能。
四、讓利害關係人之權利獲得法律保障。
五、讓公司之財務和營運結果及其他有必要揭露資訊能充分揭露與透明化。
六、董事會盡其該盡之責任，特別是要確保公司財務及會計訊息發布系統的誠信。

由以上可知，從六大章中可以摘要出的重要原則包括公平 (Fairness)、**透明** (Transparency)、**責任** (Responsibility)、**誠信** (Integrity) 等。

我國主管機關為協助上市上櫃公司建立良好的公司治理制度，並促進證券市場的健全發展，早在 2002 年證券期貨局（證期局）就已核定，由台灣證券交易所及櫃買中心共同制定之「上市上櫃公司治理實務守則」；該守則第二條揭示公司治理的五大原則，至今

已歷經多次修正,最近一次的修正(2016 年 9 月)要點如下[9]:

1. **保障股東權益**

   公司應公平對待所有股東,確實遵守資訊公開相關規定,並將公司財務、業務、內部人持股及公司治理情形即時揭露予股東。此外,公司應鼓勵股東參與公司治理,董事會也有責任建立與股東之互動機制,以增進雙方對於公司目標發展之瞭解。

2. **強化董事會職能**

   董事會應指導公司策略、監督管理階層、並對公司及股東負責。公司應制定公平、公正、公開的董事選任程序,鼓勵股東參與,並採用累積投票制度以充分反映股東意見。同時,公司應依章程設置具專業知識的獨立董事,明定獨董之職責範疇且不得限制或妨礙其執行職務。

3. **發揮監察人功能**

   監察人應監督公司業務之執行及董事、經理人之盡職情況,並關注公司內控制度,以降低公司財務危機及經營風險。公司也應建立員工、股東及利害關係人與監察人之溝通管道。

4. **尊重利害關係人權益**

   公司應與利害關係人保持暢通之溝通管道,並尊重、維護其應有之合法權益。針對往來銀行及其他債權人,應提供充足資訊,以協助其對公司之經營及財務狀況作出判斷及進行決策。對於公司員工,應建立管道,鼓勵員工與管理階層、董事或監

---

[9] 「上市上櫃公司治理實務守則」之詳細內容,請參考本書延伸學習庫 → Word 資料檔 → Chapter 1 → No. 5。

察人直接溝通，適度反映其對公司經營及財務狀況或涉及員工利益決策之意見。最後，公司在維持正常營運並極大化股東利益的同時，還應關注消費者權益、社區環保及公益等問題，並重視公司之社會責任。

5. 提升資訊透明度

公司應指定專人負責公司資訊之蒐集及揭露工作，並建立發言人制度，以確保可能影響股東及利害關係人之資訊，得以及時允當揭露。對於公司治理的相關資訊及實際執行情形，諸如公司治理的架構及規則，公司股權結構及股東權益，董事會之結構、成員之專業性及獨立性，董事會及經理人之職責等，也應定期揭露並持續更新。

C 公司治理與企業倫理

每一次在金融醜聞過後，不論是政府、媒體或財金專家都大聲疾呼一定要採取更嚴密的防範措施，特別是要強化公司治理云云，即使是管制已為最嚴格的美國也不例外。美國在安隆與世界通訊等事件發生後通過了**沙賓－奧克斯雷法案** (The Sarbanes-Oxley Act, SOX)，目的就是要加強公司治理而進一步確保類似的詐欺案件不再發生。然而，像沙賓－奧克斯雷這樣的法案，是不是足以對管理階層上緊螺絲釘，絕對防堵他們作出傷害公司的情事？

著名的財務學家**史都華．麥爾** (Stewart C. Myers) 教授過去在接受美國財務工程協會的一次訪談中指出，僅靠法令管制來強化公司治理並不能保證企業的獲利能力。麥爾教授說全世界有許多不同

的公司治理系統,像美國是在金融市場的管制及資訊透明度的要求方面比大多數國家嚴厲,但單純靠執法嚴格並不能讓美國公司在國際市場上更具競爭力。由此可知,強化公司治理固然可以靠執政當局催生嚴法(譬如沙賓－奧克斯雷法案[10])來達到,但其他因素也必須同時兼顧,譬如影響全公司上下的企業文化。

良好的公司治理要顧及的層面非常之多,問題防不勝防。不論是法令上或文化上的,一般都傾向於把高階主管的決策權利及行為認定為監管的焦點。事實上,一個公司從上到下任何一個環節都有可能出現問題;過去發生的許多金融醜聞又豈能全部歸罪於高階主管?有230年歷史的霸菱銀行(Barings Bank)其實是栽在一個年輕交易員李森(Nicholas Leeson)的手裡,而台灣的李森——引起$100億國票風暴的楊瑞仁,在案發當時只是一個未滿30歲的職員。

金融醜聞為什麼一再發生?若一個人的道德基礎鬆動,則不管在什麼年齡,終究會迷失在對與錯界線該劃在哪裡(Where to draw the line?)的問題上,進而做出傷害企業甚至整體社會的事情。走進財務學門的年輕學子,是最有可能在金融市場上繼往開來的一群,若未能在踏出校門之前建立好企業倫理(Business Ethics)的觀念,有可能稍有偏差就成為下一個楊瑞仁或李森。因此,強化公司治理

---

[10] 沙賓－奧克斯雷(Sarbanes-Oxley, SOX)法案,也稱之為「2002年公開發行公司會計改革與投資人保護法案」(the Public Company Accounting Reform and Investor Protection Act of 2002)是美國在2002年7月30日公布施行的聯邦法案,由民主黨的參議員保羅沙賓(Paul Sarbanes)和共和黨的眾議員麥可奧克斯雷(Michael G. Oxley)聯名提出,因而隨其命名。此法案設了一套新標準來監管美國公開發行公司的董事會及執業會計師事務所,並要求美國證券交易委員會(SEC)要根據新法案來加強管理。此法案管理的範疇包括公開發行公司的公司治理、內部控制、財務揭露等議題,以及簽證會計師之超然獨立的審計責任。

的根本之道，乃是不能鬆動對整體社會的企業倫理教育。

　　所謂「企業倫理」，是指企業道德行為的準繩，亦即企業行為必須是「社會」所接受之對的行為。很多人在對與錯之間並沒有很清晰的概念，他們認為做一件事的結果若讓自己處於最有利的境地，那就是對的作法。這種想法一以貫之，最後難免不釀成醜聞。「企業倫理」要求我們的行為是被社會規範所接受，而不僅是被法律接受；有些人善於鑽法律漏洞，一開始的行為不符合企業倫理但並不違法，長久下去則演變成難逃法網。因此，「企業倫理」所要求的道德標準高於法律；一個社會若是把道德跟法律劃上等號，很多價值觀就跟著被扭曲了。法律的範圍畢竟狹窄，因為法律是各個國家自訂，可鬆可緊，但道德觀則是從亙古以來就已發展成世界大同的境界。不論是在東、西方社會，誠信、正直、樂於助人這樣的行為永遠都被肯定，而欺騙、巧取豪奪、自私自利則始終為人不齒與唾棄。

　　如何作出合乎道德規範的決定？也就是說如何在對與錯之間劃清界限？不管是目前作為一個學生或是日後在企業界擔綱一項職責，道德準繩總應常繫在我們心中。人一生中經常會面對道德與利益衝突的問題而難以作抉擇，試著回答下列幾個問題或有助於抽絲剝繭，進而釐出答案。第一個問題是：**我這樣做是合法的嗎**？如果不合法就絕對不要做。譬如盜印書籍可以省下一筆錢，但因是違法的，故絕對不盜印。第二個問題是：**我這樣做是不是犧牲了別人的利益**？譬如某醫師發現癌症病患正在試用的新藥完全無效，最好應立即改用已有固定療效的舊藥控制病情，但自己的研究計畫又需要病人作完全部療程才能寫出關於新藥療效的報告。為了自己的研究

計畫而犧牲病人的治療時機是不道德的，故應立即給病人換藥。

第三個問題是：**我這樣做是否讓我自己、家人、朋友及公司以我為榮**？外商公司一般都會給予派駐在其他國家的高階主管豐厚的房租津貼，一來是期望高階主管有高級的住家環境及住屋品質而使其在異國的安全受到保障，二來也是要維持公司的形象。假設一個外商公司派駐在新興市場的高階主管，選擇了較便宜的地區或較差的住屋品質以節省房租，但仍拿出假單據向公司領回全部的房租津貼。如此作法讓外商公司無法接受，因為這是缺乏**誠信** (Integrity) 的行為。既然這樣做不能讓公司以我為榮，甚至根本不能讓公司知曉，就不該短視近利。

CHAPTER 1 財務管理導論

本章摘要

- 企業或個人經常會有「投資」與「融資」的問題要面對，而此正為財務管理最重要的兩大工作項目。
- 財務管理基礎課題包括：現金流量折現、財務報表與財務比率分析、風險與報酬、投資組合理論與資產定價模型、金融工具的評價等。
- 財務管理決策面課題包括：資本結構、資金成本、資本預算、股利政策、營運資金管理、財務規畫與預測等。
- 理想的公司經營目標是股票價格極大化，亦即是股東財富極大化或是股東權益價值極大化。
- 公司經營的重要決策可以歸納為三大主軸：投資、融資及股利決策，其中投資與融資又有長期與短期之分；這些決策的執行有其各自應遵循的原則。
- 企業的組織型態可分為獨資、合夥及公司三大類；每一種型態有其各自的優缺點，其考量主要在於下列四方面：(1) 稅費負擔，(2) 對外籌資能力，(3) 業主（股東）承擔之責任，及 (4) 所有權移轉。
- 代理關係與資訊不對稱的存在，讓大型公司的管理者有動機從事「管理者本身效用極大化」而非「股東財富極大化」的行為。
- 公司與債權人之間的代理問題，可能有下列四種形式：(1) 資產類別替換；(2) 債權稀釋；(3) 股利支付；(4) 投資不足。
- 公司治理就是透過公司內、外部完善機制的建立與運行，以確保管理者公平對待所有利害關係人，並使管理者保有經營的誘因及自由度來創造最佳績效，進而極大化公司價值，使所有利害關係人皆能受惠。

- 所謂「利害關係人」，是指與企業有利害關係的所有群體，包括普通股股東、特別股股東、債權人、公司員工、供應商、消費者，甚至公司所在地的社區及各級政府。
- 所謂「企業倫理」，是指企業道德行為的準繩，亦即企業行為必須是「社會」所接受之對的行為。

CHAPTER 1 財務管理導論

本章習題

一、選擇題

1. 「現代財務管理」發展至今，已歷經多少歲月？
   (a) 五、六十年　　　　　(b) 兩百多年
   (c) 一個世紀　　　　　　(d) 以上皆非

2. 一般公司經營的目標是：
   (a) 銷售額極大化　　　　(b) 股票價格極大化
   (c) 市占率極大化　　　　(d) 利潤極大化

3. 下列何者最不適合作為公司經營的目標：
   (a) 股東財富極大化　　　(b) 股票價格極大化
   (c) 公司利潤極大化　　　(d) 股東權益的市場價值極大化

4. 下列何者不是公司的代理成本？
   (a) 管理者頻繁更換座車
   (b) 因債券契約中的發行新債限制而無法籌足資金進行投資
   (c) 管理者為市占率而以合理價格的三倍價錢買下另一家公司
   (d) 管理者配合政府政策而錯失投資良機

5. 公司經營有哪三大必要決策？
   (a) 投資、融資、併購決策　　(b) 融資、股利、併購決策
   (c) 投資、融資、股利決策　　(d) 投資、股利、併購決策

6. 公司治理的最大目標是：
   (a) 保障所有股東的權益並求公司價值之極大化
   (b) 給予管理階層充分的自由度來經營公司

(c) 避免會計審計人員失去公正性與獨立性

(d) 讓董事會能充分發揮監督的功能

7. 公司在建立完善的治理機制時，應遵循哪四大原則？

(a) 公平、公開、誠信、責任　　(b) 公平、公開、誠信、慷慨

(c) 公開、慷慨、誠信、責任　　(d) 公平、透明、誠信、責任

8. 下列哪一項財務課題是「個人理財」與「企業金融」都需具備的基礎知識：

(a) 併購　　　　　　　　　　　(b) 風險與報酬

(c) 營運資金管理　　　　　　　(d) 資本預算決策

9. 管理者放棄有價值的投資案而任由資金閒置，所構成的問題稱之為：

(a) 投資不足　　　　　　　　　(b) 債權稀釋

(c) 資產類別替換　　　　　　　(d) 消費不足

10. 下列哪一家公司的股票價格最有可能大幅上漲？

(a) 甲公司：過去每年皆虧損，從今年開始應可逐年獲利

(b) 乙公司：去年和今年都獲利，但明年極可能虧損

(c) 丙公司：去年獲利，今年及明年雖然也會獲利，但因市場削價競爭，獲利將大幅縮減

11. 下列有關企業組織型態的敘述，何者不正確？

(a) 獨資的優點包括成立簡易，資本需求低

(b) 獨資的業主需要負擔無限清償責任

(c) 合夥形式的企業至少須有兩個人或更多人才能成立

(d) 獨資企業所受到的法令約束通常會多於合夥型態的企業

12. 下列有關企業組織型態的敘述，何者不正確？
    (a) 在「一般合夥」型態的企業中，所有的合夥人皆須負擔無限清償責任
    (b) 在「有限合夥」型態的企業中，至少須有一人作為一般合夥人
    (c) 有限合夥人可以參與企業的經營，但僅承擔有限清償責任
    (d) 公司是一個法人，但是可以和自然人一樣擁有房地產，可以向銀行借錢，或是與他人打官司

13. 下列有關公司的敘述，何者不正確？
    (a) 無限公司的股東對公司債務負有連帶無限清償責任
    (b) 有限公司的股東對公司債務所負的清償責任僅以其所認購之股份為限
    (c) 兩合公司中至少會有一人對公司債務負連帶無限清償責任
    (d) 股份有限公司的股東只需透過股票買賣即可將其所擁有的所有權移轉給他人

14. 下列何者不屬於股東與債權人之間的代理問題？
    (a) 公司將融資取得的資金用於從事高風險、高報酬的投資
    (b) 公司將融資取得的資金用於現金股利的發放
    (c) 公司放棄有助於提升整體公司價值的投資計畫
    (d) 公司積極投入社會公益活動，提升企業形象

15. 下列何者無法有效解決股東與管理者之間的代理問題？
    (a) 利用獎酬計畫讓經理人的利益與股東的利益相結合
    (b) 加強公司治理，確保公司的獲利與競爭力
    (c) 在債券契約中加入限制條款來確保公司的經營方向
    (d) 設立內部監督與分層負責機制

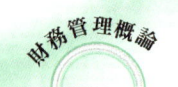

二、問答與計算

1. 財務管理有哪些基礎課題？有哪些決策課題？

2. 公司經營的目標為何？三大主軸的決策所指為何？請說明公司進行三大主軸決策時所應遵循的原則？

3. 企業的組織型態分為哪三大類？請說明各自的優、缺點。

4. 公司的型態可分為哪四種？試說明其異同。

5. 大型公司為何會產生股東與管理者之間的代理問題？管理者有哪些極大化本身效用的行為？

6. 股東與債權人之間有哪幾種形式的代理問題？試說明之。

7. 良好的公司治理有什麼功用？如何才能達成「良好的公司治理」？

8. 「公司治理」的具體定義為何？我國「上市上櫃公司治理實務守則」所揭示之建立公司治理制度的五大原則為何？

9. 何謂「企業倫理」？舉例說明一種道德與利益衝突的情況，並利用本章第四節中所提的三個問題來問自己，然後提供正確的抉擇答案。

10. 「良禽擇木而棲」，在職場中，你會想要進入什麼樣的公司服務？（提示：有正派經營的 CEO 及優良企業文化的公司？獲利有爆發力的公司？……）

CHAPTER 2

現金流量的複利與折現

> *"Compounding is the greatest mathematical discovery of all time."*
>
> 「複利是曠古以來最偉大的數學發現。」
>
> ～ Albert Einstein 愛因斯坦 ～

人一生中許多財務相關的問題，企業經營過程中長、短期投資及融資的決策，都經常需要將各筆現金流量作「折現」或「複利」的處理，然後才能進行有意義的加總或比較，進而作出正確的評價與決定。所有關於現金流量折現或複利的基本概念與計算法則，統稱作現金流量折現法 [Discounted Cash Flow (DCF) Method]，此乃本章所要探討的課題。

現金流量折現法的應用，為何會是我們經常或切身的課題呢？思考一下這個大家都會碰到的問題：放在銀行的存款每年都會孳生利息，而這些利息一旦產生後，是不是就該提出來花用呢？回答這個問題之前，不妨看看下面的例子。兩百年前有一位老祖宗，決定留下 $10,000 給他在 2018 年出生的後生小輩，老祖宗留話給子孫，以後每一代都要為這筆錢負責賺到年息 5%。

但老祖宗忘了告訴子孫，每年賺到的利息不要提出花用。結果呢？兩百年後，也就是在2018年初誕生的小娃，可領到的總額依舊是$10,000，因為每年孳生的利息都被提領用掉了。倘若每年賺到的利息是與本金放在一起繼續生息，則在2018年誕生的小娃，可領到的總額將是$172,925,808！

上例中，兩筆金額的差距竟是如此之大（相差幾乎一萬八千倍）！這讓我們見識到複利的驚人效果，也懂得現金流量折現的評價觀念是如此重要，因此本章重點放在如何學會現金流量折現的計算邏輯並靈活運用。本章第一節描述基本的現值與終值轉換法則；第二節說明非整數期間與多次複利的現值與終值計算；第三節討論「年金」的現值與終值計算。

第一節　現值與終值的轉換

> **本節重點提問**
> - 我們還的金額應該比借的金額大嗎？
> - 「風險溢酬」共有哪幾種？

貨幣的時間價值

蒂蒂向銀行借錢 $1,000,000 買了一部轎車，還款方式為未來四年每個月要付給銀行 $22,916.7；四年下來共須付出 $1,100,000（＝$22,916.7×48），比原來借的 $1,000,000 還多付了 $100,000。這多付的 $100,000 有什麼合理的依據？

我們還的金額應該比借的金額大嗎？想想看，借錢的一方可獲得即時的消費與享受，而原本擁有資金的一方卻犧牲了即時的消費與享受[1]。因此，借錢的人在還款之時除了應還本金，論理也該多付一些作為對方「犧牲即時消費的報償」，此種報償構成了「貨幣隨時間過去而增加價值」的基礎；也就是說，只要我們可以忍耐現在不消費而把錢拿去投資，則今天的一百萬元在未來拿回時應該是多於一百萬元，其間的差距反映了**貨幣的時間價值**(Time Value of Money)。

「犧牲即時消費的報償」是「貨幣的時間價值」之基礎，也就是「利率」的基本成員。但市場上在任何時點都共存著各種不同的

---

[1] 譬如存款戶將一筆錢存入銀行，就無法利用該筆資金從事即時的消費與享受。

利率，可見利率的成員，必定不只是包含「犧牲即時消費的報償」這單純一項。事實上，任何一項金融工具所給付的「利率」（或稱作報酬率），不但包含「犧牲即時消費的報償」，還包括該金融工具讓投資人承受風險的溢酬。

金融工具有可能讓投資人承受哪幾種風險呢？或說，金融工具的利率有可能包含哪幾種風險溢酬呢？任何投資工具都可能帶有四種風險，因而須提供四種溢酬，分別是**通貨膨脹溢酬** (Inflation Premium, *IP*)、**違約風險溢酬** (Default Risk Premium, *DRP*)、**流動性溢酬** (Liquidity Premium, *LP*)，以及**到期期限溢酬** (Maturity Premium, *MP*)。這些風險溢酬加上「犧牲即時消費的報償」，導致金融資產的名目利率 (*i*) 總共可能包含五個成員，如下所示：

$$i = r^* + IP + DRP + LP + MP$$

其中，r^* 代表**實質無風險利率** (Real Risk-Free Rate)，本質上即是投資人犧牲即時消費應得的報償[2]。

由上述說明可知，任何一筆金額或投資，因為貨幣具時間價值而有「現值」與「終值」的差異。換句話說，既然貨幣有時間價值，那麼在不同時點收到（或付出）的兩筆金額很可能不易分辨孰大孰小，除非將兩筆金額拉到同一個時點來作比較。「現金流量折現法」其實就是涵蓋「現值」與「終值」如何互相轉換的一套邏輯。以下先來說明現值如何轉換為終值（未來值），接著再討論終值如何轉換為現值。

---

[2] 理論上，（一年期的）實質無風險利率應等於一個經濟社會預期（未來一年）的實質經濟成長率。

CHAPTER 2
現金流量的複利與折現

財務問題探究：在負利率政策下的投資報酬率訂定指南

在這個不平凡的年代，金融市場有很多不平常的現象。若干國家包括瑞士、瑞典、丹麥、日本已經施行負利率政策，其概念就是，把錢借給別人使用，同時還要被懲罰付出利息。一般人都會期待從投資得到正報酬率，因為把錢借出去，已經犧牲掉自己即時消費的效用，若還要付對方利息，任誰都會覺得不合理；即使是在施行負利率政策的國家，其銀行或政府恐怕也會覺得不宜。

這麼說來，在施行負利率政策的國家，有關金融市場報酬率的訂定指南，是該如何擘劃以求得到社會大眾的認同呢？大原則是盡量減少對一般小老百姓所引起的衝擊與困惑。譬如說，銀行對小額存款戶，仍會給予大於零的存款利率，而且也不會巧立名目另收取其他費用；但是，對存款大戶們就會另外要求收取一些諸如保管費的費用，而且保管費率會超過定存利率，造成實際為負報酬率的現象。

政府也會幫忙督導金融機構，不讓現行的負利率政策衝擊到單純的投資人。舉例來說，日本的金融法務局 (Financial Law Board) 在 2016 年 2 月 26 日對市場提出訂定金融商品報酬率的指導方針，特別指明單邊合約的報酬率不宜小於零，至於購買像交換合約這種雙邊合約的（較為專業）投資人，則須自行注意合約條件之訂定是否符合自身利益。換句話說，連政府也認為，負利率政策確實讓金融市場產生了一些扭曲現象，但他們也只能設法保護大多數單純的小額投資人，而相對上較專業或較有實力的投資大戶，可能就成為政策下首當其衝的犧牲者了！

◎ 現值轉換為終值

在正常情況下，今天若投資 $1,000，在投資期間結束後，此 $1,000 預期會變成更大的一筆金額；我們稱此 $1,000 為現值

(Present Value 或 PV)，而稱其在未來某個時點的金額為**未來值**或**終值** (Future Value 或 FV)。現值轉換成終值的過程可透過下列的例子來瞭解。

假設在某年年初，銀行一年期存款利率為 10%。將 $1,000 存入銀行，一年後的存款終值為 $1,100；其中的 $1,000 是**本金** (Principal)，而所增加的 $100 則是**利息** (Interest)。將年底的終值 ($1,100) 繼續存放在銀行一年，並假設此時一年期利率仍為 10%，則在第二年年底的終值為 $1,210。將 $1,000 存款在第一、二年年底的終值列示如下：

第一年年底的終值 = $1,000 (1+10%)= $1,100
= $1,000（本金）+ $100（利息）
第二年年底的終值 = $1,100 (1+10%) = $1,210
= $1,100（本金）+ $110（利息）

從上例可看出，雖然每年的利率均為 10%，但是第二年賺得的利息 ($110) 要比第一年的 ($100) 多出 $10，此乃因第二年的利息計算基礎 ($1,100) 已較第一年 ($1,000) 擴大，此種「本金生利息，利息作本金」而使孳息愈來愈多的情況，即是投資所產生的**複利效果** (Compounding Effect)。

上述現值轉換為終值的觀念及過程，可以藉由繪出**時間線** (Time Line) 來幫助理解，如圖 2-1 所示。

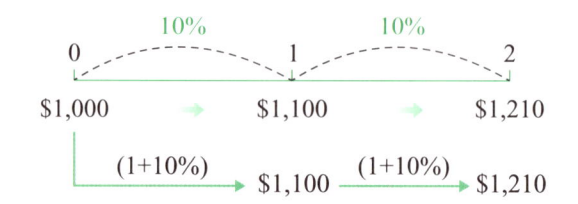

圖 2-1 以時間線表示現值轉換為終值的過程

CHAPTER 2 現金流量的複利與折現

事實上，時間線是輔助解析所有現金流量複利或折現問題的利器；從事財務分析者有必要經常繪出時間線，就好比從事經濟分析者有必要經常繪出供給與需求曲線一樣。

現值轉換終值的計算公式可以列出如下：

$$FV = PV(1+i)^N \tag{2-1}$$

其中

FV ＝ 終值

PV ＝ 現值

i ＝ （年）利率

N ＝ 投資期數

例 2-1

夏文剛領了一筆年終獎金 $50,000，打算存到銀行賺取利息；假設兩年期存款利率為 1.9%，這筆存款在兩年後的終值會是多少？

根據 (2-1) 式，可算出兩年後的終值為：

$$\$50,000(1+1.9\%)^2 = \$51,918.05$$

在 (2-1) 式中，利率 i 所代表的是本金（現值）每年成長的速度或幅度，所以也可看作是一種成長率。若每年的利率水準不同，(2-1) 式就無法套用。舉例來說，阿丹以每股 $15 買進一檔股票，假設股價在未來三年的每年預期成長率分別為 10%、15% 及 12%，則此檔股票在三年後的價格會是多少？ 以時間線來表示，此檔股票在三年後的價格（終值）可描繪如圖 **2-2** 所示。

Excel 應用　以 FV( ) 函數計算終值

　　我們可運用 Excel 試算表所提供的 *FV*( ) 函數來計算終值。使用 *FV*( ) 時，須按順序輸入四個變數值：利率 (*i*)、期數 (*N*)、未來各期金額 (*PMT*)、現值 (*PV*)。〔例 2-1〕是以 1.9% 的年利率來計算目前金額 ($50,000) 在兩年後的終值，未來各期金額則為 0。

　　開啟 Excel，在試算表上選定任一空白欄位，鍵入 =*FV*(1.9%, 2, 0, －50000)，然後按下執行鍵 (Enter)，即可得到答案為 $51,918.05（註：現值是以負值輸入）。

貼心提示：開啟新試算表，任選欄位（變數值欄），譬如 B1~B4，分別鍵入：1.9%, 2, 0, －50000，然後再任選一空白欄位，鍵入 = *FV*(B1, B2, B3, B4)，再按下 Enter 鍵，即可得到終值的計算結果。爾後，只要改變（變數值欄）B1~B4 任一欄位的輸入值，*FV*( ) 即會自動算出符合新變數值條件的未來值。請參考延伸學習庫 → Excel 資料夾 → Chapter 2 → X2-A。

財務問題探究：72 法則

　　一般人都知道利率水準的高低，會決定投資是否會出現驚人的複利效果。譬如拿 10 萬元出來投資，我們可能會想知道大約經過多少年，10 萬元就會翻倍而變成 20 萬元？只要知道每年的投資報酬率，就可輕易透過「72 法則」而得到答案。所謂「72 法則」，指的是現在投資的本金，若年利率為 1%，則經過 72 年，本金就會成長一倍。若年利率為 2%，則須經過 36 年，才能 double 本金。因此，「72 法則」的公式如下：

$$72 = 投資報酬率 \times 投資年限$$

透過「72 法則」所找出的答案雖然不是非常精確，但已是相當接近了，因此記住簡單的 72 法則，就可以算出你的財富大約何時可以翻倍喔！

CHAPTER 2　現金流量的複利與折現

實力秀一秀 2-1：複利的威力

李岡接到一份兩年任期的聘書，老闆提供兩種付薪資的方式任他選擇，其一是未來兩年每月固定薪資 $50,000，其二是第一個月的薪資為 $100，以後每個月的薪資則是前月薪資的 1.5 倍 (150%)。請問李岡應接受哪一種付薪資的方式？

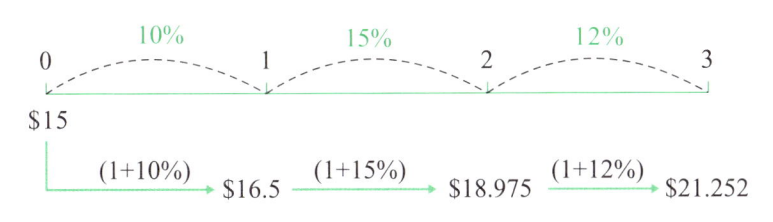

```
     10%        15%        12%
 0 -------- 1 -------- 2 -------- 3
$15
    (1+10%)      (1+15%)      (1+12%)
   --------> $16.5 --------> $18.975 --------> $21.252
```

圖 2-2　不同利率水準下的終值計算

從圖 2-2 可以看到，當每期的利率水準不盡相同時，現值轉換為終值的計算就必須一期一期地分開進行，(2-1) 式也就無法適用。上例中阿丹的股票在三年後之價格的計算式可表示如下：

$15 × (1+10%) × (1+15%) × (1+12%) = $21.252

◯ 終值轉換為現值

對現值轉換為終值的計算過程有了基本的瞭解後，接著來談如何由終值反推回來算出現值。假設特朗普希望讓他的銀行帳戶存款餘額在五年後達到 $100,000，在利率每年皆為 6% 的情況下，現在必須要存入多少金額才能達陣？圖 2-3 以時間線來表示終值（存款餘額）轉換為現值（存入金額）的計算過程。

43

回顧一下 (2-1) 式，$FV = PV(1 + i)^N$，將該式左右兩邊皆除以 $(1 + i)^N$，所得之結果就是終值轉換為現值的計算式，如下所示：

$$PV = \frac{FV}{(1+i)^N} \qquad (2\text{-}2)$$

利用 (2-2) 式，我們可算出特朗普現在必須存入的金額，也就是五年後十萬元的現值，為 $74,725.82，表示如下：

$$PV = \frac{\$100,000}{(1+6\%)^5} = \$74,725.82$$

$$PV = \$100,000 \times \frac{1}{1.06^5}$$

圖 2-3　以時間線表示終值轉換為現值的過程

Excel 應用　以 PV( ) 函數計算終值

我們可運用 Excel 試算表所提供的 PV( ) 函數來計算現值。使用 PV( ) 時，依序輸入四個變數值：利率、期數、未來各期金額、終值。假設年利率為 2.15%，若要在七年後達到 $200,000 的存款餘額，目前需要存入多少錢？ 基於利率 = 2.15%，期數 = 7，未來各期金額 = 0，終值 = $200,000，在 Excel 試算表選定任一欄位，鍵入 = PV(2.15%, 7, 0, 200000)，然後按下 Enter，即可得到答案為 $172,330.20（註：現值是以負值呈現）。

貼心提示：請參考延伸學習庫 → Excel 資料夾 → Chapter 2 → X2-B。

終值轉換為現值的過程，一般稱之為**折現** (Discounting)；因此，(2-2) 式中的年利率 i，也可稱作**折現率** (Discount Rate)。由計算現值的過程中，可以觀察到現值有兩個特性。其一，在終值 (FV) 與折現期間 (N) 為固定的情況下，現值與折現率是呈反向關係；亦即折現率愈大，現值愈小；折現率愈小，現值愈大。其二，在終值

例 2-2

某基金經理人預期三年後必須備妥 US$1,000,000 在其帳戶內，若未來三年每年的預期投資報酬率皆為 5%，則經理人目前應投入的金額為何？若未來三年每年的預期報酬率依序是 5%、4%、3%，則目前應投入的金額又會是多少？

----

1. 根據 (2-2) 式，目前應投入之金額為：

$$PV = \frac{US\$1,000,000}{(1+5\%)^3}$$

$$= US\$863,837.60$$

2. 由於每年利率（報酬率）不相同，以致 (2-2) 式無法適用，須將終值 US$1,000,000 依序以 3%、4%、5% 折現到目前時點，如下所示：

$$\frac{US\$1,000,000}{(1+3\%)} = US\$970,873.79$$

$$\frac{US\$970,873.79}{(1+4\%)} = US\$933,532.49$$

$$\frac{US\$933,532.49}{(1+5\%)} = US\$889,078.56$$

或可表示為 $\dfrac{US\$1,000,000}{(1+3\%)(1+4\%)(1+5\%)} = US\$889,078.56$。

(FV) 與折現率 (i) 為固定的情況下，現值與折現期間的長短也呈反向關係；亦即折現期間愈長，現值愈小。

第二節　非整數期間與複利次數的考量

> **本節重點提問**
> - 在既定的年利率與投資年數之下，複利頻率對投資「終值」有什麼影響？
> - 在既定的年利率與投資年數之下，折現頻率對投資「現值」有什麼影響？
> - 何謂有效年利率 (EAR)？

◎ 投資期數不為整年

在上節 (2-1) 式或 (2-2) 式中的利率或投資期數，若未特別加以說明，一般均是以「年」為單位；也就是說，i 代表的是年利率，而 N 代表的是投資年數。若投資期間並非是整年或其倍數，則兩式中的 N 就不再是整數。譬如投資期數是三個月，則 $N = 3/12 = 0.25$；若是兩年六個月，則 $N = 2.5$。

實力秀一秀 2-2：非整數投資年限的現值計算

葛雷希望在滿六年三個月 ($N = 6.25$) 之時，其存款餘額能達到 \$5,000,000，若年利率一直為 4.35% 且每年複利一次，則葛雷現在應存入之金額為何？

例 2-3

假設銀行提供之年利率為 2.35%，將 $500,000 存在銀行三年九個月（即 $N = 3.75$），其終值是多少？

該筆投資的終值為：

$$FV = \$500,000 \times (1+2.35\%)^{3.75}$$
$$= \$500,000 \times 1.091012$$
$$= \$545,505.87$$

若運用 Excel 的 $FV(\ )$ 函數，則在試算表上任一欄位，鍵入 = FV(2.35%, 3.75, 0, −500,000)，按下 Enter，可得到 $545,505.87。

每年複利不只一次

假設你在銀行帳戶存入 $10,000，一年期利率為 4%，一年後你會收到多少利息？先別急著回答是 $400，這是因為利息的多寡與複利頻率 (Compounding Frequency) 有關。複利頻率是指銀行每年計算（或支付）利息的次數。若你的帳戶是每年複利兩次，也就是你一年會收到兩次利息，而利息金額是半年期利率 (2%) 乘以本金。因此，第一個半年到期時你收到的利息是 $200 (= $10,000 × 2%)，這將使得你的存款餘額（本金）增為 $10,200。第二個半年到期時，你的存款餘額則為 $10,404 (= $10,200 × 2%)，因此一年的存款利息總計是 $404。

期初投資 $10,000，一年後之金額為 $10,404，等於 4.04% 的年報酬率，高於銀行的報價年利率 (4%)。此處的 4.04% 是存款的

實質年利率，而銀行報價的 4% 則是所謂的名目年利率[3]。當複利次數大於 1 時，實質年利率會超過名目年利率。因此，在計算終值時，必須將複利次數納入考量，並使用調整後的利率來進行複利。我們可用時間線將上例的計算過程列出，如圖 2-4 所示。

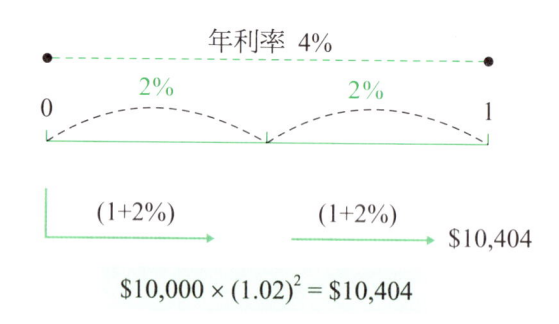

```
                        年利率 4%
        ┌─────────────────────────────────┐
        0      2%              2%        1
               (1+2%)          (1+2%)
                                      → $10,404

        $10,000 × (1.02)² = $10,404
```

圖 2-4　一年複利兩次的終值計算

例 2-4

甲銀行一年期定存的牌告利率是 6%，每天複利；而乙銀行一年期定存的牌告利率是 6.05%，每半年複利。同樣存款一年，哪一家銀行給的利息較多？

若一年以 365 天計，甲銀行的每日利率為 0.016438% (= 6%/365)。假設在甲銀行存入 \$1，一年後的本利和將會是 $\$1 \times (1 + 0.016438\%)^{365} = \$1.06183$，表示甲銀行的實質年利率為 6.183%。

乙銀行採每年複利兩次，故每半年利率為 3.025% (= 6.05%/2)。在乙銀行存入 \$1，一年後的本利和將會是 $\$1 \times (1 + 3.025\%)^2 = \$1.06142$，故其實質年利率等於 6.142%。

兩相比較後，可知甲銀行給的利息較多（亦即實質年利率較高）。

---

[3] 實質年利率又稱作**有效年利率**，本節稍後會作進一步的說明。

終值的計算

由前面的描述可知,為了反映不同的複利次數(頻率),我們在利用 (2-1) 式計算終值時,須作兩個必要的調整步驟。首先是將式中的 i 除以每年的複利次數 (m) 而算出每一複利期間的利率。譬如說,若是每月複利,那麼每月利率就等於 $i/12$;若是每天複利,那麼每天利率就是 $i/365$。其次,我們還需要將 (2-1) 式中的 N 改為每年的複利次數 (m) 乘以投資年數 (n)。將複利次數納入考量後,終值的計算公式可表示如下:

$$FV = PV \times (1+\frac{i}{m})^{n \times m} \qquad (2\text{-}3)$$

式中的 n = 投資年數,m = 每年複利次數,其他變數之定義則與 (2-1) 式相同。

例 2-5

夏藍將 $100,000 存在 S 銀行,定存年利率為 5%,每季複利;該筆存款在三年後的終值為何?

每季利率 = $\frac{5\%}{4}$ = 0.0125 = 1.25%,投資期數 = 投資年數 × 每年複利次數 = 3×4 = 12,故夏藍的存款在三年後的終值為:

$$\$100{,}000 \times (1+1.25\%)^{12} = \$116{,}075.45$$

也可利用 (2-3) 式,以 PV = $100,000, i = 5%, n = 3, m = 4 代入後,算出終值為:

$$\$100{,}000 \times (1+\frac{5\%}{4})^{3 \times 4} = \$116{,}075.45$$

貼心提示:運用 Excel 計算不同複利次數下的現值或終值,請參考延伸學習庫 → Excel 資料夾 → Chapter 2 → X2-C。

現值的計算

依同樣道理，若一年內的折現次數不只一次，我們也必須把折現率及投資期數作調整。調整後的現值計算公式如下：

$$PV = \frac{i}{(1+\frac{i}{m})^{n \times m}} \tag{2-4}$$

其中，$n=$ 投資年數，$m=$ 每年折現次數，其他變數的定義不變。

實力秀一秀 2-3：計息頻率不只一次的現值計算

齊力果先生希望三年後其存款餘額能達到 $5,000,000，目前他的往來銀行提供的年利率為 4%，且是每月複利，請問齊力果現在帳戶內應有多少金額才能達到三年後的目標？

連續複利

連續複利下的終值計算

當複利的期間愈來愈短（亦即計息的次數愈來愈頻繁），而致每小時、每分鐘，甚至於每秒鐘複利一次時，也就是 (2-3) 式中的 m 值趨近於無限大時，複利的計算就形成一種連續的狀態。在連續複利情況下，我們可用 (2-5) 式來計算終值[4]。

$$FV = PV \times e^{i \times n} \tag{2-5}$$

表 2-1 列出投資金額相同，年利率也一樣，僅複利頻率不同的

---

[4] 用 Excel 計算連續複利下的終值或現值，請參考延伸學習庫 → Excel 資料夾 → Chapter 2 → X2-C。

投資結果；可以看出，每年複利次數愈多，終值就愈大。然而複利頻率愈來愈高時，對於終值產生的貢獻效果似乎也愈來愈小。觀察表 2-1 中每日複利和連續複利的投資結果，可見差距已是微乎其微。

表 2-1　不同複利頻率下，同一投資金額所產生之終值（假設年利率為 8%，投資金額為 $10,000）

投資年數	每年複利	半年複利	每月複利	每日複利	連續複利
1	10,800.00	10,816.00	10,830.00	10,832.78	10,832.87
2	11,664.00	11,698.59	11,728.88	11,734.90	11,735.10
3	12,597.12	12,653.19	12,702.37	12,712.16	12,712.48
4	13,604.89	13,685.69	13,756.66	13,770.79	13,771.26
5	14,693.28	14,802.44	14,898.46	14,917.59	14,918.22
6	15,868.74	16,010.32	16,135.02	16,159.89	16,160.71
7	17,138.24	17,316.76	17,474.22	17,505.65	17,506.69

實力秀一秀 2-4：年利率與複利頻率皆不同的終值比較

　　兩家金融機構同時推出了兩年期定存，機構甲的條件是年利率 9%，每半年複利一次；機構乙的則是年利率 8.9%，採連續複利。假設兩機構皆加入存保，因此投資風險相當；試問在哪一家機構存款終值會較高（假設投資金額為 $10,000）？

◉ 連續複利下的現值計算

　　當投資報酬為連續複利時，其現值計算公式如下：

$$PV = \frac{FV}{e^{i \times n}} \tag{2-6}$$

表 2-2　不同計息頻率的現值（假設折現率為 8%，終值為 $1,000）

年限	每年計息	半年計息	每月計息	每日計息	連續計息
1	925.93	924.56	923.36	923.12	923.12
2	857.34	854.80	852.60	852.16	852.14
3	793.83	790.31	787.25	786.65	786.63
4	735.03	730.69	726.92	726.17	726.15
5	680.58	675.56	671.21	670.35	670.32
6	630.17	624.60	619.77	618.82	618.78
7	583.49	577.48	572.27	571.24	571.21

至於計息（折現）頻率的不同對於現值計算所造成的影響，可進一步由表 2-2 的例子看出。明顯可見，在其他條件相同的情況下，計息次數愈多，現值愈低。

◎ 有效年利率

若兩投資機會提供不同的年利率，且複利頻率也不一樣，要如何比較兩者孰優？一個便捷的方法就是先計算出各自的有效年利率 (Effective Annual Rate, EAR)，再加以比較。有效年利率其實就是將每年複利次數納入考慮後的年報酬率，其計算公式如下：

$$EAR = (1 + \frac{i}{m})^m - 1 \qquad (2\text{-}7)$$

另外，在連續複利的情況下，也可計算出有效年利率如下：

$$EAR = e^i - 1 \qquad (2\text{-}8)$$

例 2-6

比較兩家銀行的定存利率，甲銀行為 9%，半年複利；乙銀行為 8.9%，每月複利。你會選擇哪一家提供的利率？

計算兩者的有效年利率如下：

$$\text{甲}：\text{EAR} = \left(1 + \frac{9\%}{2}\right)^2 - 1 = 9.20\%$$

$$\text{乙}：\text{EAR} = \left(1 + \frac{8.9\%}{12}\right)^{12} - 1 = 9.27\%$$

根據有效年利率，應是選擇乙銀行提供的利率。

貼心提示：要使用 Excel 計算有效年利率，請參考延伸學習庫→Excel 資料夾 → Chapter 2 → X2-D。

實力秀一秀 2-5：連續複利下的有效年利率

丙銀行提供的定存年利率為 6.8%，採連續複利，其有效年利率為何？

第三節　年金的終值與現值計算

本節重點提問

- 何謂普通年金？何謂期初年金？何謂永續年金？

前面所討論的現值與終值計算，都是針對單純的一筆金額；然而，在許多情況下，企業投資或融資所牽涉到的現金流量是以連續一系列的方式產生。此種必須連續幾年（或幾期）支付的現金流量，

有可能每筆金額都相同，也可能不同。倘若一序列現金流量每筆都是固定金額，我們將此系列稱作年金 (Annuity)。年金可區分為普通年金 (Ordinary Annuity) 和期初年金 (Annuity Due)；前者是指所有現金流量的支付都是在每年年底（或每期期末）發生，而後者的每筆金額則是在每年年初（或每期期初）交付。

在正式討論年金的價值之前，我們先來談談一序列非固定現金流量的現值與終值該如何計算。

非固定現金流量的終值與現值

多期現金流量的終值計算

計算一序列（多期）非固定現金流量的終值，基本上就是把每一筆現金流量的終值計算出，然後進行加總。假設投資人在未來四年，每年年底分別收到如下的金額：$1,000、$2,500、$3,800、$5,000，若可在 10% 的利率進行再投資，則此一序列現金流量的終值計算過程，可利用時間線描繪如圖 2-5 所示：

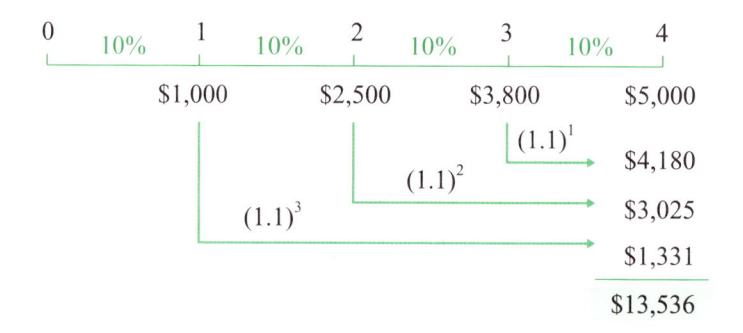

```
0        10%      1       10%      2      10%       3       10%      4
                $1,000          $2,500          $3,800          $5,000
                                                        (1.1)¹ → $4,180
                                              (1.1)² ────────→ $3,025
                                    (1.1)³ ──────────────────→ $1,331
                                                                $13,536
```

圖 2-5　一序列現金流量終值的計算

現金流量的複利與折現

我們也可把上述的計算式予以一般化。若各期現金流量分別為 $C_1, C_2, C_3, \ldots, C_N$（共 N 期），而再投資利率為 i，則一序列現金流量終值的計算公式如下所示：

$$FV = C_1(1+i)^{N-1} + \cdots + C_{N-1}(1+i)^1 + C_N(1+i)^0 \quad (2\text{-}9)$$

多期現金流量的現值計算

若欲計算一序列非固定現金流量的現值，同樣也是先針對各筆現金流量進行折現，計算出現值後再予以加總。若未來各期的現金流量分別為 $C_1, C_2, C_3, \ldots, C_N$，則一序列現金流量的現值可表示為：

$$PV = \frac{C_1}{(1+i)^1} + \frac{C_2}{(1+i)^2} + \cdots + \frac{C_N}{(1+i)^N} \quad (2\text{-}10)$$

例 2-7

在 2011 年年底，艾黎得知從 2015 年開始，每年年底都會收到一筆現金收入，連續五年，各年之金額如下：

年底	金額
2015	$1,200
2016	2,300
2017	560
2018	1,080
2019	5,200

假設年利率（折現率）為 6%，則這一序列現金流量在 2011 年年底的現值是多少？

根據 (2-10) 式，該序列現金流量之現值為：

$$PV = \frac{\$1{,}200}{(1+6\%)^4} + \frac{\$2{,}300}{(1+6\%)^5} + \frac{\$560}{(1+6\%)^6} + \frac{\$1{,}080}{(1+6\%)^7} + \frac{\$5{,}200}{(1+6\%)^8}$$

$$= \$950.51 + \$1{,}718.69 + \$394.78 + \$718.26 + \$3{,}262.54$$

$$= \$7{,}044.79$$

若要將〔例 2-7〕中的一序列現金流量之現值計算過程以時間線描繪出，則如圖 2-6 所示。

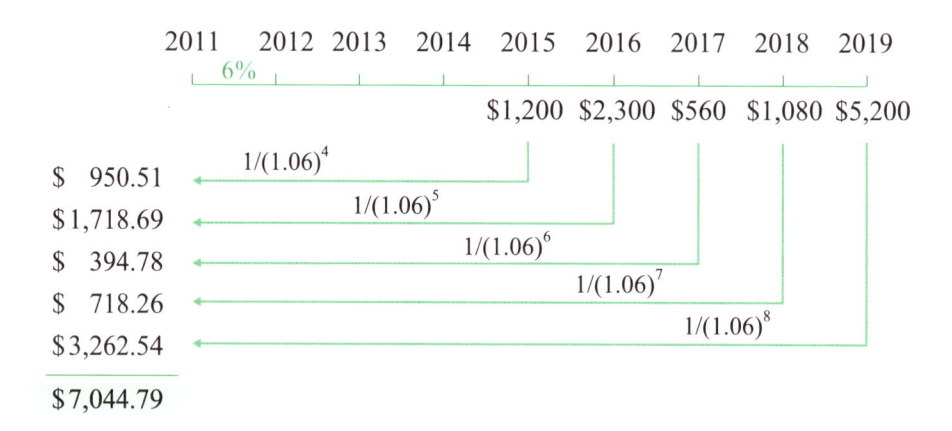

圖 2-6　一序列現金流量現值的計算

實力秀一秀 2-6：多期現金流量的終值計算

周小姐在未來四年，每年年底分別會收到如下的報酬：$1,000、$2,500、$3,800、$5,000。假設目前的一年期利率為 5%，並預期一年後之利率為 4.5%，且每年持續下跌 0.5%，請問周小姐所收到的一序列非固定報酬在第四年年底的終值會是多少？

CHAPTER 2 現金流量的複利與折現

年金的終值

前面提過，所謂「年金」，就是指一序列固定金額的現金流量，例如投資於固定利率債券所得到的一連串定額債息收入，即為一個典型的年金例子。在計算年金的終值時，首先要弄清楚所討論的是普通年金或是期初年金，最好能夠畫出時間線來幫助自己作出正確期間的推算。以下的例子可以幫助我們理解。

假設潘蜜莉在未來七年，每年年底都會有 $5,000 的收入可存入銀行，年利率為 7%；潘蜜莉的銀行帳戶到第七年年底餘額是多少？另假設在未來七年，潘蜜莉是每年年初收到 $5,000，則潘蜜莉的銀行帳戶到第七年年底餘額又會是多少？第一個問題問的是普通年金的終值，而第二個當然就是期初年金的終值。依序計算如下。

普通年金的終值

我們可將潘蜜莉在未來七年，每年 $5,000 之普通年金的終值計算過程，以時間線描繪如圖 2-7 所示。

```
 0    7%    1       2       3       4       5       6       7
              $5,000  $5,000  $5,000  $5,000  $5,000  $5,000  $5,000
                                                      (1.07)
                                                      → $5,350
                                              (1.07)²
                                              → $5,724.50
                                      (1.07)³
                                      → $6,125.22
                              (1.07)⁴
                              → $6,553.98
                      (1.07)⁵
                      → $7,012.76
              (1.07)⁶
              → $7,503.65
                                        普通年金終值 = $43,270.11
```

圖 2-7　普通年金終值的計算

實際的計算式則可列出如下：

$$FV = \$5,000(1+7\%)^6 + \$5,000(1+7\%)^5 + \$5,000(1+7\%)^4$$
$$+ \$5,000(1+7\%)^3 + \$5,000(1+7\%)^2 + \$5,000(1+7\%)^1$$
$$+ \$5,000(1+7\%)^0$$
$$= \$5,000(1.07^6 + 1.07^5 + 1.07^4 + 1.07^3 + 1.07^2 + 1.07^1 + 1)$$
$$= \$43,270.11$$

由上可知，在計算多期現金流量的終值時，不論各期的金額相同與否，只需分別將各期金額的終值一一算出後再加總即可。但若現金流量的期數較多，計算過程將會相當冗長且費時。所幸年金的每期金額皆相同，因此計算過程可簡化成為下列的便利公式：

$$FV = A \times \left[\frac{(1+i)^N - 1}{i} \right] \qquad (2\text{-}11)$$

上式中，A 代表年金金額，其餘變數的定義則與 (2-1) 式相同。採用 (2-11) 式，潘蜜莉的普通年金終值計算就可簡化為：

$$FV = \$5,000 \times \left[\frac{(1+0.07)^7 - 1}{0.07} \right]$$
$$= \$5,000 \times 8.654021$$
$$= \$43,270.11$$

◎ 期初年金的終值

若上例中的 $5,000 年金都是在每年年初收到，則此年金為期初年金；用時間線繪出如圖 2-8 所示。

```
0         1         2         3         4         5         6         7
$5,000   $5,000   $5,000   $5,000   $5,000   $5,000   $5,000
```

圖 2-8　期初年金的時間線

比較圖 2-7 與圖 2-8，可知期初年金的每筆現金流量都比普通年金的每筆金額早一年收到，亦即可多賺得一年的利息。因此，只要把普通年金的終值乘以 (1+i)，即可得到期初年金的終值，如下所示[5]：

$$期初年金的終值 = \$43{,}270.11 \times (1+7\%)^1$$
$$= \$46{,}299.01$$

C 年金期數每年不只一次

年金雖稱之為「年」金，但現金流量的發生並不限定每年只有一次。事實上，只要是定期定額的現金流量就稱作年金。來看下面的例子：假設王小虎新開了一個銀行帳戶，準備從三個月後開始，每季存入該帳戶 $5,000，為期三年。若銀行所提供的年利率為 6%，每季複利，則該帳戶在三年後的存款餘額會是多少？

此例中，年金每期金額為 $5,000，而年金支付次數和銀行複利次數一樣，都是每三個月一次（每年四次），故計算終值必須使用三個月的利率；將名目年利率 6% 除以 4，得到三個月的利率為 1.5%。在計算終值之前，我們可以先將 (2-11) 式稍作修正，使其能直接適用於每年有多期年金的例子，如 (2-12) 式所示。

$$FV = A \times \left[\frac{(1+\frac{i}{m})^{n \times m} - 1}{\frac{i}{m}} \right] \qquad (2\text{-}12)$$

---

[5] 運用 Excel 計算普通年金或期初年金的終值，請參考延伸學習庫 → Excel 資料夾 → Chapter 2 → X2-E。

其中，m = 每年複利頻率 = 每年年金支付次數，n = 年數，其他變數的定義不變。套用 (2-12) 式，王小虎在三年後的年金存款餘額可算出如下：

$$FV = \$5,000 \times \left[\frac{(1+\frac{6\%}{4})^{3\times 4}-1}{\frac{6\%}{4}} \right] = \$65,206.02$$

◎ 複利頻率不等於年金付款頻率

須注意的是，(2-12) 式中的 m，同時代表每年複利頻率及年金付款頻率，因此只能適用在複利次數 = 年金付款次數的狀況。倘若上例中，銀行所提供的 6% 年利率是採每月複利，而王小虎是每季存入帳戶 $5,000，則我們是否還能套用 (2-12) 式來計算年金終值呢？答案是可以的，但須先解決複利次數不等於年金付款次數的問題。由於在 (2-12) 式中的 i 代表**名目年利率**，因此我們要找出這個 i，使其每季付款的有效年利率等於銀行每月複利的有效年利率，也就是說，

$$(1 + i/4)^4 - 1 = (1 + 6\%/12)^{12} - 1$$

解方程式，得到 i = 6.03%。

或者我們也可以依照以下三個步驟來找出 i：

1. 算出銀行一個複利期間的利率。由於採每月複利，故算出每月利率為 0.5% (=6%/12)。

2. 算出一個年金期間（三個月）的利率。已知每月利率為 0.5%，可算出 $1 存款在三個月後的終值為 $1.015075 (=$1 × 1.005^3)，亦即三個月的利率為 1.5075%。

3. 算出讓銀行複利次數等於年金付款次數的名目年利率。已知三個月的利率為 1.5075%，可算出名目年利率為 6.03% (=1.5075% × 4)。

接下來只需將 6.03% 的年利率代入 (2-12) 式中，即可算出一個為期三年，每季 $5,000 的年金，在年利率 6% 且每月複利一次的條件下，其三年後之終值，計算如下[6]。

$$FV = \$5,000 \times \left[\frac{(1+\frac{6.03\%}{4})^{3 \times 4} - 1}{\frac{6.03\%}{4}} \right] = \$65,233.46$$

例 2-8

裘力決定從大一開始，每半年會從家教所得拿出 $3,000 存入一個專戶。假設專戶的年利率是 3%，而且是每半年複利一次。整整四年之後，裘力的專戶餘額會是多少？

由於是每半年複利，故複利頻率 = 年金頻率，因此可利用 (2-12) 式；$m = 2$，$n = 4$，四年後帳戶的餘額將是：

$$FV = \$3,000 \times \left[\frac{(1+\frac{3\%}{2})^{4 \times 2} - 1}{\frac{3\%}{2}} \right] = \$25,298.52$$

---

[6] 使用 Excel 計算不同複利頻率下的年金終值，請參考延伸學習庫 → Excel 資料夾 → Chapter 2 → X2-F。

實力秀一秀 2-7：多次複利的年金終值計算 (1)

在〔例 2-8〕中，若該銀行是採每月複利，則四年後裘力的專戶餘額會是多少？

實力秀一秀 2-8：多次複利的年金終值計算 (2)

在〔例 2-8〕中，若該銀行是採每年複利，則四年後裘力的專戶餘額會是多少？

◎ 年金的現值

假設在未來五年，每年年底王薇都會收到 $6,000 的紅利，以折現率 8% 來計算，此筆年金的現值會是多少？我們可用時間線將此年金現值的計算過程列出如圖 2-9 所示。

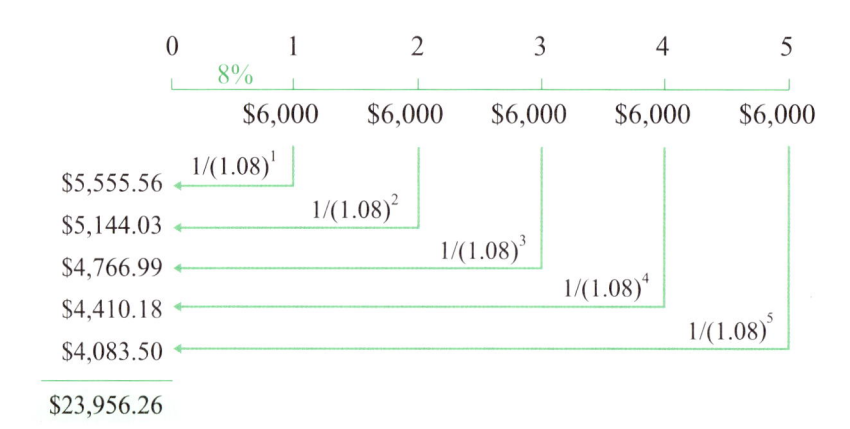

```
        0        1         2         3         4         5
        |────────|─────────|─────────|─────────|─────────|
          8%
              $6,000    $6,000    $6,000    $6,000    $6,000
$5,555.56 ←── 1/(1.08)¹
$5,144.03 ←──────────── 1/(1.08)²
$4,766.99 ←─────────────────────── 1/(1.08)³
$4,410.18 ←────────────────────────────────── 1/(1.08)⁴
$4,083.50 ←───────────────────────────────────────────── 1/(1.08)⁵
─────────
$23,956.26
```

圖 2-9　年金現值的計算

年金現值的計算可以透過一個簡單的公式來完成，如下所示。

$$PV = A \times \left[\frac{1 - \frac{1}{(1+i)^N}}{i} \right] \qquad (2\text{-}13)$$

利用 (2-13) 式，我們可將圖 2-6 中的五年期、每期 $6,000 的年金現值算出如下[7]：

$$PV = \$6,000 \times \left[\frac{1 - \frac{1}{(1+8\%)^5}}{8\%} \right]$$

$$= \$6,000 \times 3.9927$$

$$= \$23,956.26$$

若每年之年金付款不只一次，但複利頻率正好等於年金付款頻率，則在計算年金現值時，只需將 (2-13) 式稍加修正，如下所示。

$$PV = A \times \left[\frac{1 - \frac{1}{\left(1+\frac{i}{m}\right)^{n \times m}}}{\frac{i}{m}} \right] \qquad (2\text{-}14)$$

其中，m = 每年複利次數 = 年金支付次數，其他變數的定義與 (2-13) 式相同。

若每年複利次數不等於年金支付次數，則須另找出一個複利頻率等於年金支付次數的**名目年利率**，作法與先前介紹的年金終值計

---

[7] 使用 Excel 計算年金現值，請參考延伸學習庫→Excel 資料夾→Chapter 2 → X2-G。

算方式相同，此處不再贅述[8]。

例 2-9

飛雲公司即將收到客戶所支付的貨款，該貨款的給付方式是從六個月後開始，每隔半年會有現金 $500,000 匯入飛雲公司的帳戶，持續兩年，總共四次。假設飛雲公司六個月的機會成本（等同於計算現值時所用的折現率）為 3%，則對飛雲公司而言，這筆貨款的現值會是多少？

要計算此貨款的價值（年金現值），只需分別將四筆金額用 3% 來折現，如下所示：

$$PV = \frac{\$500,000}{1.03^1} + \frac{\$500,000}{1.03^2} + \frac{\$500,000}{1.03^3} + \frac{\$500,000}{1.03^4}$$
$$= \$1,858,549.20$$

若採用 (2-14) 式，須先算出每半年複利的名目年利率 (i)。由於飛雲公司六個月的利率（機會成本）等於 3%，可知 $i = 6\%$。基於 $m = 2$，$n = 2$，可算出此年金現值如下：

$$PV = \$50,000 \times \left[\frac{1 - \frac{1}{(1+\frac{6\%}{2})^{2 \times 2}}}{\frac{6\%}{2}} \right] = \$1,858,549.20$$

實力秀一秀 2-9：多次複利的年金現值計算

在〔例 2-9〕中，若飛雲公司三個月的機會成本為 2%，則該筆貨款的現值對飛雲公司而言會是多少？

---

[8] 使用 Excel 計算不同複利頻率下的年金現值，請參考延伸學習庫 → Excel 資料夾 → Chapter 2 → X2-F。

CHAPTER 2 現金流量的複利與折現

◯ 永續年金的現值

年金的發放也可能沒有到期期限，也就是說，代表投資期數的 N 會趨近於無限大；此種情況的年金稱之為**永續年金** (Perpetuity)，其現值則會等於每期年金金額除以年利率，計算公式如下所示：

$$PV = \frac{A}{i} \qquad (2\text{-}15)$$

例 2-10

宛蘭購買 NBC 公司發行的永續（無到期期限）債券，每年的債息金額為 $8.4；假設年折現率為 7%，該債券的現值為何？

運用 (2-15) 式，其現值計算如下：

$$PV = \frac{\$8.4}{0.07} = \$120$$

本章摘要

- 所有關於現金流量折現或複利的基本概念與計算法則,統稱作「現金流量折現法」。
- 「犧牲即時消費的報償」是「貨幣的時間價值」之基礎,也就是「利率」的基本成員。
- 金融工具的利率有可能包含四種風險溢酬,分別是通貨膨脹溢酬、違約風險溢酬、流動性溢酬,以及到期期限溢酬。
- 任何一筆金額或投資,因為貨幣具時間價值而有「現值」與「終值」的差異。
- 時間線是輔助解析所有現金流量複利或折現問題的利器;從事財務分析者有必要經常繪出時間線,就好比從事經濟分析者有必要經常繪出供給與需求曲線一樣。
- 在終值 (FV) 與折現期間 (N) 為固定的情況下,現值與折現率是呈反向關係;亦即折現率愈大,現值愈小;折現率愈小,現值愈大。
- 在終值 (FV) 與折現率 (i) 為固定的情況下,現值與折現期間的長短也呈反向關係;亦即折現期間愈長,現值愈小。
- 若兩投資機會提供不同的年利率,而複利頻率也不一樣,比較兩者孰優的便捷方法是先計算出各自的有效年利率,再進行比較。
- 「年金」指的是一序列固定金額的現金流量,有「普通年金」和「期初年金」之分。
- 要解決複利次數不等於年金支付次數的問題,可執行以下三步驟:(1) 算出銀行一個複利期間的利率。(2) 算出一個年金期間的利率。(3) 算出讓銀行複利次數等於年金付款次數的名目年利率。
- 年金的發放也可能沒有到期期限,也就是說,代表投資期數的 N 會趨近於無限大;此種情況的年金稱之為永續年金。

CHAPTER 2 現金流量的複利與折現

本章習題

一、選擇題

1. 假設利率是 5%，下列這一序列不規則現金流量的現值加總是多少？

年	現金流量
1	$2,000
2	3,000
3	7,500

    (a) $8,720   (b) $9,800
    (c) $10,000   (d) $11,105

2. 假設你的銀行帳戶年利率為 8%，想要讓 $50,000 變成 $100,000 需時多久？
    (a) 7 年   (b) 8 年
    (c) 9 年   (d) 10 年

3. 華夏銀行的兩年期定存年利率為 4.8%，採連續複利，其有效年利率為何？
    (a) 4.85%   (b) 4.92%
    (c) 5.01%   (d) 5.08%

4. 下列哪一項陳述是錯誤的？
    (a) 其他條件不變，現值與折現率呈反向關係；亦即折現率愈大，現值愈小
    (b) 其他條件不變，現值與折現期間呈反向關係；亦即折現期間愈長，現值愈小
    (c) 其他條件相同，複利次數愈多，終值愈大
    (d) 只要是連續一序列的現金流量就稱之為年金

5. 若你花 $4,000 買一張債券，就可以每年收到 $300 直到永遠；請問你的年報酬率是多少？

   (a) 6.5%   (b) 7.5%
   (c) 8.5%   (d) 9.5%

6. 巴西在 1992 年的年通貨膨脹率為 1099%，請問平均每月的通貨膨脹率是多少？

   (a) 23%   (b) 50%
   (c) 78%   (d) 91%

7. 假設現在是 2007 年年初，某家保險公司提供你這張儲蓄保單；若現在開始你每年年底（第一筆是 2007 年年底）繳進 $100,000，連續十年，則從第 11 年起你每年年底可領到 $60,000 直到永遠（你的子孫還可繼續領）。假設目前的市場利率是 5%，請問你繳交的全部金額在 2007 年年初的現值是多少？

   (a) $736,696   (b) $772,173
   (c) $801,254   (d) $946,033

8. 根據第 7 題，請問你將來所收到的全部金額在 2007 年年初的現值是多少？

   (a) $736,696   (b) $772,173
   (c) $801,254   (d) $946,033

9. 美國某家銀行對於信用卡欠款所收取的名目年利率是 18.6%；由於信用卡繳款是每月計算，因此積欠的卡債被索取的真正年利率（有效年利率）是：

   (a) 18.6%   (b) 19.15%
   (c) 20.27%   (d) 22.36%

10. 你現在要買一輛跑車，價格是 $1,800,000；汽車公司提供你的付款方式是未來四年每個月繳交相同的金額，共繳 48 個月。汽車公司說你的貸款年利率是 8.2%，其實你真正付的年利率（有效年利率）是：

   (a) 8.2% (b) 8.41%
   (c) 8.52% (d) 8.66%

11. 假設一個五年期的年金，每期金額為 $200，若以 5% 的利率複利，該年金在五年後到期時的價值會是多少？

   (a) $1,165.72 (b) $1,050.34
   (c) $1,214.59 (d) $1,105.13

12. 王先生的投資每年會產生 $5 的現金報酬，而且持續至永遠（無到期期限）；假設投資的必要報酬率是 5.5%，則此投資的現值應該是多少？

   (a) $83.35 (b) $90.91
   (c) $95.65 (d) $87.78

13. 假設你的投資從現在開始，在第一年到第三年底每年會產生 $2,000，在第四年到第六年底則是每年會產生 $3,000，若你所要求的投資報酬率每年皆為 6%，則未來六年投資收益之現值最接近下列何者？

   (a) $9,145 (b) $11,316
   (c) $12,079 (d) $13,115

14. 延續第 13 題，若你所要求的投資報酬率，在第一年至第四年為 5%，第五年及第六年則增加至 7%，請問該投資收益的現值會最接近多少？

   (a) $10,974 (b) $12,053
   (c) $12,377 (d) $13,783

15. 如果一個五年期年金的現值為 $1,500，而且所用的每年折現率等於 6%，則此年金的金額應該最接近下列何者？

    (a) $333.15   (b) $356.09

    (c) $378.31   (d) $388.94

二、問答與計算

1. 貨幣為什麼會有時間價值？市場利率包含哪些成員？

2. 何謂「年金」？何謂「永續年金」？試說明之。

3. 請將下列空格處的**終值**算出：

現值	到期期限（年）	利率	終值
$ 50,000	20	8%	—
8,000	12	18%	—
80,000	4	5%	—
100,000	2	6%	—

4. 請將下列空格處的**現值**算出：

現值	到期期限（年）	利率	終值
—	10	11%	$1,000,000
—	7	7%	500,000
—	9	10%	76,000
—	3	5%	110,000

5. 請將下列空格處的利率算出：

現值	到期期限（年）	利率	終值
$ 70,000	4	—	$ 85,086
254,175	10	—	500,000
20,000	8	—	39,852
100,000	12	—	201,220

6. 請將下列空格處的到期期限（年）算出：

現值	到期期限（年）	利率	終值
$ 608,630	—	18%	$1,000,000
175,438	—	14%	200,000
372,552	—	10%	600,000
1,270,873	—	7%	2,500,000

7. 飛瑞公司已經確認了一項投資機會，所產生的現金流量如下所示：

第 i 年底	現金流量
1	$ 500,000
2	650,000
3	1,200,000

假設折現率是 10%，請問這些現金流量的現值加總是多少？

8. 假設未來 20 年的每年年底，你都會存 $100,000 到一個專戶，年利率為 8%，請問在 20 年後，專戶的餘額是多少？

9. 艾琳目前向華盛頓銀行申請貸款 $1,500,000，貸款利率為 9%；為了將本息還清，未來七年每年年底艾琳必須償還一筆固定的金額，請問艾琳每年償還的金額是多少？

10. 假設現在是 2017 年年初，永生保險公司想要賣給你一張保單，從今年起每年年底都將付給你每年 $120,000 直到永遠（你的子孫可以繼續領）；保單的年報酬率是 6%。請問你該出多少錢來買這張保單？

11. 請將下列空格處的**有效年利率** (EAR) 算出：

牌告年利率	複利頻率	有效年利率 (EAR)
7%	每月	—
8%	每季	—
6%	每天 *	—
5%	連續	—

    * 一年以 365 天計

12. 大華銀行的定存年利率是 8%，每年複利；中天銀行的定存年利率是每月複利，其有效年利率 (EAR) 等於大華銀行的年利率。請問中天銀行的定存年利率是多少？

13. 恰克決定從現在開始，每個月在中天銀行存款 $5,000，持續兩年。中天銀行的定存年利率是 8%，每月複利。請問兩年後，恰克的帳戶餘額會是多少？

14. 維妮決定從現在開始，每個月在大華銀行存款 $5,000，持續兩年。大華銀行的定存年利率是 8%，每年複利。請問兩年後，維妮的帳戶餘額會是多少？

15. 你想在 30 年後退休時成為一位千萬富翁，你認為可以找到一個投資機會每年創造 8% 的報酬率，而且是每月複利；請問從現在開始，每個月你要存多少金額才能在 30 年後擁有 $10,000,000？

16. 延續上題，保持所有條件不變但假設投資報酬率是每年複利，請問每個月你要存多少金額才能在 30 年後擁有 $10,000,000？

17. 西恩現在剛滿 27 歲，規劃在 50 整歲時退休。西恩往來的一家銀行目前對於長期儲蓄存款提供 6% 的年報酬率，且是每季複利；從現在開始，西恩若每季存入該銀行 $100,000，請問西恩滿 50 歲時存款餘額是多少？另請問此筆餘額目前的價值（現值）是多少？

18. 延續上題，保持所有條件不變但假設銀行是每年複利，請問西恩滿 50 歲時存款餘額是多少？現值又是多少？

CHAPTER 3 企業財務報表

"When one door of happiness closes, another opens, often we look so long at the closed door that we do not see the one that has been opened for us."

「當一扇快樂的門關了，另一扇會打開，
常常我們只顧著注視關上的門，
卻看不見另一扇已為我們開啟的門。」

～Helen Keller 海倫凱勒～

　　財務報表的研讀與分析是「財務管理」的基礎課題之一，因為財報呈現了企業在一段期間內的決策方向及經營成果，對於投資人及銀行放款部門具有重要的參考價值。雖然有些公司的財務報表未必呈現全部真相，但透過審慎解讀與各種財務比率分析，或可幫助我們找出問題所在，而讓財務報表應有的功能適足發揮。

　　本章各節介紹公司的四大重要財務報表，依序為資產負債表、綜合損益表、現金流量表、權益變動表。接下來在第四章則會說明如何將財務報表所提供的資訊轉換成各類型的財務比率，以方便我們進行比率分析來揭開財報的面紗，進而對企業的財務狀況及經營體質作出更為精確的評估。

第一節　資產負債表

本節重點提問

↗ 資產負債表中有哪些主要項目？

　　依我國公司法規定，每家公司在會計年度結束後，皆須將營業報告書、財務報表及盈餘分派或虧損撥補的議案，提請公司股東常會承認，而公司的財務報表也須先經會計師查核簽證。若是**公開發行公司** (Publicly Held Company)，則其財務報表還須對外公開，並接受證券交易法的規範[1]。

　　什麼是公開發行公司呢？這是指向主管機關（證期局）申請辦理公開發行的股份有限公司[2]；相對而言，公司在尚未申請辦理公開發行的法定程序之前，稱之為**非公開發行公司** (Privately Held Company)。公司當然可以自行選擇是否要公開發行，不過，若公司實收資本額已達到新台幣二億元，或是想要讓股票上市或上櫃掛牌交易，則必須辦理公開發行，且須符合股權分散的相關規定。

　　公開發行公司的財務報表既須對外揭露，自然會受到更多人的關注，但到底對哪些人或單位具有實質的參考價值呢？首先，銀行等金融機構在這些公司前來申請貸款之時，有必要藉由公司提供的財報資訊來瞭解其償債能力；其次，散戶、機構投資者及證券分析

---

[1] 我國對公司「公開發行」之相關規範，請參考本書延伸學習庫→ Word 資料夾→ Chapter 3 → No.1。

[2] 公開發行公司之一般性規範事宜（譬如公司之變更登記等）是由經濟部商業司管轄，而重要的經濟活動例如募集資金、資訊揭露等則是由證期局規範。

人員也經常會擷取財報訊息來選擇或推薦投資標的;而公司經理人亦可透過財報來檢討自己相較於同業的競爭優勢及劣勢。至於政府主管機關為善盡課稅及其他監管之責,更必須詳閱企業財報。

首先,讓我們來分析企業的**資產負債表** (Balance Sheet)。此表又稱作**財務狀況表** (Statement of Financial Position),其所呈現的是一家公司的資產、負債及股東權益在會計期間結束時點(年末或季末)的狀況,如同是在該時點給企業拍了一張全身快照。粗略觀之,資產負債表可分為左、右兩部分,左半部記錄了公司的各類**資產** (Assets),右半部則描述公司的**負債** (Liabilities) 及**權益** (Equity),如下圖所示:

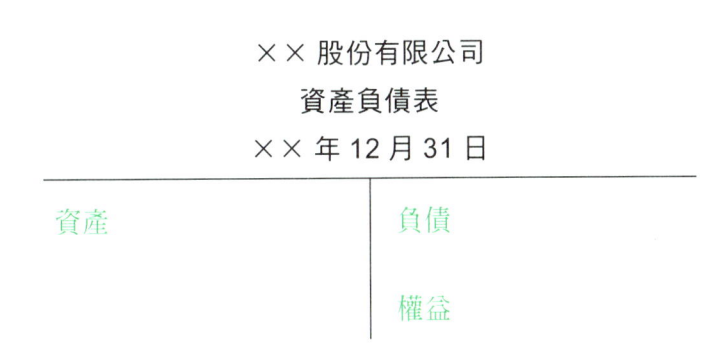

××股份有限公司
資產負債表
××年12月31日

| 資產 | 負債 |
| | 權益 |

進一步來說,資產負債表的右半部描述公司的資金來源,其中向債權人借得的資金構成負債,而向投資人(股東)取得的資金則是股東權益;至於資金的流向或用途,則呈現在資產負債表的左半部。換言之,一家公司所擁有的資產,若非由股東出資購買,就是靠舉債得來的資金添置。股東所出的資金稱之為**權益資金** (Equity Capital),而債權人提供的資金則稱之為**負債資金** (Debt Capital);權益資金奠定了股東可以向公司伸張業主權益(包括投票權、盈餘分配權等)的基礎,而負債資金則讓債權人有按期領取利息及到期

取回本金的權利。

資產負債表的英文名稱為 Balance Sheet，顧名思義，此表左、右兩部分的金額必須相等。因此，資產負債表中的資產、負債與業主權益間之關係，也可以用會計恆等式表示為：資產 = 負債 + 權益。

舉例來說，王先生與股東合資 $1,000,000 成立了王朝股份有限公司，該公司成立當時的資產負債結構，如下所示：

王朝股份有限公司
資產負債表
××年××月××日

現金	$1,000,000	權益	$1,000,000
資產總計	$1,000,000	負債與權益總計	$1,000,000

若王朝公司隨後向銀行貸款 $500,000 投入公司營運，並支付了 $650,000 購入數台機器設備，其資產負債表更新如下：

王朝股份有限公司
資產負債表
××年××月××日

現金	$850,000	長期借款	$500,000
廠房及設備	$650,000	權益	$1,000,000
資產總計	$1,500,000	負債與權益總計	$1,500,000

再假設王朝公司向廠商買進原料一批,總價 $1,200,000。該廠商先收取貨款 $500,000,餘款則以應付帳款形式待王朝公司日後償付。如此王朝公司的資產負債表又進一步更新如下:

王朝股份有限公司
資產負債表
××年××月××日

現金	$350,000	應付帳款	$700,000
存貨	$1,200,000		
		長期借款	$500,000
廠房及設備	$650,000	權益	$1,000,000
資產總計	$2,200,000	負債與權益總計	$2,200,000

從上例得知,資產負債表所包含之項目與記載的金額,僅是述明報表日當天的情形,如同一張相片所捕捉到的瞬間影像,前一天或隔天的實際科目與金額很可能會與報表所登載的不同。此外,一家公司的資產規模大小與股東出資金額的多少未必有直接關係,市場上許多看似規模龐大的公司,或許其資金多是來自於負債,股東實際出資的比例其實很低。實務上,隨著企業的經營與規模擴張,其資產、負債及權益的內容會分出更多的細目,我們可藉由一個較為詳細的資產負債表範例來作進一步的說明,如表 3-1 所示。

茲將表 3-1 中的各個科目依序說明如下[3]。

---

[3] 要查詢我國公開發行公司各年度(季)之財務報表完整資料,請參考本書延伸學習庫→ Word 資料夾→ Chapter 3 → No.2。

表 3-1　資產負債表

××公司

資產負債表

2017 年 12 月 31 日

流動資產：		流動負債：	
現金及約當現金	$300	應付帳款	$300
金融資產－流動	150	短期借款	100
應收帳款	300	應付費用	100
存貨	360	流動負債總計	**$500**
預付款項	90	非流動負債：	
流動資產總計	**$1,200**	長期借款	$1,100
非流動資產：		非流動負債總計	**$1,100**
金融資產－非流動	$1,100	負債總計	**$1,600**
採用權益法之投資	300		
不動產、廠房及設備	2,600	業主權益：	
減：累計折舊	(800)	股本	$2,400
無形資產	100	資本公積	650
其他資產	140	保留盈餘	290
非流動資產總計	**$4,240**	其他權益	500
		權益總計	**$3,840**
資產總計	**$5,440**	負債與權益總計	**$5,440**

流動資產

　　一家公司的資產可區分為**流動資產** (Current Assets) 與**非流動資產** (Non-Current Assets)。流動資產是指主要為交易目的而持有，預期在短期（一年）內可變為現金的資產；其項下科目包括**現金與約當現金** (Cash and Equivalents)、**備供出售金融資產** (Assets held for sale)、應收帳款 (Trade and other receivables)、存貨 (Inventories)、預付費用 (Prepayments) 等科目，通常是依資產的變現力（或稱流動性）強弱來排序。

現金與約當現金係指隨時可動用或轉換成現金的資產，包括公司的庫存現金與周轉金、活期存款、到期日在三個月內的定期存款以及附買回債券等；這類資產具高度流動性且又即將到期，因此帳面上的價值頗為穩定。歸類在流動資產項下的**金融資產**是指被公司指定為備供出售的金融資產，其在報表上的金額需要以公平價值來衡量，因此會隨著該金融資產的市場價格而變動。這些資產的流動性僅次於現金與約當現金，一般包括上市櫃股票，受益憑證等；企業若在短期內必須籌妥資金，便可在市場上將之出售以換取現金。

應收帳款是公司預期在短期內可收到之款項，主要是因以賒銷 (Credit Sale) 方式出售商品而產生，其變現速度受制於給客戶的信用條件，而客戶是否會依約如期付款也存有一些不確定性。**存貨**包括原物料，製成品與在製品，在流動資產中的變現力低於應收帳款，這是因為存貨須待售出後才能變成應收帳款或現金，而存貨是否能順利售出亦非公司所能控制。在各種流動資產中，**預付款項**的變現力大概是最低的，這些款項（例如預付房租、預付保費等）代表公司已經預先支付但尚未享受對價的服務。預付款項雖屬公司的流動資產，但在未來多半不會再變現，因此其排序更在存貨之後。

非流動資產

非流動資產是指使用年限超過一年的資產，包括有形及無形資產，以及回收或變現時間在一年以上的金融資產等。有些企業在

購買（非衍生性）金融資產時並非是以交易為目的，而是有積極意圖持有至到期日。這些以**持有到期為目的之金融資產**可用取得成本（而非公平價值）認列於非流動資產項下。**採用權益法之投資**通常是公司所作的長期股權投資，例如以轉投資或合資方式成立子公司等。此類資產是以原始取得成本認列，因此報表上所列出的金額未必反映其實際價值。

不動產、廠房及設備 (Property, Plant and Equipment) 是一般人所熟悉的企業長期資產，又稱作**固定資產** (Fixed Assets)。固定資產是以取得時之成本入帳，但因在使用過程中會逐年耗損而終須重置，故法令准許企業每年申報折舊來攤銷其購置成本，因此固定資產的帳面價值是原始成本扣除累計折舊後的餘額。須注意的是，不動產中的土地，通常不提列折舊。此外，公司還可對固定資產進行價值重估，並在報表上明列重估日期及價值增減。

無形資產 (Intangible assets) 是指無實體形式的非貨幣性資產，並同時具有可辨認性、可被企業控制及具有未來經濟效益，例如企業所擁有的**專利權** (Patent)、**商標權** (Trademark)、**商譽** (Goodwill) 等[4]。無形資產若有確定使用年限，企業可逐年攤銷其成本，如同固定資產折舊的作法，否則每年須對之進行價值測試，以確保所揭露之金額符合其剩餘價值。

其他資產則係不能歸屬於以上各類非流動資產，且收回或變現期限在一年以上者，包括企業的存出保證金、長期應收票據、長期預付租賃款及其他什項資產等。

---

[4] 企業在併購另一家公司時，若支付的金額超過該公司的帳面資產價值，差額部分即歸屬為**商譽**。

○ 流動負債與非流動負債

企業的負債依期限長短可區分為**流動負債** (Current Liabilities) 與**非流動負債** (Non-Current Liabilities) 兩大類。流動負債是指在短期內（一年內）必須清償的債務，主要包括**應付帳款與票據** (Trade and other payables)、**短期借款** (Short-term loans)、**應付費用及一年內到期之長期負債**等。

應付帳款是公司以賒購 (Credit Purchase) 方式向供應商購買原料、零件、半成品所創造的科目，且在一定期限內必須清償。短期借款是公司欠缺資金時，向銀行等金融機構作短期融通所申貸的款項，其到期期限在一年以內，且企業必須針對此類負債支付利息。應付費用則是指公司在權責上必須支付但實際尚未付出的款項，譬如應付薪資等。其他如應付股利，預收款項等也都屬於流動負債項下的科目。

非流動負債是指到期期限在一年以上的債務，主要包括公司發行之流通在外公司債（距到期日一年以上）、銀行提供的**長期借款**，**長期應付票券**等。

○ 業主權益

權益主要是反映公司資產總值中屬於股東（業主）的部分，主要包括三個科目：**普通股股本** (Share Capital)、**資本公積** (Share Premium or Paid-in Capital) 及**保留盈餘** (Retained Earnings)。若公司有發行特別股，則業主權益還包括特別股股本。

普通股股本記載股票面額乘以公司流通在外股數的總額，此部分代表公司的「法定資本」，也就是一般所稱之公司**資本額**，公司在成立之初的資本額可以透過增資或減資而變大或縮小[5]。依照我國公司法之規定，股份有限公司的資本應分為**股份**，且每股金額應相同；股票上所載之金額稱作**股票面額**（在我國每股面額為 $10）。不過，股票面額的高低並不代表其實際價值，有些國家的股票面額可能只訂為象徵性的 $0.01 或根本就不設定面額 (No-Par Value)。

　　資本公積主要是指股票在發行時所獲得之溢價部分；例如實際發行價格為每股 $60，其中面額 $10 歸入普通股股本項下，而溢價部分的 $50 則認列為資本公積。除了發行股票的溢價外，其他如公司資本來自於他人的無償贈與、公司資產重估增值的部分、合併時產生的股票溢價、處分或取得子公司股權價格與帳面價值之差額等，也都是列入資本公積之中。

　　保留盈餘是公司當期淨利（此為損益表中的項目，詳後述）扣除現金股利後之餘額累計金額。明確地說，公司若有獲利，可從稅後淨利中提撥部分作為現金股利分配給股東；若還有剩餘，則成為該期的**新增保留盈餘**，而權益科目下的保留盈餘就是期初的保留盈餘加上新增保留盈餘後的金額。由於新增保留盈餘是從損益表得到的數字，因此它是一個讓資產負債表和損益表相連結的科目。

　　進一步而言，保留盈餘可分為「已指撥」與「未指撥」兩種。依據我國公司法，公司在分派盈餘時，必須先提出百分之十作為**法定盈餘公積**，同時也可訂定章程或經由股東會決議，另外提撥**特別**

---

[5] 公司在成立之初申請登記之資本額為**原始資本額**，但實際發行之股份則構成**實收資本額**。

盈餘公積。公司的借款契約中若規定要保留部分盈餘，則此部分亦不得用於發放股利，以保障債權人的權利。上述這些已經有指定用途的盈餘通稱為「**已指撥保留盈餘**」。而扣除已指撥部分後的保留盈餘就是「**未指撥保留盈餘**」，此為未受限的盈餘，可供公司作為分派股利之用。

須注意的是，公司在當期若無盈餘，就不得分配股利給股東；不過，若法定盈餘公積超過公司實收資本額的 50%，其超過部分就得以派充股利。另外，若公司在過去幾年經營不善，非但無盈餘反而有累計**虧損**，則開始有獲利的那一年若要發放股利，必須先彌補**虧損**，有剩餘才得分派股利。

◯ 資產負債表與公司經營決策之連結

本書第一章曾提及公司經營的三大重要決策，分別是投資決策、融資決策及股利政策，現在可藉由資產負債表的架構來對這些決策作進一步的瞭解與掌握。從圖 3-1 可以看出，資產負債表的左半部代表公司的**投資面**，包括流動資產及固定資產的投資；右半部描述公司的**融資面**，包括短期與長期的負債資金，以及來自於公司股東的權益資金。公司的長期投資決策主要是指固定資產的投資，又稱作資本預算決策，而流動資產與流動負債的管理則是屬於公司營運資金管理的範疇。公司的資本結構反映出其對於負債資金與權益資金的仰賴程度，而融資決策的優劣則會直接影響公司的資本結構及資金成本。至於公司的股利政策則與保留盈餘的多寡息息相關。

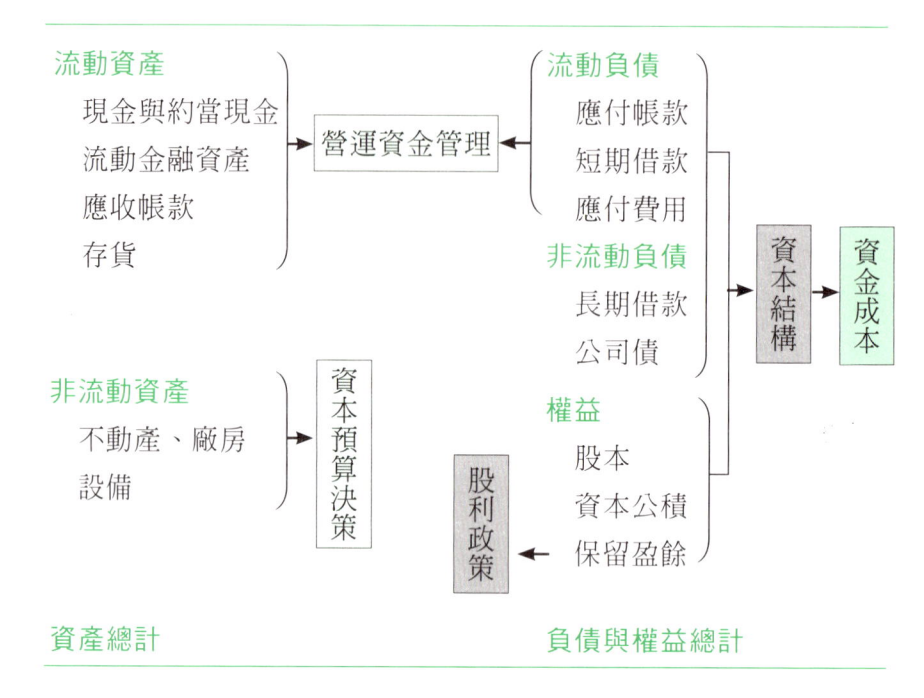

```
流動資產                    流動負債
  現金與約當現金              應付帳款
  流動金融資產  → 營運資金管理 ← 短期借款
  應收帳款                    應付費用
  存貨
                            非流動負債           資    資
                              長期借款    →    本  →  金
                              公司債            結    成
                                                構    本
非流動資產    資
  不動產、廠房  本    權益
  設備      → 預   → 股本
            算      資本公積
            決      保留盈餘 ← 股利政策
            策

資產總計                    負債與權益總計
```

圖 3-1 資產負債表與公司經營決策之關係

第二節　損益表

本節重點提問

- 損益表中有哪些主要項目？
- 在損益表中，公司的融資利息費用是列在哪個科目之下？

綜合損益表(Statement of Comprehensive Income) 或簡稱**損益表**(Income Statement)，係反映企業在一段期間（通常是一年或一季）內的營運收支及損益狀況。不同於資產負債表中的數值所代表的是某個時點（年末或季末）的**定量概念**，損益表中各科目所呈現

之金額代表在該段期間（期初至期末）的**流量**概念。

假設某家公司在開業的第一年，就創造了 $7,500,000 的營收，扣除銷貨成本 $4,650,000 後，毛利為 $2,850,000。該公司整年度的員工薪資費用及其他業務費用（房租、水電費等）共計 $1,750,000，若這家公司沒有其他收入或損失，則整年度的稅前盈餘（或稱稅前淨利、稅前純益）為 $1,100,000。再假設營所稅率為 17%，則該公司的年度淨利（或稱本期淨利）可算出為 $913,000。我們可將該公司的損益表簡要表示如下：

××公司
損益表
××年度

銷貨收入	$ 7,500,000
減：銷貨成本	(4,650,000)
營業毛利	$ 2,850,000
減：營業費用	(1,750,000)
營業利益	$ 1,100,000
稅前淨利	$ 1,100,000
減：所得稅 (17%)	(187,000)
本期淨利	$　　913,000

若當年度中，該公司有銀行定存所產生的孳息收入 $350，同時還支付了 $8,700 的融資利息費用，則將這些項目納入後，該公司的損益表可修正如下。

××公司

損益表

××年度

銷貨收入	$7,500,000
減：銷貨成本	(4,650,000)
營業毛利	$2,850,000
減：營業費用	(1,750,000)
營業利益	$1,100,000
營業外收入及支出	
加：利息收入	350
減：財務成本	(8,700)
稅前淨利	$1,091,650
減：所得稅 (17%)	(185,580)
本期淨利	$ 906,070

如同資產負債表，一家公司損益表的內容亦會隨著公司的業務性質及複雜度而有所不同。我們可以利用**表 3-2** 所示之較為詳細的綜合損益表範例來瞭解其中的各項科目。

損益表中的第一個項目為**營業收入** (Sales Revenue)，也稱作**營業額**，其所揭露的是企業在報表期間內銷售貨物或提供勞務的總金額。通常在分析企業的發展或成長潛力時，其營業額的增長變化必定為考量重點之一。不過，營業收入僅是一個粗估的數字，因為企業在銷貨之後，難免會發生客戶退貨或折價等情況；因此，企業實際的銷貨收入應是營業收入扣掉**銷貨退回及折讓**後所得之金額，稱之為**營業淨額** (Net Sales)[6]。

---

[6] 或稱銷售淨額。

表 3-2　綜合損益表

××公司
綜合損益表
2017/1/1~12/31

營業收入	$120,000
減：銷貨退回及折讓	(1,000)
營業淨額	$119,000
減：營業成本	(77,000)
營業毛利	$ 42,000
減：各項營業費用	(14,500)
營業利益	$ 27,500
營業外收入及支出	
股利收入	$ 780
處分不動產損益	2,010
財務成本	(1,300)
營業外收入及支出合計	$ 1,490
稅前淨利	$28,990
減：所得稅費用	(6,900)
本期淨利	$22,090
其他綜合損益	
備供出售金融資產	
未實現利益（損失）	$30,000
權益法認列之投資損益	(28,000)
其他綜合損益淨額	$ 2,000
本期綜合淨利	**$24,090**
每股盈餘	$ 1.35

要衡量一家企業的營業利潤，必須將營業相關的成本及費用扣除。這些成本與費用可分為直接與間接兩部分；直接成本是商品在銷售之前的生產過程中所發生的各種費用，包括原料取得、產品製造、包裝運輸，以至於企業所支付的加盟金、權利金等，這些費用通稱為**營業成本**（或稱**銷貨成本**）。至於間接成本則是指公司在銷售商品的過程中所產生之費用，包括管理費用（例如薪資、租金、水電、保險費等）、行銷費用（例如市場調查、交通費、廣告費、佣金等）、研發費用及折舊費用等，通稱為**營業費用** (Operating Expense)。營業淨額扣除銷貨成本，所得之金額為營業毛利 (Gross Profit)；毛利再扣除營業費用，得到營業利益 (Operating Profit)，此即為企業從事正常營業（本業）活動所創造之利潤。

企業有時候也會從事一些非屬其本業範圍之業務，從而獲得利潤或產生損失。這些**營業外收入及支出**包括利息收入、股利收入、處分資產損益、外幣兌換損益、訴訟賠償金以及財務成本等，而其中的**財務成本**主要是指公司向銀行借款與發行債券所須支付的利息費用。屬於公司本業的營業利益加上營業外收支淨額，即為稅前淨利 (Profit Before Tax)，此項目代表了企業整體營運（本業＋業外）在當期所創造的利潤；若一家公司的營業外收支合計為 0，則其稅前淨利即等於營業利益。

稅前淨利是企業計算營利事業所得稅的基礎。稅前淨利扣除應繳交之**營利事業所得稅**，即為本期淨利 (Net Profit)，又稱作**稅後盈餘**或**稅後純益**。一些規模較大的公司時而會產生一些後續才能分配至損益的項目，諸如備供出售金融資產的未實現損益、國外分支機構財報換算之匯兌差額等，而這些項目通常是認列在**其他綜合損益**

科目下。其他綜合損益淨額加上本期淨利,即為**本期綜合淨利**。

損益表上最後一個數字是公司當期之**每股盈餘**(Earnings Per Share, EPS),此乃是將本期淨利(不含綜合淨利)除以流通在外股數所得之結果。市場投資人對每股盈餘頗為關注,咸認為這是對公司股價頗有影響力的一個指標。

從以上對損益表所作的說明可知,一家企業的獲利來源包括營業利益及營業外收入兩部分。若本期淨利主要是依賴營業外收入,則該公司的本業經營可能發生了問題。若營業收入增加,但營業利益卻下降,反映該公司在生產成本或營業費用的控管上可能出現了問題。至於損益表還可提供投資人哪些重要的資訊,本書在第四章介紹財務比率分析時會作進一步的說明。

第三節　現金流量表

本節重點提問

- 企業的經營活動可分為哪幾類?

本書在第一章提到,公司經營的目標是股票價格極大化,而股票價格則是反映公司在未來各年度所能產生之淨現金流量現值的總和,因此財務分析特別重視企業現金流量的變化情形。此處所要強調的一個概念是,即便公司的損益表上顯示有獲利,並不表示該公司一定會有現金入帳。這是因為前述兩大財報(資產負債表及損益表)在編製時所採用的是**應計基礎**而非**現金基礎**。舉例說明於下。

一家原本握有 $1,000,000 現金的公司,在購買了價值 $300,000

的存貨後，還會剩餘多少現金？若該公司完全是以賒購方式進貨，則其現金根本不會減少（至少暫時不會）。同樣地，若該公司在報表期間內總共銷售了價值 $500,000 的商品，但其應收帳款也同步增加了 $150,000，這表示因銷售而產生的現金流入僅有 $350,000，而非 $500,000。同理可知，即使是一家年度獲利創新高的公司，也有可能正面臨著無現金可用的窘境。

企業的經營活動可分為**營業活動** (Operating Activities)、**投資活動** (Investing Activities) 及**籌資活動** (Financing Activities) 三類；而**現金流量表** (Statement of Cash Flows) 所要呈現的，就是企業在這些經營活動中所產生的淨現金流入及流出情形。透過現金流量表，我們可進一步瞭解企業的經營活動對其現金流量之影響、當期淨利與現金流量差異之原因，進而評估出其未來是否有對外籌資的需求或發放現金股利的能力等。

在編製現金流量表時，我們需要用到企業在當期及前一期的資產負債表及損益表；為便於說明，我們以一家製造辦公器材的大型企業（蘭陽公司）為例，將其兩年度（2016 年及 2017 年）的資產負債表與損益表分別列出，如表 3-3 及表 3-4 所示。

根據表 3-3 及表 3-4 所提供的數據，我們分別從營業、投資及籌資的角度分析蘭陽公司在 2017 年的現金流量變動情形，並將結果呈現於表 3-5。

要推算企業自**營業活動**所創造之現金流量，我們可從損益表上的稅前淨利開始，先加回營業外支出（或扣除營業外收入），得到企業自正常營業（本業）活動所產生的利潤，然後再加回折舊（及攤提）費用。此乃因折舊屬非現金費用 (Non-Cash Expense)，公

表 3-3　比較兩年度資產負債表

蘭陽公司
資產負債表　　　　　　　　　　（單位：百萬元）

	2017/12/31	2016/12/31		2017/12/31	2016/12/31
流動資產：			流動負債：		
現金及約當現金	$ 8	$ 12	應付帳款	$100	$80
金融資產-流動	60	52	應付票據	110	70
應收帳款	300	202	應付費用	150	130
存貨	492	280	流動負債總計	**$360**	**$280**
流動資產總計	**$860**	**$546**			
			非流動負債：		
非流動資產：			長期借款	$760	$660
廠房與設備	$1,332	$1,126	非流動負債總計	**$760**	**$660**
減：累計折舊	(372)	(272)	負債總計	**$1,120**	**$940**
非流動資產總計	**$960**	**$854**			
			業主權益：		
			股本	$100	$100
			資本公積	40	40
			保留盈餘	560	320
			權益總計	**$700**	**$460**
資產總計	**$1,820**	**$1,400**	負債與權益總計	**$1,820**	**$1,400**

司並未實際支出該筆費用，但因在計算營業利益時已將折舊費用扣除，故在計算現金流量時，須將此等非實際支出費用加回。

除此之外，我們還須考量資產負債表中與營業活動直接相關之各項資產及負債的變動情形，包括應收帳款、存貨以及應付帳款等。簡單來說，若資產部分有淨增加（減少），表示公司有現金流出（流

表 3-4　比較兩年度損益表

蘭陽公司
損益表　　　　　（單位：百萬元）

	2017	2016
營業收入	$2,410	$2,025
減：銷貨退回	(10)	(25)
營業淨額	$2,400	$2,000
減：營業成本	(1,600)	(1,470)
營業毛利	**$800**	**$530**
減：折舊費用	(100)	(90)
減：其他營業費用	(140)	(98)
營業利益	$560	$342
營業外收入及支出		
減：利息費用	(60)	(42)
稅前淨利	$500	$300
減：所得稅 (30%)	(150)	(90)
本期淨利	**$350**	**$210**
現金股利	$110	$50
新增保留盈餘	**$240**	**$160**

入）。譬如，應收帳款減少，表示公司收到了先前銷貨之款項，因此有現金流入；存貨增加，表示新增支付款項去購買物品，因此有現金流出。反之，負債部分的增加（減少）則代表有現金流入（流出）。譬如，應付帳款下降，表示公司償還了過去的欠款，因此有現金流出。

從表 3-4 得知，蘭陽公司在 2017 年的稅前淨利為 $500，加回（屬於營業外支出的）利息費用 $60 以及（非實際支出的）折舊費

表 3-5　現金流量表

蘭陽公司
現金流量表
2017 年度

營業活動之現金流量：	
本期稅前淨利	$500
財務成本	60
折舊費用	100
營運資產及負債之淨變動數	
應收帳款	(98)
存貨	(212)
應付帳款	20
應付費用	20
營運產生之淨現金流入（出）	$390
支付所得稅	(150)
(1) 營業活動之淨現金流入（出）	**$240**
投資活動之現金流量：	
金融資產增加	(8)
廠房設備增加	(206)
(2) 投資活動之淨現金流入（出）	**($214)**
籌資活動之現金流量：	
應付票據增加	40
長期借款增加	100
發放現金股利	(110)
支付利息	(60)
(3) 籌資活動之淨現金流入（出）	**($30)**
本期現金及約當現金變動額 (=(1)+(2)+(3))	($4)
期初現金及約當現金餘額	$12
期末現金及約當現金餘額	**$8**

用 $100，總計有 $660 的現金流入。再來觀察表 3-3 的比較資產負債表，該公司的應收帳款及存貨在 2017 年（相較於 2016 年）皆有所增加，表示公司有資金流出，金額分別為 $98 及 $212。不過，蘭陽公司的應付帳款及應付費用亦各增加了 $20，代表資金的流入。由於金融資產與應付票據的變化並不屬於營業活動範疇，故不在此處考量其金額的變動。將前述各項現金的流入及流出加總後，再扣掉（屬於現金流出之）當期支付的所得稅 ($150)，即可得到蘭陽公司在 2017 年自營業活動所產生的淨現金流入為 $240 (= $500 + $60 + $100 − $98 − $212 + $20 + $20 − $150)。

接著來看企業**投資活動**所創造的現金流量，此部分可從企業短期與長期投資餘額的變化來衡量。從比較資產負債表（表 3-3）可以看出，蘭陽公司的流動性金融資產部位從 2016 年的 $52 增加到 2017 年的 $60，顯示當年度的短期投資增加 $8，此代表資金流出。該公司的廠房與設備科目則是從 $1,126 增加為 $1,332，也表示有資金流出，金額為 $206[7]。因此，可以算出蘭陽公司在 2017 年因投資活動而有淨現金流出，共計 $214 (= $8 + $206)。

至於企業**籌資活動**所引起的現金流量變化，其所涵蓋的是短期及長期融資餘額的增減、現金股利的發放以及融資利息的支付等。蘭陽公司在 2017 年的短期借款（應付票據）與長期借款分別增加了 $40 及 $100，代表有資金流入；該公司在 2017 發放現金股利 $110，並支付借款利息 $60，此為資金流出。因此，蘭陽公司在 2017 年因籌資活動所產生淨現金流出合計為 $30 (= $40 + $100 −

---

[7] 此處採用「折舊前」而非「折舊後」的固定資產變化，乃因折舊費用已算在營業活動的現金流量之內。

$110－60)。

在現金流量表（表 3-5）中，我們將營業、投資、財務三類經營活動所創造的淨現金流入及流出分別列出並加總，所得到的結果就是蘭陽公司在 2017 年之**現金及約當現金**的變動額，總計減少了 $4。相較於當年度期初的現金部位 ($12)，該公司在 2017 年底的現金餘額為 $8，正好等於其資產負債表上所載之現金金額。

C 共同基礎財務報表

在前述表 3-3 及表 3-4 中，我們列出蘭陽公司兩個年度的財報資料，並依各科目在兩年度之間的變動情形編製成現金流量表。另一種作法則是用百分比的方式來呈現一家公司在不同期間的財報科目餘額變化，稱之為「共同基礎財務報表」。

共同基礎財務報表的編製方法是讓財報中的每一科目都以占「共同基礎」的百分比來表示；此共同基礎在資產負債表中為「**總資產**」，而在損益表中則為「**營業淨額**」。換言之，**共同基礎資產負債表** (Common-Size Balance Sheet) 中的科目均是以占總資產的百分比來表示，而**共同基礎損益表** (Common-Size Income Statement) 中的科目則是以占營業淨額的百分比來表示。表 3-6 及表 3-7 分別呈現蘭陽公司的共同基礎資產負債表及損益表。

對照表 3-3 及表 3-6，我們觀察到從 2016 年到 2017 年，蘭陽公司的流動負債金額雖然增加了八千萬元，但若以比例來看，其實並沒有任何成長（皆是維持在 20%）。該公司的流動資產從 39% 增加至 47%，主要增加的部分是在應收帳款和存貨兩科目。此外，蘭

表 3-6　共同基礎資產負債表

蘭陽公司
共同基礎資產負債表

	2017/12/31	2016/12/31		2017/12/31	2016/12/31
流動資產：			流動負債：		
現金及約當現金	0.00	0.01	應付帳款	0.06	0.06
金融資產－流動	0.03	0.04	應付票據	0.06	0.05
應收帳款	0.16	0.14	應付費用	0.08	0.09
存貨	0.27	0.20	流動負債總計	**0.20**	**0.20**
流動資產總計	**0.47**	**0.39**			
			非流動負債：		
			長期借款	0.42	0.47
			非流動負債總計	**0.42**	**0.47**
			負債總計	**0.62**	**0.67**
非流動資產：			業主權益：		
廠房與設備	0.73	0.80	股本	0.05	0.07
減：累計折舊	(0.20)	(0.19)	資本公積	0.02	0.03
非流動資產總計	**0.53**	**0.61**	保留盈餘	0.31	0.23
			權益總計	**0.38**	**0.33**
資產總計	**1.00**	**1.00**	負債與權益總計	**1.00**	**1.00**

　　陽公司的淨固定資產（廠房及設備）在期間內雖有成長（增加 1.06 億元），但以相對規模而言反而是減少 7%。至於長期負債與股東權益則分別減少及增加了 5%。整體而言，該公司的長、短期資產配置在 2017 年更趨於平衡，而長期負債在資本結構上所占的比重也有所下降。至於損益部分，從表 3-7 可清楚看出，蘭陽公司在 2017 年的本期淨利之所以優於前一年度，主要是因營業成本下降（從

表 3-7　共同基礎損益表

蘭陽公司
共同基礎損益表

	2017	2016
營業淨額	1.00	1.00
減：營業成本	(0.67)	(0.73)
營業毛利	**0.33**	**0.27**
減：折舊費用	(0.04)	(0.05)
減：其他營業費用	(0.06)	(0.05)
營業利益	**0.23**	**0.17**
營業外收入及支出		
減：利息費用	(0.02)	(0.02)
稅前淨利	**0.21**	**0.15**
減：所得稅 (30%)	(0.06)	(0.04)
本期淨利	0.15	0.11
現金股利	0.05	0.03
新增保留盈餘	0.10	0.08

73%下降為67%），而其餘各科目則大致維持不變。

共同基礎財務報表除了有助於比較同一家公司在不同期間的經營表現，也適用於不同公司間的**橫斷面（同期間）**比較，特別是針對經營規模有相當差距的公司。這是因為共同基礎財務報表是以百分比的方式表達，相當於把不同公司置於一個共通平台上進行比較，可將彼此間的優劣差異更清楚且正確地呈現出來，而避免受到絕對數值差異的可能誤導。

第四節　權益變動表

> **本節重點提問**
>
> ✎ 哪些因素會引起公司的權益價值產生變動？

　　本書第一章曾指出，公司經營的目標是股東財富極大化或權益價值極大化，故當公司的權益價值增加時，一般會傾向於給予正面的解讀。不過，雖然公司經營良好且有獲利會使其股東權益價值有所提升，但引起權益價值產生變動的因素很多，因此我們有必要作更深入的理解。**權益變動表**(Statement of Changes in Equity) 所呈現的是業主權益在一段期間內的變動情形，並明列出導致權益變動的各項因素（譬如股利發放、保留盈餘等）。

　　有關公司的股東權益變化，我們可用一個簡單的儲蓄概念來說明。小明與大華在 2016 年 1 月 1 日開立了一個銀行共同帳戶，由兩人各出資 $5,000 購買一年期定存，年利率為 2%。一年過後，兩人決定以共有的 $10,000 繼續購買一年期定存（年利率已降為 1.8%），而在第一年所賺到的 $200 利息則留在帳戶內（假設利率為 0%）供日後有需要時提領花用。若兩人在 2017 年從帳戶提走 $84，則在 2017 年年底，其銀行帳戶的存款餘額會是多少？

　　一個存款帳戶的金流，是由本金與利息兩部分組成。小明與大華在年初存入本金，在年底收到利息，因此該帳戶在期間內的金流變動如下表所示：

	本金	利息（累計）	帳戶餘額
期初帳戶餘額 (2016/1/1)	$10,000	—	$10,000
利息收入	—	$200	$200
期末帳戶餘額 (2016/12/31)	$10,000	$200	$10,200

到了第二年，除了利息收入外，還增加了提款，故該帳戶的餘額變動如下：

	本金	利息（累計）	帳戶餘額
期初帳戶餘額 (2017/1/1)	$10,000	$200	$10,000
利息收入	—	$180	$180
提款	—	($84)	($84)
期末帳戶餘額 (2017/12/31)	$10,000	$296	$10,296

在上例中，我們所描述的是一個存款帳戶從期初至期末的價值變化。若將小明與大華的存款帳戶視為一家公司（明華公司），期初存款即如同兩位股東所出資的股本，利息收入就是該公司每年賺得之稅後淨利，而提款就相當於發放現金股利。如是說來，帳戶價值的增減所代表的正是公司股東權益的變化。我們可將明華公司在兩年期間內的權益變動按年度列出如下。

	股本	保留盈餘	權益總計
期初餘額 (2016/1/1)	$10,000	—	$10,000
本期淨利	—	$200	$200
期末餘額 (2016/12/31)	$10,000	$200	$10,200
期初餘額 (2017/1/1)	$10,000	$200	$10,200
本期淨利	—	$180	$180
股利發放	—	($84)	($84)
期末餘額 (2017/12/31)	$10,000	$296	$10,296

從上表可看出，權益變動表的表頭是由權益科目的各個細項（股本、保留盈餘、權益總計）組成，而該表的最左一行則列出在期間內會導致權益發生變動的原因（新增本期淨利、股利發放等）。實務上，公司在分派盈餘時，依法須先提出10%作為法定盈餘公積，剩下的則歸類為未分配盈餘，故我們可將上表中的保留盈餘作更詳細的劃分，如下表所示。

	股本	保留盈餘 法定盈餘公積	保留盈餘 未分配盈餘	權益總計
期初餘額 (2016/1/1)	$10,000	—	—	$10,000
本期淨利	—	$20	$180	$200
股利發放	—	—	—	—
期末餘額 (2016/12/31)	$10,000	$20	$180	$10,200
期初餘額 (2017/1/1)	$10,000	$20	$180	$10,200
本期淨利	—	$18	$162	$180
股利發放	—	—	($84)	($84)
期末餘額 (2017/12/31)	$10,000	$38	$258	$10,296

上表所描述的可能是一家典型中小型企業的權益變動情形。對於規模較大的公司甚至是國際企業，由於股權結構較為複雜，其權益變動表所涵蓋的內容必然會相對豐富許多。假設一家跨國企業（友翔國際）資產負債表中的權益科目如表 3-8 所示，損益表中之相關數據則列在表 3-9 中。

表 3-8　資產負債表（權益科目）

友翔國際
資產負債表（權益部分）　　（單位：千元）

	2017/12/31	2016/12/31
業主權益：		
股本		
普通股股本	$371,200	$369,200
資本公積	$133,450	$130,450
保留盈餘		
法定盈餘公積 *	$15,350	$12,245
特別盈餘公積	8,975	8,975
未分配盈餘	25,400	20,475
保留盈餘合計	$49,725	$41,695
其他權益：		
國外機構財報換算		
之匯兌差額	(1,798)	(2,556)
備供出售金融資產		
未實現（損）益	412	310
其他權益合計	(1,386)	(2,246)
權益合計	$552,989	$539,099

* 2017 年新增法定盈餘公積 $3,105,000 ＝ $15,350,000 － $12,245,000 ＝ 10%×2016 年稅後淨利彌補完所有累積虧損後之金額（此金額可反推出是 $31,050,000）。

表 3-9　綜合損益表（部分科目）

友翔國際

綜合損益表

2017/1/1~2017/12/31　　　　　　　　（單位：千元）

本期淨利		$23,500
其他綜合損益		
備供出售金融資產		
未實現利益（損失）	$102	
國外機構財報換算		
之匯兌差額	758	
其他綜合損益合計		$860
本期綜合淨利		**$24,360**

另假設友翔國際在 2017 年間以每股 $25（溢價 $15）進行現金增資，總共募集到的金額為 $5,000,000，另外該公司依據上年度（2016 年）獲利提列了法定盈餘公積 $3,105,000，同時經股東會決議通過發放現金股利 $15,470,000。依據以上資料，該公司的 2017 年權益變動表可編列如表 3-10 所示。

表 3-10　權益變動表

友翔國際
權益變動表
2017/1/1~2017/12/31　（單位：千元）

	股本	資本公積	保留盈餘 法定盈餘公積	保留盈餘 特別盈餘公積	保留盈餘 未分配盈餘	保留盈餘 合計	其他權益（註一）	其他權益（註二）	其他權益 合計	權益總計
期初餘額	369,200	130,450	12,245	8,975	20,475	41,695	−2,556	310	−2,246	539,099
現金增資	2,000	3,000	0	0	0	0	0	0	0	5,000
提列法定盈餘公積	0	0	3,105	0	−3,105	0	0	0	0	0
發放現金股利	0	0	0	0	−15,470	−15,470	0	0	0	−15,470
本期淨利	0	0	0	0	23,500	23,500	0	0	0	23,500
本期其他綜合損益	0	0	0	0	0	0	758	102	860	860
權益增（減）總額	2,000	3,000	3,105	0	4,925	8,030	758	102	860	13,890
期末餘額	371,200	133,450	15,350	8,975	25,400	49,725	−1,798	412	−1,386	552,989

註一：國外機構財報換算之匯兌差額
註二：備供出售金融資產未實現（損）益

　　從表 3-10 可以看出，由於友翔國際現金增資計 200,000 股（= $5,000,000 / $25），以每股面額 $10 計算，**股本增加 $2,000,000**，其溢價部分 $3,000,000 則認列為**資本公積**。該公司所提列之 $3,105,000 法定盈餘公積，係直接從未分配盈餘中扣除，因此對**保留盈餘**合計不會造成改變。發放現金股利的金流是從**未分配盈餘**中扣除，而本期淨利則是累計入**未分配盈餘**。至於其他綜合損益項目的增減，則是直接反映在**其他權益**項下。總結各權益項目金額之增減，即可得到**期末權益總計為 $552,989,000**，與公司之資產負債表上所載金額無異。

金融法律常識　法定盈餘公積 vs. 特別盈餘公積

法定盈餘公積

公司法第 237 條第 1 項規定:「公司於完納一切稅捐後,分派盈餘時,應先提出百分之十為法定盈餘公積。但法定盈餘公積,已達資本總額時,不在此限」。此規範之目的,在於防止公司每年皆將全部稅後淨利用於分派股利,而強制公司須保留 10% 來充實公司資本,以保障債權人之權益。

特別盈餘公積

證券交易法第 41 條第 1 項規定:「主管機關認為有必要時,對於已依本法發行有價證券之公司,得以命令規定其於分派盈餘時,除依法提出法定盈餘公積外,並應另提一定比率之特別盈餘公積。」

因此,主管機關(金管會)有法令函釋,規範上市、上櫃公司及公開發行公司在分派可分配盈餘時,除依法提列 10% 法定盈餘公積外,還應依規定就當年度發生之帳列股東權益減項金額(包括:備供出售金融資產未實現損失、累積換算調整數、未認列退休金成本淨損失、未實現重估增值等)提列相同數額之特別盈餘公積而不得分派股利;並於股東會上報告可分配盈餘之調整情形及所提列之特別盈餘公積數額,俾股東知悉影響情形。

依主管機關命令自當年度盈餘提列之特別盈餘公積,得列為計算未分配盈餘之減除項目,嗣後股東權益減項數額有迴轉(亦即股東權益減項金額減少或股東權益為加項金額)時,營利事業原依主管機關命令提列之特別盈餘公積,其限制原因已消滅,應將原提列之特別盈餘公積迴轉為可分配盈餘,得用之分派股利,若未用之分派股利,則在限制原因消滅年度須併入未分配盈餘而加徵 10% 營利事業所得稅。

財經訊息剪輯

非公開發行股份有限公司之股東名簿該不該揭露？

2017 年我國公司法修正草案討論過程中的一個爭議重點，在於「非公開發行股份有限公司」（非公發公司）的股東名冊該不該向主管機關申報揭露？（現況是讓這些公司的股東名簿自行備置於公司內。）

在討論過程中贊成揭露的理由有二。其一是從法的角度觀之，認為有必要配合**洗錢防制法**來遏阻匿名股東隱藏不法利益；其二是因應國際潮流而讓全部公司之所有權透明化。反對揭露的主要理由：揭露股東名冊恐會影響新創公司之投資意願，並建議國營事業和閉鎖性公司等特定類型不必揭露。

2017 年 11 月 16 日行政院開會終於達成共識，確定公開發行公司（公發公司）及非公發公司的實質受益人皆須申報，明確地說，申報範圍包括董事、監事、經理人及持股 10% 以上股東。由於公發公司原本已經依照**證交法第 25 條**規定須申報，因此修法主要就是針對非公發公司。

本章摘要

- 公司的四大重要財務報表為：資產負債表、綜合損益表、現金流量表、權益變動表。

- 企業的資產負債表又稱作財務狀況表，其所呈現的是一家公司的資產、負債及股東權益在會計期間結束時點（年末或季末）的狀況，如同是在該時點給企業拍了一張全身快照。

- 一家公司的資產可區分為流動資產與非流動資產；負債可區分為流動負債與非流動負債。

- 權益主要是反映公司資產總值中屬於股東（業主）的部分，主要包括三個科目：普通股股本、資本公積及保留盈餘。

- 普通股股本記載股票面額乘以公司流通在外股數的總額，此部分代表公司的「法定資本」，也就是一般所稱之公司資本額，公司在成立之初的資本額可以透過增資或減資而變大或縮小。

- 公司若有獲利，可從稅後淨利中提撥部分作為現金股利分配給股東；若還有剩餘，則成為該期的新增保留盈餘。

- 公司在當期若無盈餘，就不得分配股利給股東；不過，若法定盈餘公積超過公司實收資本額的50%，其超過部分就得以派充股利。另外，若公司在過去幾年經營不善，非但無盈餘反而有累計虧損，則開始有獲利的那一年若要發放股利，必須先彌補虧損，有剩餘才得分派股利。

- 綜合損益表亦簡稱損益表，係反映企業在一段期間（通常是一年或一季）內的營運收支及損益狀況。

- 企業的經營活動可分為營業活動、投資活動及籌資活動三類；而現金流量表所要呈現的，就是企業在這些經營活動中所產生的淨現金流入及流出情形。

- 共同基礎資產負債表中的科目均是以占總資產的百分比來表示，而共同基礎損益表中的科目則是以占營業淨額的百分比來表示。
- 權益變動表所呈現的是業主權益在一段期間內的變動情形，並明列出導致權益變動的各項因素（譬如股利發放、保留盈餘等）。

本章習題

一、選擇題

1. 下列何者會導致公司營業活動現金流量的變動？
   (a) 發放現金股利
   (b) 新增廠房設備
   (c) 購買商業本票
   (d) 減少應收帳款

2. 下列有關流動資產的變現性排序，何者最正確？
   (a) 現金 > 應收帳款 > 流動金融資產 > 存貨
   (b) 現金 > 流動金融資產 > 預付費用 > 應收帳款
   (c) 現金 > 應收帳款 > 存貨 > 流動金融資產
   (d) 現金 > 流動金融資產 > 應收帳款 > 預付費用

3. 從現金流量的角度來看，公司發放股票股利應歸類於何種經營活動？
   (a) 營業活動
   (b) 投資活動
   (c) 籌資活動
   (d) 發放股票股利不影響公司的現金流量

4. 下列對公司現金流量的敘述，何者為正確？
   (a) 應付帳款變動會影響營業活動的現金流量
   (b) 應付票據變動會影響營業活動的現金流量
   (c) 支付所得稅會影響投資活動的現金流量
   (d) 廠房設備擴充會影響籌資活動的現金流量

5. 下列各項陳述，何者不正確？
   (a) 權益科目包括股本、資本公積及保留盈餘
   (b) 公司資產重估後若有增值，則資本公積會增加

(c) 公司只要每年有獲利，其保留盈餘就會增加

(d) 公司若有發行特別股，會反映在權益科目項下

6. 下列何者不會影響公司的營業活動現金流量？

(a) 折舊費用減少　　　　　　(b) 添購存貨

(c) 購買商業本票　　　　　　(d) 減少應收帳款

7. 下列何者隨企業銷售額成長而增加的可能性最低？

(a) 應收帳款　　　　　　　　(b) 非流動金融資產

(c) 機器與設備　　　　　　　(d) 應付帳款

8. 下列何者不會改變企業的籌資活動現金流量？

(a) 減少銀行貸款　　　　　　(b) 增加應付票據

(c) 賣出商業本票　　　　　　(d) 發放現金股利

9. 公司增加員工福利費用的支出會對何種經營活動的現金流量造成影響？

(a) 營業活動　　　　　　　　(b) 投資活動

(c) 籌資活動　　　　　　　　(d) 不會影響現金流量

10. 下列對公司現金流量變化的敘述，何者有誤？

(a) 折舊費用的增加表示有現金流出

(b) 存貨減少表示有現金流入

(c) 發放現金股利表示有現金流出

(d) 銀行借款減少會導致現金流出

11. 對公司現金流量的影響而言，「發行五年期公司債」屬於下列哪一項？

(a) 營業活動　　　　　　　　(b) 投資活動

(c) 籌資活動　　　　　　　　(d) 發行公司債不會影響現金流量

12. 下列何者會增加公司營業活動的現金流量？

    (a) 應付帳款減少　　　　　　(b) 應收帳款增加

    (c) 存貨增加　　　　　　　　(d) 應付費用增加

13. 下列有關企業現金流量的分析，何者為正確？

    (a) 存貨的增加代表淨現金的流入

    (b) 應付帳款的增加代表淨現金的流出

    (c) 流動金融資產的增加代表淨現金的流入

    (d) 累計折舊的增加代表淨現金的流入

14. 下列何者會導致公司籌資活動現金流量的減少？

    (a) 發放現金股利　　　　　　(b) 應收帳款增加

    (c) 長期借款增加　　　　　　(d) 應付費用增加

15. 下列有關損益表相關項目的敘述，何者不正確？

    (a) 公司處分不動產的收入屬於營業外收入

    (b) 稅前淨利已經納入了企業的營業外收入

    (c) 營業成本包括產品的製造成本以及行銷費用

    (d) 營業淨額是營業收入減去退貨及折讓

二、問答與計算

1. 「公開發行公司」與「非公開發行公司」的差別為何？

2. 「流動資產」與「非流動資產」主要的區分標準為何？

3. 流動資產主要包括哪些細項？何者的變現性最低？

4. 何謂無形資產？請舉例說明。

5. 哪些業主權益會被歸類至資本公積？

CHAPTER 3 企業財務報表

6. 請說明損益表中之營業淨額與營業利益間之關係。

7. 影響企業現金流量的經營活動可分為哪幾類？請分別舉例說明其活動內容。

8. 何謂共同基礎財務報表？此類財報有何特別之功用？

假設維康生技公司之財報資料（資產負債表及損益表）如下，供 9~12 題共用。

維康生技公司
資產負債表 （千元）

	2018/12/31	2017/12/31		2018/12/31	2017/12/31
流動資產：			流動負債：		
現金及約當現金	$ 120	$ 150	短期借款	$ 100	$ 90
金融資產－流動	100	167	應付短期票券	95	120
應收帳款	320	400	應付帳款	130	110
存貨	550	479	應付費用	120	240
預付款項	90	80	流動負債總計	**$445**	**$560**
其他流動資產	215	150	非流動負債：		
流動資產總計	**$1,395**	**$1,426**	長期借款	1,456	1,360
非流動資產：			其他非流動負債	842	842
權益法投資淨額	$ 665	$ 750	非流動負債總計	**$2,298**	**$2,202**
廠房與設備	3,785	3,148	負債總計	**$2,743**	**$2,762**
減：累計折舊	(680)	(570)	業主權益：		
投資性不動產淨額	431	531	股本	$1,600	$1,500
無形資產	397	397	資本公積	700	550
非流動資產總計	**$4,598**	**$4,256**	法定盈餘公積	$328	$320
			特別盈餘公積	100	100
			未分配盈餘	522	450
			保留盈餘合計	950	870
			權益總計	**$3,250**	**$2,920**
資產總計	**$5,993**	**$5,682**	負債與權益總計	**$5,993**	**$5,682**

維康生技 損益表		（千元）
	2018	2017
營業淨額	$2,600	$2,200
減：營業成本	(1,763)	(1,670)
減：折舊費用	(110)	(90)
減：其他營業費用	(350)	(238)
營業利益	$ 377	$ 202
營業外支出		
減：利息費用	(140)	(102)
稅前淨利	$ 237	$ 100
減：所得稅 (20%)	(47)	(20)
本期淨利	**$190**	**$80**
現金股利	$110	$50
新增保留盈餘	$80	$30

9. 請依據維康生技公司之財務報表，編列該公司在 2018 年度針對營業活動部分之現金流量表。

10. 請依據維康生技公司之財務報表，編列該公司在 2018 年針對投資活動部分之現金流量表。

11. 請依據維康生技公司之財務報表（該公司在 2018 年度現金增資 $250,000），編列該公司在 2018 年針對籌資活動部分之現金流量表。

12. 請依據維康生技公司財報，編列該公司 2018 年度之權益變動表。

13. 假設下列是亞細亞公司在 2018 年的財務科目數據（該公司在 2018 年未支付股利），請根據這些資料編製出該公司在 2018 年的資產負債表，並計算出保留盈餘之金額。

利息費用	$50,000	營業費用	$200,000
現金	$60,000	應付帳款	$100,000
存貨	$150,000	固定資產	$700,000
銷售淨額	$1,000,000	短期有價證券	$30,000
保留盈餘	$300,000	應付票據	$40,000
累計折舊	$250,000	預付費用	$90,000
應收帳款	$120,000	銷貨成本	$650,000
股本與資本公積	$200,000	應付薪資	$60,000
長期負債	$200,000	淨利	$75,000

14. 請根據上題（第 13 題）的財務科目數據，編製亞細亞公司的 2018 年損益表，並計算出所得稅費用之金額。

CHAPTER 4

財務比率分析

"Forgive your enemies, but never forget their names."
「原諒你的敵人，
但永不忘記他們的名字。」

── John F. Kennedy 約翰甘迺迪 ──

　　要瞭解一家企業的經營狀況，仔細閱讀其財務報表是不可或缺的功課。各類財務報表（資產負債表、損益表、現金流量表、權益變動表）就宛若從不同角度所拍攝的企業照片，讓觀察者得以對公司的外貌及狀態（資本結構、獲利狀況、資金流向、權益變動）產生基本概念。若想要更深一層理解企業的絕對及相對健康情況，我們可將財報上呈現的各類數據轉換成財務比率，這就好像為企業作了一次體檢而能對其內在作出更精確的針砭；此即是本章所要介紹之財務比率分析的功能。

　　各類型的財務比率如同健檢表上的各種檢驗項目，有些是針對心肺功能，有些則是強調血液分析。透過財務比率分析，除了可以瞭解企業的健康狀況，還能從中發現問題或偵測到可能危及

企業生存的病灶，進而提早採取預防或因應措施。本章第一節介紹常見的五大類型財務比率，第二節說明杜邦方程式的功用；第三節討論以企業本業活動為衡量主軸的重要財務指標。

第一節　五大類型的財務比率

本節重點提問

- 財務比率有哪五大類型？各有些什麼功用？

　　財務報表雖然富含訊息，但閱讀者想要在混雜的訊息裡觀微知著並不容易；幸運的是，我們可以運用「**財務比率分析**」這個簡單又便捷的方法來幫助我們進行抽絲剝繭的工作，進而診斷出企業經營績效的良窳，並設法找出問題的癥結。常用的財務比率會分別針對企業的資產變現能力、資產管理效率、負債管理效率、經營獲利能力，以及投資人對企業的評價等五大面向進行評估；透過這些比率分析，我們可以衡量出企業在短期的償債能力、管理各項資產的效率性、企業的長期償債能力、從不同角度考量的企業獲利能力，以及市場對企業的認同度，最終則可作出對企業整體營運績效的綜合判斷。

　　財務比率分析可採兩種方式進行，其一是**趨勢分析**，或稱**縱斷面分析**；此為針對個別企業在過去不同期間內之各項比率的表現進行比較，以瞭解其財務狀況的變化趨勢。其二是**產業內比較**，或稱**橫斷面分析**；此為將公司之各項財務比率與產業平均值作比較，以瞭解該企業在某一時點的財務狀況及經營表現，相較於同產業內其他公司之優劣情形。

　　我們沿用第三章蘭陽公司的範例，運用該公司在 2016 及 2017 兩年度的資產負債表及損益表資料（再次列出於表 4-1 及表 4-2），依序計算出五大類型的各個財務比率，並分析其趨勢變化。

表 4-1　比較資產負債表

蘭陽公司
資產負債表　　　　　　　　　　　　（單位：百萬元）

流動資產：	2017/12/31	2016/12/31	流動負債：	2017/12/31	2016/12/31
現金及約當現金	$ 8	$ 12	應付帳款	$ 100	$ 80
金融資產－流動	60	52	應付票據	110	70
應收帳款	300	202	應付費用	150	130
存貨	492	280	流動負債總計	$ 360	$ 280
流動資產總計	$ 860	$ 546			
非流動資產：			非流動負債：		
廠房與設備	$1,332	$1,126	長期借款	$ 760	$ 660
減：累計折舊	(372)	(272)	非流動負債總計	$ 760	$ 660
非流動資產總計	$ 960	$ 854	負債總計	$1,120	$ 940
			業主權益：		
			股本	$ 100	$ 100
			資本公積	40	40
			保留盈餘	560	320
			權益總計	$ 700	$ 460
資產總計	$1,820	$1,400	負債與權益總計	$1,820	$1,400

為了方便進行產業內之橫斷面比較，我們在表 4-3 亦列出蘭陽公司所屬產業之各項財務比率平均值。

○ 變現力比率

公司是否有能力在短期內將一些資產轉換為現金，用來清償即將到期的負債，是一件極為重要的事；因為短期內若發生資金周轉

表 4-2　比較損益表

蘭陽公司
損益表　　　　　　（單位：百萬元）

	2017	2016
營業收入	$2,410	$2,025
減：銷貨退回	(10)	(25)
營業淨額	$2,400	$2,000
減：營業成本	(1,600)	(1,470)
營業毛利	$ 800	$ 530
減：折舊費用	(100)	(90)
減：其他營業費用	(140)	(98)
營業利益	$ 560	$ 342
營業外收入及支出		
減：利息費用	(60)	(42)
稅前淨利	$ 500	$ 300
減：所得稅 (30%)	(150)	(90)
本期淨利	$ 350	$ 210
現金股利	$ 110	$ 50
新增保留盈餘	$ 240	$ 160

不靈而無法如期償債，則很可能讓公司立即陷於倒閉的危機之中。**變現力比率** (Liquidity Ratio) 就是用來衡量公司償還短期負債的能力；由於企業的流動資產具有較高的變現性，因此與流動負債的比較可以衡量出企業的短期償債能力。一般常用的變現力指標有二，說明如下。

表 4-3　蘭陽公司所屬產業之財務比率一覽表

變現力比率：		獲利能力比率：	
流動比率	2.00	淨利率	8.0%
速動比率	1.10	營業毛利率	25.0%
		基本獲利率	20.0%
資產管理比率：		總資產報酬率	12.0%
應收帳款周轉率	9.00	股東權益報酬率	25.0%
存貨周轉率	4.50		
固定資產周轉率	2.30	市場價值比率：	
總資產周轉率	1.50	本益比	10.00
		市價/銷售額比	1.06
負債管理比率：		市價/帳面價值比	4.50
負債比	0.52	股利收益率	3.04
負債權益比	1.08		
權益乘數	2.08		
賺得利息倍數	7.00		

◉ 流動比率

從債權人的角度觀之，公司的流動資產最好是流動負債的數倍，債權人才能高枕無憂。因此，流動資產與流動負債的相對大小，是一個最直接也最常用的變現力衡量指標，稱之為**流動比率** (Current Ratio)，如下所示：

$$流動比率 = \frac{流動資產}{流動負債} \qquad (4\text{-}1)$$

依據蘭陽公司在 2016 年及 2017 年的資產負債表資料（表 4-1），可算出在該兩年度的流動比率分別為 1.95 倍 (= $546/$280) 及 2.39

倍 (= $860/$360)，顯示該公司的短期償債能力有變佳的趨勢。而相對於產業的流動比率 2 倍（見表 4-3），蘭陽公司的變現力亦較強，可知該公司的短期償債能力應無問題。

速動比率

　　流動資產包含的各項科目中，存貨及預付費用的變現力最差；為了避免若干資產無法及時變現而高估了企業的短期償債能力，一個比較保守的作法是將變現力較差的存貨（以及比存貨變現力更差的項目）從流動資產中剔除，然後再計算其餘的流動資產是流動負債的若干倍。如此算出的變現力指標稱之為速動比率 (Quick Ratio)，或稱酸性試驗比率 (Acid Test Ratio)，如下所示：

$$速動比率 = \frac{（流動資產 － 存貨）}{流動負債} \quad (4\text{-}2)$$

　　根據表 4-1，可算出蘭陽公司在 2016 年及 2017 年的速動比率分別為 0.95 倍 [= ($546 － $280)/$280] 及 1.02 倍 [= ($860 － $492)/$360]，由此仍可看出變現力有增強的趨勢。與表 4-3 中產業平均值 1.1 倍相比，蘭陽公司的速動比率則略為低些。蘭陽公司的流動比率比產業平均值高，但速動比率卻比產業平均值低，可以推測其存貨水準應比一般同業為高。當然，若要作更仔細的分析，我們還可針對資產管理比率（譬如存貨周轉天數）作進一步的瞭解。

實力秀一秀 4-1：變現力指標

　　安琪與傑昇同時對 A、B 兩家公司的財務狀況完成評估。傑昇發現這兩家公司的流動比率相同，但是安琪卻堅持 A 公司的變現力優於 B 公司，可能原因何在？

實力秀一秀 4-2：變現力指標

王統傳播公司的流動資產與流動負債分別為 $5,000,000 及 $2,000,000。若該公司動用了 $1,000,000 現金來償還剛到期的應付帳款，則該公司的流動比率是否會受到影響？若該公司取出 $1,000,000 現金購買了一批廣播器材準備在下一季銷售，使存貨水準由原來的 $1,500,000 升高至 $2,500,000，則流動比率及速動比率會有何種變化？

資產管理指標

企業必須有效地管理其資產，才不會招致過高的經營成本；譬如存貨的管理不當、積壓過多，會使公司負擔額外的倉儲成本，同時也造成資金無法挪出靈活運用。想要衡量企業對某一特定資產科目的管理效率，常用的方法是評估該資產的**周轉率** (Turnover Ratio)。舉例來說，某公司的年度營業淨額是其總資產的 5 倍，表示該公司每 $1 的總資產投資會創造 $5 的營業淨額，亦即該公司的總資產在一年內有 5 倍的周轉率。以下介紹四種常用的資產管理比率。

應收帳款周轉率

首先來看**應收帳款周轉率** (Receivable Turnover Ratio)，定義如下：

$$應收帳款周轉率 = \frac{營業淨額}{應收帳款} \qquad (4\text{-}3)$$

依據表 4-1 與表 4-2 的資料，蘭陽公司在 2017 年的應收帳款周轉率

為 8 倍 (= $2,400/$300)，比起前一年的 9.9 倍 (= $2,000/$202) 明顯有些滑落。更何況產業的平均值也有 9 倍的水準，可見蘭陽公司在應收帳款的管理上可能出現了警訊。

應收帳款周轉率代表企業的應收帳款在一年內的周轉次數，從而也可推算出應收帳款周轉一次所需要的時間，稱之為**平均收現期間** (Average Collection Period, ACP)，定義如下：

$$平均收現期間 = \frac{365 \text{ 天}}{\text{應收帳款周轉率}} \qquad (4\text{-}4)$$

平均收現期間所代表的意義是，公司每作一筆銷售，平均要花多久的時間才能收到貨款。貨款愈快收到，表示應收帳款的管理效率愈高。將 (4-3) 式代入 (4-4) 式，我們可以將平均收現期間以企業的每日平均營業淨額來表示，如下所示：

$$平均收現期間 = \frac{\text{應收帳款}}{\text{營業淨額}/365} = \frac{\text{應收帳款}}{\text{日營業淨額}}$$

蘭陽公司在 2017 年的平均收現期間為 45.6 天 (= 365 天/8)，比前一年度增長了 8.7 天，也比產業平均值的 40.5 天要長，顯示其收款效率有待加強。

實力秀一秀 4-3：平均收現期間

假設秧歌國際公司上一年度的平均收現期間為 73 天，而該公司全年度的營業淨額為 $3,540,000，請計算秧歌國際公司的平均應收帳款金額。

存貨周轉率

存貨周轉率 (Inventory Turnover Ratio) 的計算，可以用營業淨額除以平均存貨而得之。不過，存貨是以成本來衡量，而營業淨額是以市價衡量，為避免高估存貨周轉率，我們也可用營業成本來取代營業淨額，而得到如下的計算式：

$$存貨周轉率 = \frac{營業成本}{平均存貨} \tag{4-5}$$

在 (4-5) 式中的分母是採用平均存貨（例如取每季季末存貨計算出年平均值），而非當期期末的存貨水準，此乃因使用平均值可避免存貨受到季節性的影響而失真（例如存貨在旺季來臨前會大量擴增，但在熱賣出清後即大幅縮減）。

依據 (4-5) 式，蘭陽公司在 2017 年的存貨周轉率為 4.15 倍 (= $1,600/$386)[1]，比產業的平均值 4.5 略低，表示該公司的平均存貨量偏高。存貨量高的缺點是資金無法活用，且部分存貨有可能因積壓過久而招致耗損陳廢，造成存貨的實際價值低於其帳面價值。

與存貨周轉率概念相似的另一常用指標是**存貨周轉天數**，其計算公式為：

$$存貨周轉天數 = \frac{365 \text{ 天}}{存貨周轉率}$$

$$= \frac{平均存貨}{營業成本/365} = \frac{平均存貨}{日營業成本} \tag{4-6}$$

---

[1] 蘭陽公司的平均存貨計算如下：平均存貨 =（期初存貨 + 期末存貨）/2 = ($280 + $492)/2 = $386。

利用 (4-6) 式，可算出蘭陽公司在 2017 年的存貨周轉天數約為 88 天 (= 365 天/4.15)，比產業平均水準要多出將近 7 天。

固定資產周轉率

固定資產周轉率 (Fixed Asset Turnover Ratio) 是用以衡量公司土地、廠房、機器設備等固定資產的投資及管理是否合乎效率性，其計算式如下所示：

$$固定資產周轉率 = \frac{營業淨額}{淨固定資產} \quad (4\text{-}7)$$

(4-7) 式顯示出企業的固定資產投資所能創造的銷售規模。蘭陽公司在 2017 年的固定資產周轉率為 2.5 (= \$2,400/\$960)，比 2016 年的 2.34 (= \$2,000/\$854) 稍有改進，也保持在產業的平均水準 2.30 之上，代表該公司的固定資產使用效率略高於產業平均值。

總資產周轉率

總資產周轉率 (Total Asset Turnover Ratio) 評估公司全面資產的使用效率，其計算公式如下：

$$總資產周轉率 = \frac{營業淨額}{總資產} \quad (4\text{-}8)$$

蘭陽公司在 2016 年及 2017 年的總資產周轉率分別為 1.42 (= \$2,000/\$1,400) 及 1.32 (= \$2,400/\$1,820)，有減慢趨勢且略遜於產業平均值 (1.5)，表示該公司在總資產的使用上有待改進。由於先前所算出的固定資產周轉率並不低於產業平均水準，可推知總資產周轉率略低的原因，應是存貨及應收帳款的管理欠缺效率之故。

負債管理指標

大部分的公司在資金需求方面都會使用**財務槓桿** (Financial Leverage)，也就是會採對外舉債來搭配股東出資，但若過度使用負債也會使得利息負擔沈重，在獲利不佳的年度有可能發生無法支付利息或清償本金的財務危機。**負債管理比率** (Debt Management Ratio) 衡量企業的長期償債能力；若這些比率逐年增高，甚或高於同業許多，則公司的長期償債能力就浮現隱憂。當然，公司是否能清償債務也與其獲利能力有關，因此欲觀察公司的負債管理是否作得好，整體營運的獲利能力也必須納入考量。常用的負債管理指標有以下四種，茲分別說明之。

總負債比率

總負債比率 (Total Debt Ratio) 等於公司的總負債 (D) 除以總資產 (A)，如下所示：

$$總負債比率 = \frac{總負債}{總資產} = \frac{D}{A} \tag{4-9}$$

總負債比率顯示公司資產總額中，有多少比例是靠借錢而購置的。總負債比率愈高，公司的利息負擔就愈沈重。使用負債資金的優點是公司的利息費用可抵減所得稅，故可降低融資成本而提高股東權益報酬率；但若使用過多，則公司的破產風險升高，市場就會因之而調高借款利率。蘭陽公司在 2017 年的總負債比率為 0.62 (= \$1,120/\$1,820)，雖然比上一年度的 0.67 (= \$940/\$1,400) 略微下降，但仍超過產業的平均負債比率 (0.52) 甚多。

負債權益比

負債權益比 (Debt Equity Ratio) 衡量公司的總負債 (D) 相對於股東權益 (E) 的比重；此比率愈高，代表公司股東的出資比重愈少。其計算公式如下：

$$負債權益比 = \frac{總負債}{權益} = \frac{D}{E} \qquad (4\text{-}10)$$

蘭陽公司在 2017 年的負債權益比為 1.60 (=$1,120/$700)，比 2016 年的 2.04 (=$940/$460) 下降頗多，不過仍然高於產業的平均水準 (1.08)，顯示該公司相對上較依賴負債資金。另外，由於權益資金是長期資金，因此在計算負債權益比時，有時也可只考慮長期負債，而計算出所謂的**長期負債權益比** (Long-Term Debt/Equity Ratio)，如下所示：

$$長期負債權益比 = \frac{長期負債}{權益} \qquad (4\text{-}11)$$

權益乘數

先前介紹過的總負債比率及負債權益比，皆是衡量公司使用負債資金的比重。相對上，**權益乘數** (Equity Multiplier) 則是用權益資金為基準，計算公司總資產 (A) 為權益 (E) 的若干倍；此倍數愈高，代表公司使用權益資金的比重愈低（亦即負債愈多）。權益乘數的計算公式如下：

$$權益乘數 = \frac{總資產}{權益} = \frac{A}{E} \qquad (4\text{-}12)$$

蘭陽公司的權益乘數從 2016 年的 3.04 (=$1,400/$460) 下降至

2017 年的 2.60 (= \$1,820/\$700)，但是仍遠高於產業平均值 (2.08)，可知蘭陽公司的股東出資比例遠比同業低。權益乘數與負債權益比可以互相推算如下：

$$權益乘數 = \frac{總資產}{權益} = \frac{A}{E} = \frac{D+E}{E} = \frac{D}{E} + 1 \qquad (4\text{-}13)$$

由 (4-13) 式可知，若負債權益比為已知，則加 1 即可得到權益乘數；反之，若權益乘數為已知，則減 1 即可得到負債權益比。

賺得利息倍數

在計算**稅前盈餘** (Earnings Before Taxes, EBT) 時[2]，我們已將企業對外融資所支付的利息費用從營業利益中扣除。所以將利息費用加回去，即可得到**息前稅前盈餘** (Earnings Before Interest and Taxes, EBIT)，此為市場上常用來衡量企業償債能力的重要指標。由於利息費用是用稅前盈餘來支付，因此公司創造 EBIT 的能力也反映其償債實力；EBIT 愈高，企業支付債息的能力就愈強。我們使用 EBIT 除以利息費用來計算**賺得利息倍數** (Times Interest Earned, TIE)，如下所示：

$$賺得利息倍數 (TIE) = \frac{息前稅前盈餘}{利息費用} \qquad (4\text{-}14)$$

由於 TIE 所反映的是公司利息負擔受其獲利保障的程度，故又稱作利息保障倍數。蘭陽公司在 2017 年的賺得利息倍數為 9.33 (= \$560/\$60)，比前一年的 8.14 (= \$342/\$42) 更高，而且兩年度皆優於

---

[2] 台灣的公司慣於在損益表上將**稅前盈餘**稱之為**稅前淨利**。

產業的賺得利息倍數平均值 (7.0)。

　　整體看來，蘭陽公司的負債比率雖然比一般同業為高，但因獲利情況持續看好，可以充分保障其利息費用的支付，顯示其目前的高負債比率並未構成未來償債的隱憂。

實力秀一秀 4-4：息前稅前盈餘

　　一家公司的息前稅前盈餘 (EBIT) 是否等於其營業淨利？若否，兩者的差異何在？

實力秀一秀 4-5：負債管理比率

　　你可以找出總負債比率 (D/A) 與權益乘數 (A/E) 之間的關係嗎？

$$總負債比率 = \frac{總負債}{總資產} \; ; \; 權益乘數 = \frac{總資產}{股東權益}$$

C 獲利能力指標

　　前面所介紹的變現力、資產管理、負債管理三種指標，都是在於衡量企業是否能經由適當且有效率的管理而避免破產危機，降低營運成本，並在永續經營的基礎上提升盈餘能力。獲利能力比率 (Profitability Ratio) 則是將重點放在淨利、營業淨利或息前稅前盈餘 (EBIT) 上面，直接去檢視企業的獲利能力與績效表現。以下依序介紹市場上所關注的五種企業獲利指標。

◎ 淨利率

淨利率 (Profit Margin)，又名邊際利潤率，衡量公司在每作成 $1 的營業淨額中所賺得之**稅後淨利**，如下所示：

$$淨利率 = \frac{稅後淨利}{營業淨額} \qquad (4\text{-}15)$$

參考**表 4-2**，蘭陽公司的淨利率從 2016 年的 10.5% (=$210/$2,000) 增加至 2017 年的 14.6% (=$350/$2,400)；獲利能力變佳，而且比產業平均值的 8% 高出甚多。

◎ 營業毛利率

營業毛利又稱作**銷貨毛利**，將之除以營業淨額後即得到**營業毛利率** (Gross Profit Margin)；此比率衡量公司每作成 $1 營業淨額所賺得之毛利：

$$營業毛利率 = \frac{營業毛利}{營業淨額} \qquad (4\text{-}16)$$

營業毛利率與企業營運所引起的各項費用例如折舊、管銷等皆無關係，也與利息及所得稅的高低無關。因此，營業毛利率高的公司，若非是其產品在市場上具價格競爭力，就是對生產成本的控制得宜。蘭陽公司在 2017 年的營業毛利率為 33% (= $800/$2,400)，優於前一年度的 26.5% (= $530/$2,000)，也高於產業的平均水準 25%。

◎ 基本獲利率

基本獲利率 (Basic Earning Power) 是**息前稅前盈餘** (EBIT) 除

以總資產，可用來衡量公司的基本賺錢能力。

$$基本獲利率 = \frac{息前稅前盈餘}{總資產} \qquad (4\text{-}17)$$

由於 EBIT 不受財務槓桿及所得稅的影響，當同一產業內的公司各有不同的負債比率及稅賦狀況時，進行基本獲利率的比較就特別有意義。蘭陽公司在 2016 年及 2017 年的基本獲利率分別為 24.4% (= \$342/\$1,400) 及 30.8% (= \$560/\$1,820)，連續兩年都超過產業平均水準 20%。值得注意的是，蘭陽公司的總資產周轉率僅略遜於產業的平均值，可知該公司優異的基本獲利率主要是因 EBIT 較高之故。

◉ 總資產報酬率

總資產報酬率 (Return on Total Assets, ROA) 衡量公司每 \$1 投資所賺得之**稅後淨利**，表示如下：

$$總資產報酬率 = \frac{稅後淨利}{總資產} \qquad (4\text{-}18)$$

根據**表 4-2**，蘭陽公司在 2017 年的 ROA 為 19.2% (= \$350 / \$1,820)，優於 2016 年的 15% (= \$210/\$1,400)。相較於產業的平均值 12%，該公司的優異獲利能力再度得到確認。蘭陽公司在 2017 年的基本獲利率勝過產業平均水準，且差距達 10.8%，但其總資產報酬率僅比同業高出 7.2%。究其原因，該公司因為使用較多的負債資金而須支付較高的利息費用，故在稅後淨利上的相對優勢不若息前稅前盈餘。

股東權益報酬率

股東權益報酬率(Return on Common Equity, ROE) 衡量股東每出資 $1 所賺得之**稅後淨利**，如 (4-19) 式所示：

$$股東權益報酬率 = \frac{稅後淨利}{股東權益} \quad (4\text{-}19)$$

蘭陽公司在 2017 年的股東權益報酬率高達 50% (= $350/$700)，為產業平均值 25% 的兩倍，如此高的 ROE 是因該公司獲利特別好，另外也因負債比率較高而股東出資較少之故。

計算股東權益報酬率還有另一個功用，就是可以看出股東所投入的權益資金須經多少年才得回收。基本上，股東權益報酬率的倒數就是股東所出資金的回收年限。

$$股東資金回收年限 = \frac{1}{ROE} \quad (4\text{-}20)$$

以蘭陽公司為例，其在 2017 年的股東資金回收年限為 2 年。

市場價值指標

前面所討論的四種類型財務比率都是依賴公司的財報數據才能算出，**市場價值比率**則明顯有所不同，其所衡量的是市場對公司的評價（每股市價）和公司財報呈現之績效表現的差異。因此，市場價值指標代表投資人對於公司目前績效表現的認同度及對公司未來前景的看法。主要的市場價值指標有三：**本益比、市價/帳面價值比及股利收益率**。為計算蘭陽公司的各種市場價值指標，**表 4-4** 將

可能用到之相關資料列出如下。

表 4-4　蘭陽公司相關財務資料

	2017/12/31	2016/12/31
普通股每股市價	$406	$231
每股盈餘 (EPS)	$35	$21
每股股利 (DPS)	$11	$7
每股帳面價值 (BVPS)	$70	$46
加權平均資金成本 (WACC)	16%	16%

EPS = 稅後淨利 / 流通在外股數，DPS = 股利 / 流通在外股數。
BVPS = 權益 / 流通在外股數。

本益比

本益比 (Price-Earnings Ratio, PE Ratio)，亦稱作**價盈比**，是企業的每股市價除以當年度的每股盈餘 (EPS)，如下所示：

$$本益比 = \frac{每股市價}{每股盈餘} \qquad (4\text{-}21)$$

企業的本益比愈高，代表在相同的獲利表現下，投資人願意出較高的價格來購買該公司的股票。蘭陽公司在 2017 年年底的每股盈餘為 $35，而其每股市價為 $406，因此本益比是 11.6，比 2016 年的 11.0 (= $231/$21) 稍高一些。由於產業的平均本益比為 10.0，代表該產業內其他公司若與蘭陽公司有相同的每股盈餘 ($35)，投資人僅願意出 $350 來購買一股，而投資人卻願意為蘭陽股票付出 $406/股。

一家公司股票的本益比若是高於同業，可以從兩方面來思考其意義。首先，高本益比代表投資人對於該股票的未來前景看好，所以願意付出較高的股價。其次，股價既然是處在相對高點，代表投資人此時進場購買該股票，風險也相對增高。

● 市價/帳面價值比

市價/帳面價值比 (Price-to-Book Ratio, PB Ratio)，亦稱作**股價淨值比**；與本益比一樣，同樣可衡量市場對企業績效表現的認同度，表示如下：

$$市價/帳面價值比 = \frac{每股市價}{每股帳面價值} \quad (4\text{-}22)$$

若一家公司的市價/帳面價值比高於其產業平均值，表示投資人對該公司未來的發展潛力有較高的肯定與期待。蘭陽公司在2016年及2017年的市價/帳面價值比分別為 5.02 (= \$231/\$46) 及 5.80 (= \$406/\$70)，皆比產業的平均水準 (4.5) 來得高些。

換個角度來看本益比或市價/帳面價值比，若企業未來的獲利能力並不輸給同業，但這些比率卻明顯偏低，表示股價上漲空間尚未因市場認同而填滿，因此其股票應是值得投資。

● 股利收益率

股利收益率 (Dividend Yield) 亦稱作（現金）**股利殖利率**，是衡量每花 \$1 購買股票，投資人會收到多少的現金股利；此比率也代表投資人為既定股利而願意付出的股票價格。

$$股利收益率 = \frac{每股股利}{每股市價} \qquad (4\text{-}23)$$

蘭陽公司在 2017 年的股利收益率是 2.7% (= $11/$406),比 2016 年的 2.81% (= $6.5/$231) 稍低。由於該公司的股利收益率低於產業平均水準 (3.04%),顯示投資人對於蘭陽公司的前景看好而導致每股

財經訊息剪輯

台灣股市之三大市場價值指標

股市投資人總是希望能在茫茫股海裡尋覓到值得投資的股票,而獲利良好、股利收益率高、本益比及股價淨值比偏低的股票似乎就構成這樣的標的。根據台灣證券交易所 (TWSE) 引用 Bloomberg 的資料(如下表),2016 年年底我國股市之三大市場價值指標,與美、英及主要亞洲國家股市相比,顯示出我國股票頗具投資吸引力。在表列國家中,我國股市之本益比排名第三低,股價淨值比排名第四低,而現金股利殖利率排名第二高。

本益比		股價淨值比		現金股利殖利率	
新加坡	12.20	韓國	0.91	英國	3.99
香港	12.20	新加坡	1.13	台灣	3.96
台灣	16.50	香港	1.14	新加坡	3.76
上海	17.62	台灣	1.61	香港	3.70
韓國	18.37	上海	1.72	美國	2.42
美國	18.77	日本	1.84	上海	1.81
日本	24.85	英國	1.89	日本	1.69
深圳	41.80	美國	3.34	韓國	1.57
英國	60.63	深圳	3.55	深圳	0.73

資料來源:TWSE and Bloomberg, 2016 年 12 月 30 日。

市價較高，以至於股利收益率相對較低。股利收益率偏低的另一個可能原因，是公司未來有很多好的投資機會，故股利發放得少以保留現金來因應投資需求。

財務問題探究：小型企業漂亮的財務比率為什麼有可能暗藏危機？

不論是在我國或其他國家，小型企業即使與大型企業有一樣漂亮的財務比率，前者的營運卻仍可能暗藏危機！這是小型企業的經營方式與制度面所衍生的問題。首先，小型企業所提供的財務報表，極可能並非是由有信譽的會計師編製，因此財務資料是否完全反映真相，有較多令人存疑的空間。其次，小型企業因為產品不夠多角化或銷售市場過於集中，即使目前的財務比率顯示其利潤狀況良好，一旦主要產品失去魅力或訂單流失，就有可能宣告破產而走入歷史。再者，小型企業多半是家族企業，重要決策都是領導人一肩獨扛，若領導人未安排好繼任事宜，一旦崩殂則公司必然會因領導人事之未決而乍然陷於動盪與危機之中。因此，投資人必須將小型企業的財務比率，配合其他更多的資訊一起分析，才不致於作出錯誤的研判及抉擇。

第二節　杜邦方程式

本節重點提問

- 杜邦方程式如何分解 ROA 及 ROE？

總資產報酬率 (ROA) 與股東權益報酬率 (ROE) 是兩個備受投資人及市場關注的獲利能力指標，前者衡量企業每投資 $1 所賺到

的稅後淨利，後者則衡量股東每出資 $1 所賺到的稅後淨利。若將這兩個重要的報酬率透過**杜邦方程式** (Du Pont Equation) 來加以分解，可讓我們更進一步瞭解公司績效表現的真正決定因素。

杜邦方程式將**總資產報酬率** (ROA) 分解如下：

$$ROA = \frac{稅後淨利}{總資產}$$

$$= \frac{稅後淨利}{營業淨額} \times \frac{營業淨額}{總資產}$$

$$= 淨利率 \times 總資產周轉率 \qquad (4\text{-}24)$$

由 (4-24) 式可知，企業的總資產報酬率是由淨利率與總資產周轉率兩者決定。對於 ROA 表現不佳的公司，若發現是因總資產管理效率不彰，就應設法減少或處分閒置產能；若是因淨利率太差，則應力求提升產品價格競爭力，降低營業成本並刪減不當開銷。蘭陽公司在 2017 年的 ROA 與產業的平均值，經由杜邦方程式的分解後，如下所示：

$$蘭陽公司的 ROA ：19.2\% = 14.6\% \times 1.32$$
$$產業的 ROA 平均值 ：12\% = 8\% \times 1.5$$

可以看出，蘭陽公司的總資產周轉率要比產業的平均表現差，但是因淨利率大大優於同業，使得該公司的 ROA 表現大幅優於產業平均水準。若能將總資產周轉率提升至與產業的平均水準相當，則可讓 ROA 更加亮麗。

杜邦方程式另將**股東權益報酬率** (ROE) 也作類似的分解，如下所示：

$$ROE = \frac{稅後淨利}{權益}$$

$$= \frac{稅後淨利}{營業淨額} \times \frac{營業淨額}{總資產} \times \frac{總資產}{權益}$$

$$= 淨利率 \times 總資產周轉率 \times 權益乘數$$

$$= ROA \times 權益乘數 \qquad (4\text{-}25)$$

利用 (4-25) 式，蘭陽公司在 2017 年的 ROE 及產業平均值可分解如下：

蘭陽公司的 ROE：

$$50\% = 14.6\% \times 1.32 \times 2.6$$

產業的 ROE 平均值：

$$25\% = 8\% \times 1.5 \times 2.08$$

結果顯示，蘭陽公司的 ROE 是產業平均值的兩倍，除了因為其淨利率 (14.6%) 大大優於同業 (8%)，該公司的權益乘數 (2.6) 也比同業平均值 (2.08) 高，可見負債比率高也是一項貢獻因素[3]。

實力秀一秀 4-6：杜邦方程式

強生實業的 ROA 與其產業的平均值相當，但 ROE 卻明顯低於同業的平均水準，可能的原因為何？有何改進方法？

---

[3] 權益乘數愈大，表示負債比率愈高。

第三節　強調營業績效的財務指標

本節重點提問

- 「稅後淨利」與「營業淨利」的差異為何？
- 何謂「自由現金流量」？何謂「附加經濟價值」？何謂「附加市場價值」？

　　本章前兩節討論的各類型財務比率，傳統以來一直是市場人士所熟悉並用之作為投資決策的參考指標。但是近年來在衡量企業的獲利能力、現金流量及報酬率方面，市場逐漸發展出新的觀念與作法。簡而言之，傳統的財務比率及獲利能力指標，是將企業全部活動（包括營業、財務、業外、非經常性）所創造的現金流量都納入考慮，如此求得之財務比率對債權人及稅捐機關較有參考價值。強調企業恆常本業活動所計算的績效指標，則對經理人及股東較有參考意義。以下就來介紹衡量企業本業經營績效的各種財務指標。

◎ 營業淨利

　　傳統上用來衡量企業獲利能力、現金流量及報酬率的指標，包括每股盈餘、總資產報酬率、股東權益報酬率及淨現金流量等，都是以公司的稅後淨利作為計算基礎。**稅後淨利**是考慮公司全部營運活動而得到的數值，但投資人在乎的是企業創造優良業績的能力是否能持續，因此會特別關心和經常性營業（本業）活動相關的獲利數字。偶發或一次性的收入（譬如賣掉一棟辦公大樓的利益）可能會讓稅後淨利在某一年突然飆高，然後又恢復平常；因此，想要正

確推估出企業在本業上的獲利能力，一個較好的指標應是**營業淨利** (Net Operating Profit After Taxes, NOPAT)，或可稱作稅後營業利益。

企業在扣除營業成本及營業費用後之獲利為營業利益，將此獲利扣除所得稅後即得到營業淨利，計算如下：

$$\text{營業淨利} = \text{營業利益} \times (1 - \text{公司所得稅率}) \tag{4-26}$$

參考蘭陽公司的損益表（**表 4-2**），該公司在 2017 年的營業利益為 $560，依據該公司的所得稅率 (30%)，我們可算出其在 2017 年的營業淨利是 $392 [= $560×(1 － 30%)]。

◉ 營業現金流量

折舊屬於非現金費用，因此傳統所提到的**淨現金流量** (Net Cash Flows, NCF)，就是由稅後淨利加折舊所構成。而為了強調企業從經常性營業活動所創造的現金流量，我們以營業淨利取代稅後淨利，並計算出**營業現金流量** (Operating Cash Flows, OCF)，如下所示：

$$\text{營業現金流量} = \text{營業淨利} + \text{折舊} \tag{4-27}$$

根據蘭陽公司的損益表（**表 4-2**），其在 2017 年的折舊費用是 $100，因此可算出其營業現金流量為 $492 (= $392 + $100)。

◉ 淨營業營運資金

依照傳統觀念，企業的**淨營運資金** (Net Working Capital, NWC)，是指其全部流動資產超過全部流動負債的部分，亦即是：

NWC ＝ 流動資產－流動負債。然而，流動資產中的有價證券（流動金融資產），以及流動負債中的短期借款及應付票據等均屬於籌資活動科目；若想要強調純粹因營業活動而產生的短期資金，則應計算淨營業營運資金 (Net Operating Working Capital, NOWC)，定義如下：

$$\text{淨營業營運資金} = (\text{流動資產} - \text{短期投資}) - (\text{流動負債} - \text{短期借款}) \quad (4\text{-}28)$$

根據蘭陽公司的資產負債表（表 4-1），其在 2017 年底的流動資產及流動負債分別為 $860 和 $360，而短期投資及借款金額則分別是 $60 和 $110。據此，我們可知該公司在 2017 年的淨營業營運資金為 $550 [= $860 – $60 – ($360 – $110)]。

營業資金

企業的經營除了要有短期營運資金外，還須投入長期資金購置機器、設備等固定資產，而我們把這些短期和長期資金加在一起，就是公司為維持經常性營業活動所須投入的全部資金，稱作營業資金 (Operating Capital, OC)，如下所示：

$$\text{營業資金} = \text{淨營業營運資金} + \text{淨固定資產} \quad (4\text{-}29)$$

根據表 4-1，蘭陽公司在 2017 年的淨固定資產金額為 $960，因此該公司當年的營業資金可算出為 $1,510 (= $550 + $960)。

自由現金流量

先前指出，營業淨利是企業每年從經常性營業活動所創造出來且已扣除所得稅之淨獲利。企業每年的營業淨利，必須扣除當年度

為維持正常營業活動及支撐成長所需新增的營業資金，剩餘的才是可供企業自由運用的部分，稱之為自由現金流量 (Free Cash Flow, FCF)，表示如下：

$$自由現金流量 = 營業淨利 - 新增營業資金 \qquad (4\text{-}30)$$

企業每年的新增營業資金是將當年度的營業資金與前一年度的營業資金相減而得。根據 (4-29) 式，可算出蘭陽公司在 2016 及 2017 年的營業資金，分別為 $1,138 及 $1,510，使得新增營業資金為 $372 (= $1,510 − $1,138)，併同利用 (4-26) 式所算出之營業淨利 ($392)，可知該公司在 2017 年的自由現金流量為 $20 (= $392 − $372)。

先前指出，營業資金等於淨營業營運資金 (NOWC) 加上淨固定資產，因此企業每年的新增營業資金即是新增 NOWC 與新增淨固定資產的總和。基於新增淨固定資產即為企業當年度的資本支出減去折舊，而營業淨利加上折舊就是營業現金流量，因此 (4-30) 式也可另行表示為：

$$\begin{aligned}
自由現金流量 &= 營業淨利 - （新增 NOWC + 新增淨固定資產）\\
&= 營業淨利 - （新增 NOWC + 資本支出 - 折舊）\\
&= 營業現金流量 - （新增 NOWC + 資本支出）\\
&= 營業現金流量 - 新增 NOWC - 資本支出
\end{aligned}$$

◉ 附加經濟價值

附加經濟價值 (Economic Value Added, EVA) 是指公司在當年度賺得之營業淨利，扣除資金成本（包括負債成本及權益成本）後

之所餘。因此，公司的 EVA 愈高，代表替股東創造財富的能力愈高。EVA 的計算公式如下：

附加經濟價值 = 營業淨利 − 營業資金 × 加權平均資金成本　(4-31)

在 (4-31) 式中，**加權平均資金成本** (Weighted Average Cost of Capital, WACC) 是公司的權益資金成本與負債資金成本的加權平均值。若公司的附加經濟價值等於 0，代表從正常營業活動所得之淨利，僅夠支付公司的資金成本而完全沒有剩餘。

根據表 4-1、表 4-2 及表 4-4 的資料，蘭陽公司在 2017 年的附加經濟價值為：

附加經濟價值 (EVA) = $392 − $1,510 × 16% = $150.4

實力秀─秀 4-7：附加經濟價值

凱勝電子去年的營業淨利高達 $150,000,000。該公司的流動資產與流動負債分別為 $400,000,000 及 $230,000,000，而流動金融資產及應付票據的金額極低，可忽略不計。該公司有 $580,000,000 的固定資產，累計折舊有 $60,000,000。若該公司的加權平均資金成本 (WACC) 為 12.5%，請計算該公司為股東所創造的附加經濟價值 (EVA)。

附加市場價值

公司若能持續創造正的附加經濟價值，代表為股東創造的報酬率大於股東所要求的報酬率，因此必然會受到投資人的肯定，而將此認同感反映在公司的股價上。如此一來，公司權益的市場價值（每股市價 × 流通在外股數）將會超過其帳面價值，而超過的部分就

是**附加市場價值** (Market Value Added, MVA)，定義如下：

$$附加市場價值 = 權益的市場價值 - 權益的帳面價值$$
$$= 每股市價 \times 流通在外股數 - 權益 \qquad (4\text{-}32)$$

MVA 代表公司在目前時點為股東增加的財富現值；換言之，MVA 相當於公司未來每年創造的 EVA 之現值加總。因此，MVA 愈高的公司，代表其為股東創造財富的能力愈高。根據**表 4-1** 及**表 4-4** 的資料，蘭陽公司在 2017 年的附加市場價值為：

$$附加市場價值 = \$406/股 \times 10,000,000 股 - \$700,000,000$$
$$= \$3,360,000,000$$

CHAPTER 4
財務比率分析

本章摘要

- 財務比率共分為五大類型：變現力比率、資產管理比率、負債管理比率、獲利能力比率及市場價值比率。

- 財務比率分析可採兩種方式進行，其一是趨勢分析，或稱縱斷面分析；其二是產業內比較，或稱橫斷面分析。

- 一般常用的變現力指標為流動比率及速動比率（或稱酸性試驗比率）。

- 常用的資產管理指標共有四種：(1) 應收帳款周轉率，(2) 存貨周轉率，(3) 固定資產周轉率，及 (4) 總資產周轉率。

- 常用的負債管理指標共有四種：(1) 總負債比率，(2) 負債權益比，(3) 權益乘數，及 (4) 賺得利息倍數。

- 市場上一般關注的五種企業獲利指標為：(1) 淨利率（或稱邊際利潤率），(2) 營業毛利率，(3) 基本獲利率，(4) 總資產報酬率，及 (5) 股東權益報酬率。

- 杜邦方程式將企業的總資產報酬率 (ROA) 分解為淨利率與總資產周轉率兩者的乘積。

- 杜邦方程式也將企業的股東權益報酬率 (ROE) 分解為淨利率、總資產周轉率與權益乘數三者的乘積。

- 主要的市場價值指標有三：(1) 本益比（或稱價盈比），(2) 市價／帳面價值比（或稱股價淨值比），及 (3) 股利收益率。

- 營業利益是企業從經常性營業活動而來的獲利；營業淨利 = 營業利益×（1 － 公司所得稅率）。

- 營業資金代表公司為維持經常性營業活動所須投入的全部資金；營業資金 = 淨營業營運資金 + 淨固定資產。

- 營業現金流量是指企業從經常性營業活動所創造的現金流量；營業現金流量＝營業淨利＋折舊。
- 自由現金流量等於營業淨利 (NOPAT) 扣除當年度的新增營業資金 (OC)；這是公司可以自由花費而不會影響目前正常營運與產能的現金流量。
- 附加經濟價值是指公司在當年度賺得之營業淨利，扣除資金成本（包括負債成本及權益成本）後之所餘。
- 附加市場價值是指公司權益的市場價值（每股市價 × 流通在外股數）超過其帳面價值的部分。

CHAPTER 4 財務比率分析

本章習題

一、選擇題

1. 下列何者不是一個資本結構的比率？
   (a) 負債權益比
   (b) 總負債比率
   (c) 固定資產周轉率
   (d) 權益乘數

2. 下列哪一項是影響企業股價淨值比最關鍵的因素？
   (a) 銷售成長率
   (b) 營運槓桿率
   (c) 負債比率
   (d) 股東權益報酬率

3. 上宇實業 2017 年年底流動資產為 25 萬元，流動負債為 12 萬元，存貨有 6 萬元，預付款項為 3 萬元，有價證券（流動金融資產）為 2 萬元，則其速動比率應最接近：
   (a) 2.1
   (b) 1.6
   (c) 1.2
   (d) 0.9

4. 永達公司 2018 會計年度之期初存貨為 $200,000，期末存貨為 $300,000，該公司在 2018 年的營業淨額總計 $2,400,000。請問永達公司之存貨周轉天數大約是幾天？
   (a) 18
   (b) 24
   (c) 38
   (d) 48

5. 東昇創建公司的流動資產為 500 萬元，長期負債為 300 萬元，股東權益為 250 萬元，流動比率為 1，請問其總負債比率最接近多少？
   (a) 88%
   (b) 77%
   (c) 66%
   (d) 130%

6. 快達公司之淨營運資金 (NWC) 為 $150,000，流動資產合計為 $300,000，其中存貨餘額為流動資產總額的五分之一；請問其速動比率最低會是多少？

　(a) 1.2　　　　　　　　　　(b) 1.6

　(c) 2.0　　　　　　　　　　(d) 2.4

7. 王朝海運的股東權益報酬率為 28%，請問該公司股東目前投入之權益資金大約須經多少年才可回收？

　(a) 2.5 年　　　　　　　　　(b) 3.1 年

　(c) 3.6 年　　　　　　　　　(d) 4.3 年

8. 下面是有關康達公司的一些資料：

股東權益 = $2,500

價盈比 (P/E Ratio) = 4.5

流通在外股數 = 200

市價帳面價值比 (P/B Ratio) = 1.4

請問康達公司的每股市價會是多少？

　(a) $5.4　　　　　　　　　　(b) $11.3

　(c) $14.6　　　　　　　　　 (d) $17.5

9. 順益企業的總負債比率（總負債／總資產）高於產業平均值，長期負債權益比（長期負債／權益）低於產業平均值。根據這些比率，下列哪一項陳述最有可能是正確的？

　(a) 順益企業的資產管理頗有效率

　(b) 順益企業有相當高的流動負債

　(c) 順益企業資本結構中的權益比重過多

　(d) 順益企業有相當高的長期負債

10. 諾華製藥公司的銷售淨額為 $500,000，存貨周轉率等於 8，流動比率等於 2.5，速動比率等於 1.5。請問諾華的流動資產是多少？

    (a) $156,250   (b) $178,300

    (c) $185,000   (d) $201,340

11. 大通公司目前的總資產及流動資產分別為 $160,000 及 $60,000，股東權益合計為 $80,000。若流動比率等於 2.5，則該公司的非流動負債有多少？

    (a) $20,000   (b) $30,000

    (c) $40,000   (d) $50,000

12. 想想世界今年的淨利率達到 5%，總資產報酬率 (ROA) 則是 16.5%；該公司的總資產周轉率是多少？

    (a) 2.5   (b) 3.3

    (c) 4.7   (d) 6.1

13. 奇科公司今年的銷售淨額為 $1,200,000，負債權益比為 0.75，總資產為 $840,000，而 ROE 則是 18%，請問該公司之當期淨利是多少？

    (a) $63,000   (b) $21,600

    (c) $90,000   (d) $86,400

14. 中興超導今年度的稅後營業利益為 $55,000，淨營業營運資金 (NOWC) 的餘額比前一年度增加了 $15,000，而淨固定資產比前一年度的餘額新增了 $30,000。請問該公司有多少自由現金流量 (FCF)？

    (a) $10,000   (b) $75,000

    (c) $50,000   (d) $36,000

15. 清溪圖書公司之營業利益為 $2,600，營業資金 (OC) 為 $1,500，公司之加權平均資金成本 (WACC) 為 12%，所得稅率為 17%。請問該公司之附加經濟價值 (EVA) 為何？

    (a) $1,143   (b) $1,591

    (c) $1,978   (d) $2,367

二、問答與計算

1. 比較不同公司的獲利能力時，我們可以計算淨利率或基本獲利率。請問在何種情況下，使用基本獲利率會比較適當？

2. 公司如何運用「財務槓桿」？使用「財務槓桿」有什麼正面及負面的效果？在何種情況下，正效果較有可能大於負效果，亦即會有正的淨效果？

3. 在計算存貨周轉率時，分子部分可用銷售淨額或銷貨成本，而分母部分則通常採用企業的平均存貨。採用平均存貨的優點為何？

4. 營業淨利 (NOPAT) 是如何計算出來的？相較於營業淨利，以稅後淨利來評估企業的績效表現有哪些缺點？

5. EVA 及 MVA 這兩個獲利能力指標皆是衡量公司替股東創造財富的能力，但兩者在意義上有何不同？

6. 請根據下列比率填寫另表中之空格：

總負債比率	65%
總資產周轉率	1.6
速動比率	1.2
平均收現期間	40 天
營業毛利率	26%
存貨周轉率	5

答案請填入下表：

現金		應付帳款	
應收帳款		長期負債	$150,000
存貨		股本與資本公積	
固定資產		保留盈餘	$120,000
資產總計	$600,000	負債與權益總計	
營業淨額		營業成本	

7. 王朝公司在 2017 年的 ROE 只有 12%，該公司提出改善計畫，希望能在 2018 年將 ROE 提升。首先要作的是將總資產周轉率增加至 1.5，其次是拉高總負債比率至 40%，但此舉將會使得 2018 年的利息費用增加至 $2,000。其次，該公司預估 2018 年的營業淨額可達 $60,000。若該公司所得稅率為 25%，請問王朝公司在 2018 年的 EBIT 需要達到何水準才有可能將 ROE 提升至 20%？

8. 杰倫公司的總資產報酬率 (ROA) 為 8%，股東權益報酬率 (ROE) 為 12%，而總資產周轉率為 4。請問杰倫公司的總負債比率與淨利率分別是多少？

9. 請根據下列比率填寫資產負債表中的空格：

長期負債權益比	60%
總資產周轉率	1.7
速動比率	1.4
平均收現期間（天）	40
存貨周轉率（＝銷售淨額/存貨）	8.5

答案請填入下表：

現金及約當現金		流動負債	$120,000
應收帳款		非流動負債	
存貨		股本與資本公積	$100,000
不動產、廠房及設備		保留盈餘	$200,000
資產總計		負債與權益總計	

10. 基療公司的流動負債為 $240,000，流動比率為 3.2，速動比率為 2.1，而存貨周轉率為 3.8。請算出該公司的營業成本（亦即銷貨成本）？

11. 永義航空的總資產周轉率為 4，總資產報酬率 (ROA) 為 5%，而股東權益報酬率 (ROE) 為 8%，請分別計算該公司的淨利率以及負債權益比。

風險與報酬

CHAPTER 5

> "People are more willing to gamble when it comes to losses, but risk-averse when it comes to gains."
>
> 「人們較願意為規避損失而賭，但為確保獲利卻會趨於保守。」
>
> ～智慧小語～

「報酬愈高，風險也愈高」，這是一則財務上的金科玉律，其意義就是：「你所拿的報酬說明了你承擔的風險」。當我們聽說有一項投資機會能提供非比尋常的報酬率時，在參與之前最好先想想大家常說的一句話："Too good to be true！"

1980年代期間，台灣以鴻源為首的數家地下投資公司，採老鼠會的形式吸收民間游資，而提供投資人的利息是匪夷所思的高；譬如投入15萬元，每月就可坐領6,000元的利息，年報酬率高達48%。投資人被驚人的報酬率沖昏了頭，都急著想把過去辛苦積蓄的錢放入這些吸金公司賺取高利，甚至還拜託親友尋找「門路」以求能作這些地下公司的投資人。曾幾何時，這些投資公司開始付不出利息而陸續停止出金，檢調單位連連追擊，負責

人成了階下囚，而投資人不但拿不到利息，連本錢也隨之灰飛煙滅。

看重報酬而忽略風險是財務管理的禁忌，本章探討金融資產「報酬」及「風險」的衡量，特別是對如何降低投資風險有詳細的描述。第一節介紹個別資產的報酬率及風險如何衡量；第二節說明投資組合之報酬率及風險的衡量；第三節剖析投資組合的風險分散效果。

CHAPTER 5 風險與報酬

第一節　個別資產的報酬率及風險衡量

> **本節重點提問**
> - 「預期報酬率」與「實現報酬率」有何不同？
> - 個別資產「預期報酬率」的衡量方式有哪些？衡量指標有哪些？
> - 個別資產「總風險」的衡量方式有哪些？衡量指標有哪些？

◯ 報酬率的定義

報酬 (Return) 與**報酬率** (Rate of Return) 是我們經常聽到而慣於混用的兩個名詞，其實兩者的意義並不完全相同；報酬指的是投資期間的全部淨收入，而報酬率則是指全部淨收入除以期初投入資金。以股票投資為例，若我們在年初以每股 $26 買進一檔股票，並在年底將股票賣出，賣價為 $30；另該股票在年中支付了每股 $1.8 的股利。此項投資的報酬與報酬率計算如下：

$$報酬 = 投資期間淨收入 = (\$30 - \$26) + \$1.8 = \$5.8$$

$$報酬率 = \frac{投資期間淨收入}{期初投入資金} = \frac{\$5.8}{\$26} = 22.3\%$$

上例中的投資期間淨收入 ($5.8)，事實上是由兩種所得構成，其中因股價上漲而賺到的 $4，稱之為**資本利得** (Capital Gains)，另外的 $1.8 則是**股利收入** (Dividend Income)。因此，股票報酬率包含兩項成員，分別稱為**資本利得收益率** (Capital Gains Yield) 及**股**

利收益率 (Dividend Yield)；其計算如下所示：

$$資本利得收益率 = \frac{資本利得}{期初投入資金} = \frac{\$4}{\$26} = 15.4\%$$

$$股利收益率 = \frac{股利收入}{期初投入資金} = \frac{\$1.8}{\$26} = 6.9\%$$

$$總報酬率 = 資本利得收益率 + 股利收益率$$
$$(22.3\%) \quad\quad (15.4\%) \quad\quad (6.9\%)$$

此處所計算的**總報酬率**也可稱作**投資期間報酬率** (Holding Period Rate of Return)，乃是一種「事後」觀念的報酬率，亦稱之為**實現報酬率** (Realized Rate of Return)。

例 5-1

某上市公司在 2017 年配發每股 $0.9 的現金股利。愛林是在一年前 (2016) 以 $14/股購入 10 張（＝10,000 股）該公司的股票，並在收到現金股利後以 $16/股掛單賣出全部持股。請問愛林投資該公司股票的總獲利是多少？實現報酬率（總報酬率）又是多少？

----

1. 總獲利的計算：

   資本利得 = ($16 － $14)×10,000 股 = $20,000

   股利收入 = $0.9×10,000 股 = $9,000

   總獲利 = $20,000 + $9,000 = $29,000

2. 實現報酬率（總報酬率）的計算（可採下列兩種計算方式之一）：

$$總報酬率 = \frac{\$0.9 + (\$16 - \$14)}{\$14} = 0.2071 = 20.71\%$$

$$總報酬率 = \frac{\$29,000}{\$14/股 \times 10,000 股} = 20.71\%$$

CHAPTER 5 風險與報酬

實力秀一秀 5-1：實現報酬率的計算

某上市公司 2017 年配發每股 $7.99 的現金股利及 $1.10 的股票股利。亞飛持有 100 張（=100,000 股）該公司的股票，在 2017 年初的購買價格為每股 $140。假設亞飛在收到配股後，以每股 $172.5 掛單賣出他全部的持股，請問亞飛投資該公司股票的全部獲利是多少？實現報酬率又是多少？

從「事前」的觀念所衡量之報酬率，稱作**預期報酬率** (Expected Rate of Return)，亦即投資人預期從一項風險性資產可得之報酬率。所謂「風險性資產」，是指在投資到期之前無法確知實現報酬率的資產；針對這類資產，投資人需要在投資前，蒐集相關資訊來計算出一個報酬率的期望值，以作為是否投資的參考；此期望值即為投資人的預期報酬率。若投資標的是無風險資產，則其實現報酬率在投資期間一開始即為已知，故無計算預期報酬率之必要。

由上述說明可知，針對風險性資產的投資，預期報酬率比實現報酬率更為重要，此乃因投資決定主要繫於預期報酬率的高低。不過，單看預期報酬率尚難決定是否要參與投資，另一個須納入考量的因素是**必要報酬率** (Required Rate of Return)。必要報酬率為**門檻利率**，是投資人針對同樣風險等級的投資工具所要求之最低報酬率；換言之，預期報酬率必須不低於必要報酬率，投資人才會願意接受該項投資。

衡量預期報酬率可採用**機率分配法**或**歷史資料法**；前者所使用的報酬率觀察值是憑主觀判斷而產生，後者則是採用過去實際發生過的數值。

預期報酬率的衡量

機率分配法

所謂**機率** (Probability)，是指某一事件將要發生的機會有多大，而**機率分配** (Probability Distribution) 則是每一可能發生事件與其相對應機率的分布情形。

舉例來說，某甲先生正在考慮是否要購買某電子公司的股票，並蒐集了各種有關電子產業未來景氣狀況的相關資訊，然後作出主觀評估。依據甲先生的判斷，電子產業景氣良好的機率為 25%，在此狀態下該電子公司的股票報酬率可達 30%；景氣普通的機率為 50%，在此狀態下的報酬率會是 10%；景氣衰退的機率是 25%，而在此狀態下的報酬率將會是 −10%。根據以上的判斷與評估，甲先生可建立一個機率分配表，如表 5-1 所示：

表 5-1 股票報酬率的機率分配

景氣狀態	發生機率	股票報酬率
良好	25%	30%
普通	50%	10%
衰退	25%	−10%

預期報酬率的計算就是把機率分配表中的每一報酬率預測值與其對應之機率相乘，再將所有乘積相加而得到的一個數學期望值。根據表 5-1 所算出的預期報酬率 ($\hat{K}$) 為：

$$\hat{K} = 30\% \times 0.25 + 10\% \times 0.5 + (-10\%) \times 0.25 = 10\%$$

若將預期報酬率的公式予以一般化，則得到下式：

CHAPTER 5
風險與報酬

$$\hat{K} = \sum_{i=1}^{n} K_i P_i = K_1 P_1 + K_2 P_2 + \cdots\cdots + K_n P_n \qquad (5\text{-}1)$$

上式中，K_i 代表在第 i 種經濟（景氣）狀態下的報酬率，而 P_i 則代表第 i 種經濟（景氣）狀態發生的機率。觀察 (5-1) 式，可知預期報酬率是將未來每一種可能經濟狀態下的報酬率作加權平均而得，所使用的權數就是機率，如 P_1、P_2、……、P_n 等，且 $P_1 + P_2 + \cdots\cdots + P_n = 1$。

實力秀一秀 5-2：預期報酬率的計算

大衛觀察到石油公司的股票報酬率與原油價格有直接的關係，在針對一家大型石油公司進行研究後，他建立如下之機率分配表：

每桶原油價格	發生機率	股票報酬率
低於 $30	10%	－10%
$30~$40	15%	5%
$40~$55	20%	12%
$55~$70	45%	17%
高於 $70	10%	25%

試計算投資該石油公司股票的預期報酬率。

歷史資料法

歷史資料法是採用過去實際發生的報酬率資料，來計算出一個**平均報酬率** ($\bar{K}$)，並以此作為資產預期報酬率的估計值。譬如我們想要預測某家上市公司在 2018 年的股票報酬率，可依據該公司在 2015 年、2016 年、2017 年的各年度股票實現報酬率而算出一個平

均報酬率,並用之作為 2018 年的預期報酬率的估計值。假設這家上市公司報酬率的歷史資料如表 5-2 所示:

表 5-2　股票報酬率歷史資料

年度	年報酬率 (K_t)
2015	5%
2016	10%
2017	18%

根據上述資料可算出該公司股票的平均報酬率 ($\overline{K}$) 為:

$$\overline{K} = \frac{5\%+10\%+18\%}{3} = 11\%$$

若將平均報酬率的公式一般化,則得到可適用於不同長短期間的公式如下:

$$\overline{K} = \frac{\sum_{t=1}^{n} K_t}{n} = \frac{K_1 + K_2 + \cdots\cdots + K_n}{n} \tag{5-2}$$

(5-2) 式顯示,平均報酬率 ($\overline{K}$) 就是取過去 n 年之實現報酬率 (K_t) 的平均值[1]。

○ 風險的衡量

若一項投資的實現報酬率在投資期間尚未結束之前無法確知,我們就說該項投資具有風險。資產所內含的風險從不同投資人的角

---

[1] 要以 Excel 計算平均報酬率,請參考延伸學習庫→ Excel 資料夾→ Chapter 5 → X5-A。

度觀之,可能極為不同。先來談談一個最簡單的風險概念,稱之為**總風險** (Total Risk);這是當一項資產被單獨持有時,投資人所重視與在乎的風險。若要衡量單一資產的總風險,可以計算該資產報酬率的**變異數** (Variance)。變異數可以視為資產在各種狀態下之報酬率(相對於報酬率期望值)的離散程度;換言之,各個觀察值與預期報酬率的差異愈大,則變異數愈大,代表該資產的風險愈高。舉例來說,A、B兩檔股票在 2015～2017 年間的年報酬率相關資料如表 5-3 所示,其中各股票的預期報酬率是依 (5-2) 式算得。

表 5-3　A、B 兩股票報酬率資料

年度	股票 A 報酬率	股票 B 報酬率
2015	5%	9.0%
2016	10%	10.5%
2017	16%	11.5%
預期報酬率	10.3%	10.3%

為了幫助理解,我們將 A、B 兩股票的各年度**報酬率**與其**預期報酬率**的離散程度用圖 5-1 來呈現。可以清楚看出,這兩檔股票的預期報酬率雖然相同,但是股票 B 的各年度報酬率多聚攏在預期報

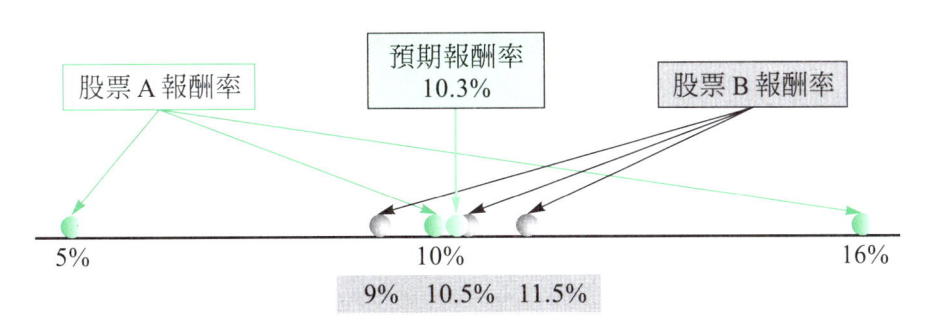

圖 5-1　A、B 兩檔股票報酬率的離散程度

酬率的左右，表示其報酬率的變異數較小，也就是風險較低。反之，股票 A 的各年度報酬率數值相當離散，顯示出該股票的變異數較大，也就是風險較高。

若某資產的報酬率變異數為已知，則可將變異數進一步開根號，所得到的數值稱之為**標準差** (Standard Deviation)，亦即標準差 $=\sqrt{變異數}$，這是另一個常用的風險衡量指標。另外，我們也可以採用**變異係數** (Coefficient of Variation, CV) 來衡量每一單位預期報酬率所承載的風險，其定義如下：

$$CV = \frac{標準差}{預期報酬率}$$

換言之，變異係數就是以資產報酬率的標準差（亦即變異數的平方根）來除以該資產的預期報酬率，其功用是將風險予以標準化，以方便不同報酬率的資產間之風險比較。

到目前為止，我們已大致瞭解了各種風險衡量指標（**變異數、標準差、變異係數**）的意義，接著要說明這些指標的計算方法。如前所述，資產的報酬率資料可以透過機率分配法及歷史資料法來建構，進而算出預期報酬率；同樣地，資產風險的計算也可依循機率分配法及歷史資料法。

◉ 機率分配法

若所使用的報酬率資料是依主觀研判，也就是透過建立機率分配表的方式而得，例如**表 5-1**，則我們可以運用 (5-3) 式來算出變異數 (σ^2)：

例 5-2

比較下表中三種投資計畫的風險高低：

投資計畫	預期報酬率	標準差
A	10%	15%
B	15%	22%
C	20%	31%

由於各投資計畫的預期報酬率不同，因此判斷其風險高低應以標準化後的風險指標為宜。故計算三種投資計畫的變異係數如下：

$$CV_A = \frac{0.15}{0.10} = 1.5$$

$$CV_B = \frac{0.22}{0.15} = 1.47$$

$$CV_C = \frac{0.31}{0.20} = 1.55$$

顯然投資計畫 B 每單位預期報酬率的風險最小。

$$\sigma^2 = \sum_{i=1}^{n}(K_i - \hat{K})^2 \times P_i \tag{5-3}$$

一旦得知變異數，則標準差及變異係數亦可分別算出如下：

$$\sigma = \sqrt{\sigma^2} \tag{5-4}$$

$$CV = \frac{\sigma}{\hat{K}} \tag{5-5}$$

(5-3) 式顯示，變異數的計算就是將每一報酬率觀察值與預期報酬率的差異取平方後，乘以該報酬率觀察值的發生機率，然後再將

所有乘積加總。實地將表 5-1 中的資料代入 (5-3) 式，再利用 (5-4) 式算出該公司股票報酬率的標準差如下：

$$\sigma = \sqrt{(30\%-10\%)^2 \times 0.25 + (10\%-10\%)^2 \times 0.5 + (-10\%-10\%)^2 \times 0.25}$$
$$= \sqrt{0.02} = 0.1414 = 14.14\%$$

另根據 (5-5) 式，可算出該公司股票報酬率的變異係數為：

$$CV = \frac{14.14\%}{10\%} = 1.414$$

實力秀一秀 5-3：個別資產的預期報酬率、標準差、變異係數

小蘭蒐集了股票 A 的一些報酬率相關資料並建構出機率分配表，此刻正在研究股票 A 是否值得投資。請根據下列資料幫小蘭評估股票 A 的預期報酬率 ($\hat{K}$)、標準差 (σ) 及變異係數 (CV)：

經濟狀態	發生機率	股票報酬率
景氣佳	60%	40%
景氣差	40%	-25%

◉ 歷史資料法

倘若所使用的觀察值是過去各年實際發生的報酬率，則在計算變異數 (s^2) 時，是將每一報酬率觀察值與預期報酬率的差異取平方後加總，然後除以 $n-1$（亦即觀察值的總數 (n) 減 1）[2]。對變異數取平方根，即得到報酬率的標準差 (s)；以歷史資料估計標準差及

---

[2] 從統計學的角度，以歷史資料作為樣本從而計算出的風險指標，稱作樣本風險指標，譬如樣本變異數 (s^2)、樣本標準差 (s)、樣本變異係數 (Sample CV)。

變異係數的計算公式如下：

$$s = \sqrt{s^2} = \sqrt{\frac{\sum_{t=1}^{n}(K_t - \overline{K})^2}{n-1}} = \sqrt{\frac{(K_1 - \overline{K})^2 + \cdots\cdots + (K_n - \overline{K})^2}{n-1}} \quad (5\text{-}6)$$

$$\text{Sample } CV = \frac{s}{\overline{K}} \quad (5\text{-}7)$$

上式中各變數的定義均與 (5-2) 式相同[3]。

例 5-3

延用表 5-2 所示之報酬率歷史資料，計算該上市公司的股票報酬率標準差及變異係數。

運用 (5-6) 式，計算結果如下：

$$s = \sqrt{\frac{(5\% - 11\%)^2 + (10\% - 11\%)^2 + (18\% - 11\%)^2}{3-1}}$$
$$= \sqrt{0.0043} = 0.0656 = 6.56\%$$

$$\text{變異係數} = \frac{0.0656}{0.11} = 0.596$$

---

[3] 運用 Excel 計算變異數、標準差或變異係數，請參考延伸學習庫→ Excel 資料夾→ Chapter 5 → X5-B。

小小測驗：人們較願意為規避損失而賭，但為確保獲利卻會趨於保守？

你相信上面這句話嗎？讓我們來對自己作個小測驗。首先，假設有人提供你一個機會，讓你針對下列二者擇一：(1) 免費贏得 $10,000；(2) 丟銅板來決定可贏得什麼；正面可得 $20,000，反面則一無所得。請問你會如何選擇？另外，假設你被迫必須針對下列二者擇一：(1) 付出 $10,000；(2) 丟銅板來決定必須付出多少；正面必須付出 $20,000，反面則什麼都不必付。請問你會如何選擇？

如果你對第一個問題的答案是選擇 (1)，而對第二個問題的答案是選擇 (2)，則你就和大多數人一樣，會為規避損失而賭，但為確保獲利卻會趨於保守。很多投資人在買了股票之後，若股價上漲而開始創造獲利，就會一直想要將股票賣掉以求保住獲利；反之，若一買了股票之後股價就開始下跌，大多數投資人並不會想要盡快將股票賣掉以防止損失擴大，而是想要再繼續賭賭運氣。若你也是這樣，那你是很典型的投資人喔！

財務問題探究：算術平均報酬率 vs. 幾何平均報酬率

採用歷史資料法計算一檔資產的平均報酬率，基本上就是把過去各年度的報酬率相加，然後除以年數，而由此法所算出的即是一般所稱的算術平均報酬率。但我們投資一檔資產真正得到的報酬率，其實是投資期間的幾何平均報酬率，其與算術平均報酬率有些什麼差異呢？舉例來說，A 資產在過去四年每年的報酬率都是 2.5%，因此算數平均報酬率 =(2.5%+2.5%+2.5%+2.5%)/4=2.5%；幾何平均報酬率 =[(1+2.5%)(1+2.5%)(1+2.5%)(1+2.5%)]$^{1/4}$ － 1=2.5%；兩者完全一樣！這是因為每年的報酬率毫無波動，亦即波動率（或變異數、標準差）= 0。

若過去每年報酬率的波動率不等於 0，則幾何平均報酬率會小於算

術平均報酬率，而且波動率愈大，兩者的差異愈大。再舉一例，假設 A 和 B 兩檔資產在過去四年各有如下之每年報酬率：

若過去每年報酬率的波動率不等於 0，則幾何平均報酬率會小於算術平均報酬率，而且波動率愈大，兩者的差異愈大。再舉一例，假設 A 和 B 兩檔資產在過去四年各有如下之每年報酬率：

年度	A	B
1	10%	－2%
2	－5%	7%
3	10%	－2%
4	－5%	7%

可計算出兩者的算術平均報酬率皆為 2.5%，但 A 資產的幾何平均報酬率 (2.23%) 小於 B 資產的幾何平均報酬率 (2.4%)，乃因兩者的波動率（變異數或標準差），是 A 資產的較大。

第二節　投資組合的報酬率及風險衡量

> **本節重點提問**
>
> 投資組合風險的衡量方式有哪些？衡量指標有哪些？

若某項資產是投資人所持有的唯一投資標的，那麼該項資產本身的報酬率（總報酬率）及風險（總風險）對投資人而言，必定是格外重要。不過，大多數的人都明瞭「不要把雞蛋放在同一個籃子裡」的道理，因此在現實生活裡，也少有人會將所有的資金都投注在單一資產上。要能分散風險，投資人在任何時點都應盡量持有數

種不同特性的資產，構成一個投資組合 (Investment Portfolio)；雖然每個人在投資組合中所選擇包納的資產種類會有差異，但如何建構投資組合以達到風險分散之目的卻有一定的法則可循。以下就來談談如何衡量投資組合的報酬率及風險。

投資組合預期報酬率的衡量

投資組合預期報酬率的衡量方式，同樣可依報酬率資料統計性質的不同，而分為**機率分配法**與**歷史資料法**兩種。

機率分配法

由於投資組合含有不只一檔資產，因此依主觀判斷而建立的機率分配表中，也包含不只一檔資產的報酬率機率分配。舉例來說，若投資人亞瑟計劃拿 70 萬元投資在 A 股票，另以 30 萬元投資在 B 股票。根據他對 A、B 兩檔股票未來報酬率所作的評斷，亞瑟建立了如表 5-4 所示的機率分配表。

表 5-4　A、B 兩股票的報酬率機率分配表

股市狀態	發生機率	股票 A	股票 B
多頭	0.4	40%	50%
空頭	0.6	−10%	0%

運用機率分配法來計算投資組合的預期報酬率時，可依據以下三步驟：

1. 算出各檔股票在投資組合中所占的權重 (w)。

   權重通常是以資產的市值來衡量；亞瑟的投資組合包含兩檔股

票，市值分別為 70 萬元及 30 萬元，故總市值為 100 萬元，因此兩檔股票在組合中的權重如下：$w_A = 0.7$，$w_B = 0.3$。

2. 依據各檔股票的權重，計算投資組合在各種經濟狀態下的報酬率。

   以 1 代表多頭市場，則在多頭時之投資組合報酬率為：

   $$K_{P1} = K_{A1}w_A + K_{B1}w_B = 40\% \times 0.7 + 50\% \times 0.3 = 43\%$$

   以 2 代表空頭市場，則在空頭時之投資組合報酬率為：

   $$K_{P2} = K_{A2}w_A + K_{B2}w_B = (-10\%) \times 0.7 + 0\% \times 0.3 = -7\%$$

3. 將各經濟狀態下之投資組合報酬率分別乘以其預估的發生機率。

   運用 (5-1) 式，算出投資組合的預期報酬率：

   $$\hat{K}_P = 43\% \times 0.4 + (-7\%) \times 0.6 = 0.13 = 13\%$$

將以上計算步驟一般化，並假設有 n 種市場狀態，則**投資組合預期報酬率** $(\hat{K}_P)$ 的計算公式如下：

$$\hat{K}_P = K_{P1} \times P_1 + K_{P2} \times P_2 + \cdots\cdots + K_{Pn} \times P_n \tag{5-8}$$

其中 K_{Pi} 與 P_i 分別代表在第 i 種市場狀態下的投資組合報酬率（依各檔股票之投資權重算出）及相對應之發生機率。

另一種作法是先算出投資組合內各檔股票的預期報酬率，然後再進行加權平均。再度以表 5-4 中亞瑟的投資組合來說明，首先計算出 A、B 兩檔股票各自的預期報酬率 $\hat{K}_A$ 及 $\hat{K}_B$：

$$\hat{K}_A = 40\% \times 0.4 + (-10\%) \times 0.6 = 10\%$$

$$\hat{K}_B = 50\% \times 0.4 + 0\% \times 0.6 = 20\%$$

例 5-4

湯姆計劃拿出 100 萬元平均投資於四檔股票。根據他對這些股票的分析，湯姆建立了以下的機率分配表：

股市狀態	發生機率	股票 A	股票 B	股票 C	股票 D
1. 多頭	0.3	15%	20%	12%	25%
2. 一般	0.5	6%	8%	4%	9%
3. 空頭	0.2	−5%	−8%	−3%	−14%

請計算此投資組合的預期報酬率。

----

1. 依 (5-8) 式，可算出投資組合的預期報酬率為：

$$\hat{K}_P = K_{P1} \times P_1 + K_{P2} \times P_2 + K_{P3} \times P_3$$
$$= 18\% \times 0.3 + 6.75\% \times 0.5 + (-7.5\%) \times 0.2$$
$$= 7.275\%$$

2. 依 (5-9) 式，同樣可算出此投資組合的預期報酬率為：

$$\hat{K}_P = w_A \hat{K}_A + w_B \hat{K}_B + w_C \hat{K}_C + w_D \hat{K}_D$$
$$= 0.25 \times 0.065 + 0.25 \times 0.084 + 0.25 \times 0.05 + 0.25 \times 0.092$$
$$= 0.07275 = 7.275\%$$

然後再將各檔股票的預期報酬率依照其在投資組合中的權重進行加權平均，即可得到投資組合的預期報酬率：

$$\hat{K}_P = w_A \hat{K}_A + w_B \hat{K}_B$$
$$= 0.7 \times 10\% + 0.3 \times 20\%$$
$$= 13\%$$

假設投資組合中包含有 N 檔股票，則以各檔股票預期報酬率

$(\hat{K}_j)$ 的加權平均來計算投資組合預期報酬率 $(\hat{K}_P)$ 的一般化公式可表示如下：

$$\hat{K}_P = \sum_{j=1}^{N} w_j \hat{K}_j = w_1 \hat{K}_1 + w_2 \hat{K}_2 + \cdots\cdots + w_N \hat{K}_N \qquad (5\text{-}9)$$

歷史資料法

採用歷史報酬率資料來計算投資組合的平均報酬率 $(\overline{K}_P)$ 時，只需將組合內各個資產的平均報酬率 $(\overline{K}_j)$ 作加權平均即可。若投資組合包含 N 檔股票，則**投資組合平均報酬率 $(\overline{K}_P)$** 的一般化公式可表示如下：

$$\overline{K}_P = \sum_{j=1}^{N} w_j \overline{K}_j, \qquad j = 1, 2, \ldots\ldots, N \qquad (5\text{-}10)$$

例 5-5

王先生計劃以 A、B、C 三檔股票建構一個投資組合，此三檔股票的歷史報酬率資料如下：

年度	股票 A	股票 B	股票 C
2013	30%	40%	25%
2014	−10%	10%	12%
2015	25%	15%	16%
2016	20%	20%	21%
2017	−15%	−35%	4%

假設王先生投資在此三檔股票的權重分別為 0.3、0.25、0.45，則此投資組合的預期報酬率是多少？

首先,計算各檔股票的平均報酬率如下:

$$\overline{K}_A = \frac{30\% + (-10\%) + 25\% + 20\% + (-15\%)}{5} = 10\%$$

$$\overline{K}_B = \frac{40\% + 10\% + 15\% + 20\% + (-35\%)}{5} = 10\%$$

$$\overline{K}_C = \frac{25\% + 12\% + 16\% + 21\% + 4\%}{5} = 15.6\%$$

其次,再依據三檔股票的投資權重,並運用 (5-10) 式算出投資組合的預期報酬率為:

$$\overline{K}_P = 0.3 \times 10\% + 0.25 \times 10\% + 0.45 \times 15.6 = 12.52\%$$

貼心提示:運用 Excel 計算投資組合的預期報酬率,請參考延伸學習庫 → Excel 資料夾 → Chapter 5 → X5-C。

投資組合風險的衡量

機率分配法

假設投資組合的報酬率資料是由主觀評斷(建立機率分配表)而得,則在衡量其風險時,可以直接利用 (5-3) 式或 (5-4) 式來計算報酬率的變異數或標準差。繼續以表 5-4 的投資組合為例,該投資組合中 A、B 兩股票的權重分別為 0.7 及 0.3;先算出在股市多頭與空頭狀態下的投資組合報酬率為 43% 及 -7%,再進行加權平均而得到預期報酬率為 13%,如下表所示:

股市狀態	發生機率	股票 A 報酬率	股票 B 報酬率	組合報酬率
1. 多頭	0.4	40%	50%	43%
2. 空頭	0.6	−10%	0%	−7%
投資組合預期報酬率 = 13%				

根據上表中的資料並運用 (5-3) 式,可算出該投資組合的風險(變異數)為:

$$\sigma^2 = (K_1 - \hat{K})^2 \times P_1 + (K_2 - \hat{K})^2 \times P_2$$
$$= (43\% - 13\%)^2 \times 0.4 + (-7\% - 13\%)^2 \times 0.6$$
$$= 0.06$$

財務問題探究:避險基金已不再是分散風險的投資

本質上,任何基金都是一種投資組合,具有分散風險的功能。曾幾何時,避險基金 (Hedge Fund) 挾著基金有分散風險的擅長本領,又擁有創造高報酬的獨家秘方,因此吸引了不少口袋深的投資人捧著大把鈔票並付高額管理費來請求避險基金代為投資操盤。過去數十年來,避險基金在市場中風起雲湧,但也在幾次金融風暴裡重重跌跤,而在 2008 年金融海嘯之後,美國及歐洲都急欲增加對避險基金的監督及規範。但全球避險基金仍然繼續快速成長,目前管理的資產總值高達 3 兆美元。

避險基金本質上可以投資任何標的,包括土地、房屋、股票、衍生商品、通貨等。由於同業之間的競爭加劇而壓縮到獲利空間,避險基金為了拚績效,常將重金押在少數自行看好的標的上,而形成持股集中化;另外,在衍生商品的投資比重也頗為驚人,導致槓桿操作倍數居高不下。持股集中化加上槓桿操作倍數高,讓今日的避險基金早已和其歷史任務脫節,不再重視「避險」(Hedge Risk),而是以極大化報酬率為其投資目標,可說已是名不副實。

從變異數可算出此投資組合的標準差 (σ) 為 0.2449 (= $\sqrt{0.06}$)。由此可知，雖然 (5-3) 式是用來計算個別資產報酬率的變異數，但同樣也適用於投資組合變異數的計算。事實上，只要將 (5-3) 式或 (5-4) 式的各項符號加上代表投資組合的下標 "P"，即可得到投資組合變異數及標準差的一般化公式，如下所示：

$$\sigma_P^2 = \sum_{i=1}^{n}(K_{Pi} - \hat{K}_P)^2 \times P_i \tag{5-11}$$

$$\sigma_P = \sqrt{\sigma_P^2} \tag{5-12}$$

例 5-6

劉女士準備投資一個由 A、B、C 三檔股票建構的組合，此三檔股票在過去數年的報酬率資料如下表所示：

年度	股票 A 報酬率	股票 B 報酬率	股票 C 報酬率
1	12%	15%	8%
2	−4%	3%	3%
3	14%	9%	6%
4	20%	12%	7%
5	−3%	2%	1%

假設劉女士投資在此三檔股票的權重分別為 40%、30%、30%，計算此投資組合的報酬率標準差？

首先，根據各檔股票的報酬率及權重作加權平均，算出投資組合在各年度的報酬率，然後把投資組合視作個別資產並運用 (5-2) 式算出組合報酬率，再運用 (5-12) 式算出組合報酬率的標準差，計算結果列於下表：

年度	股票A報酬率	股票B報酬率	股票C報酬率	組合報酬率
1	12%	15%	8%	11.7%
2	−4%	3%	3%	0.2%
3	14%	9%	6%	10.1%
4	20%	12%	7%	13.7%
5	−3%	2%	1%	−0.3%

投資組合預期報酬率 = 7.08%

投資組合報酬率標準差 = 6.63%

計算過程如下：

1. 計算投資組合在各年度的報酬率：

    年度 1：12%×0.4 + 15%×0.3 + 8%×0.3 = 11.7%

    年度 2：−4%×0.4 + 3%×0.3 + 3%×0.3 = 0.2%

    年度 3：14%×0.4 + 9%×0.3 + 6%×0.3 = 10.1%

    年度 4：20%×0.4 + 12%×0.3 + 7%×0.3 = 13.7%

    年度 5：−3%×0.4 + 2%×0.3 + 1%×0.3 = −0.3%

2. 運用 (5-2) 式計算投資組合的預期報酬率 ($\overline{K}_P$)：

    $\overline{K}_P$ = (11.7% + 0.2% + 10.1% + 13.7% − 0.3%)/5 = 7.08%

3. 運用 (5-12) 式計算投資組合的報酬率標準差：

$$s_p = \sqrt{\frac{(11.7\%-7.08\%)^2 + (0.2\%-7.08\%)^2 + \cdots\cdots + (-0.3\%-7.08\%)^2}{5-1}} = 6.63\%$$

歷史資料法

運用歷史報酬率資料來衡量投資組合的風險，須先將投資組合各期的平均報酬率算出，然後利用 (5-6) 式計算樣本標準差。將

(5-6) 式中的各變數加下標 "P"，即得到投資組合樣本標準差的計算公式如下：

$$s_P = \sqrt{s_P^2} = \sqrt{\frac{\sum_{t=1}^{n}(K_{Pt} - \overline{K}_P)^2}{n-1}}$$

$$= \sqrt{\frac{(K_{P1} - \overline{K}_P)^2 + \cdots\cdots + (K_{Pn} - \overline{K}_P)^2}{n-1}} \tag{5-13}$$

C 相關係數

前面曾提過，投資組合的預期報酬率等於組合中各檔股票預期報酬率的加權平均，但是在計算投資組合的風險時，並不可以直接將各檔股票的風險作加權平均，原因是組合中的各檔股票報酬率的相關程度，會導致整體風險出現變化。我們可以藉由統計學中的相關係數 (ρ_{AB}) 來衡量 A、B 兩股票的相互影響程度。簡單來說，ρ_{AB} 的數值必定是介於 -1 與 $+1$ 之間，亦即 $-1 \leq \rho_{AB} \leq 1$。若 $\rho_{AB} = +1$，表示 A 與 B 是完全正相關，$\rho_{AB} = -1$ 代表兩者是完全負相關，而當 A 與 B 完全不相關時，$\rho_{AB} = 0$。[4]

假設一投資組合中包含 A、B 兩檔股票，σ_A^2 及 σ_B^2 分別代表這兩檔股票的報酬率變異數，w_A 及 w_B 代表各自的權重，則我們可以將此投資組合報酬率變異數 (σ_P^2) 表示如下：

$$\sigma_P^2 = w_A^2 \sigma_A^2 + w_B^2 \sigma_B^2 + 2w_A w_B \rho_{AB} \sigma_A \sigma_B \tag{5-14}$$

其中 ρ_{AB} 代表兩股票的報酬率相關係數，σ_A 與 σ_B 則為各自的報酬率

---

[4] 運用 Excel 計算兩檔股票報酬率之相關係數，請參考延伸學習庫→Excel 資料夾→Chapter 5→X5-E。

標準差。從 (5-14) 式可以看出，此投資組合的風險是由三個項目組成，前兩項分別代表 A、B 兩股票各自的風險，第三項則為兩股票之報酬率相關性對投資組合風險的影響。若將 (5-14) 式取平方根，可得到該**投資組合標準差**，如 (5-15) 式所示：

$$\sigma_P = \sqrt{w_A^2 \sigma_A^2 + w_B^2 \sigma_B^2 + 2 w_A w_B \rho_{AB} \sigma_A \sigma_B} \tag{5-15}$$

觀察 (5-15) 式，可以看出投資組合的風險 (σ_P) 與相關係數 (ρ_{AB}) 之間的密切關係，特別值得注意的是下列三種情況：

(1) 當 $\rho_{AB} = +1$ 時，

$$\begin{aligned}\sigma_P &= \sqrt{w_A^2 \sigma_A^2 + w_B^2 \sigma_B^2 + 2 w_A w_B \sigma_A \sigma_B} \\ &= \sqrt{(w_A \sigma_A + w_B \sigma_B)^2} \\ &= w_A \sigma_A + w_B \sigma_B\end{aligned}$$

(2) 當 $\rho_{AB} = 0$ 時，

$$\sigma_P = \sqrt{w_A^2 \sigma_A^2 + w_B^2 \sigma_B^2}$$

(3) 當 $\rho_{AB} = -1$ 時，

$$\sigma_P = \sqrt{(w_A \sigma_A - w_B \sigma_B)^2} = w_A \sigma_A - w_B \sigma_B$$

由上述三種關係可以推知，當兩檔資產報酬率的相關係數等於 +1 時，其風險 (σ_P) 等於個別股票報酬率標準差的加權平均；換言之，此類投資組合無法降低或分散任何風險。事實上，只有在報酬率不是完全正相關時，亦即 $\rho_{AB} < 1$，風險分散的效果才會出現，而且相關係數愈趨近於 -1，風險分散的效果愈大。

例 5-7

阿雅想要拿出一百萬元，平均投資在 A、B 兩檔股票，相關資料如下表：

股票	預期報酬率	報酬率標準差
A	5%	9.0%
B	10%	15.0%

在 A、B 兩檔股票報酬率的相關係數為 0.1、0.8、−0.6 的情況下，分別計算阿雅的投資組合之預期報酬率 ($\hat{K}_P$) 及標準差 (σ_P)。

首先，計算投資組合之預期報酬率。由於組合預期報酬率等於內含個股預期報酬率的加權平均，且不受相關係數的影響，因此在三種相關係數的情況下，該投資組合的預期報酬率皆為：

$$\hat{K}_P = 0.5 \times 5\% + 0.5 \times 10\% = 7.5\%$$

其次，運用 (5-16) 式，計算該投資組合在不同相關係數之下的標準差如下：

1. $\rho_{AB} = 0.1$

$$\sigma_P = \sqrt{0.5^2 \times 0.09^2 + 0.5^2 \times 0.15^2 + 2 \times 0.5 \times 0.5 \times 0.1 \times 0.09 \times 0.15} = 0.0912$$

2. $\rho_{AB} = 0.8$

$$\sigma_P = \sqrt{0.5^2 \times 0.09^2 + 0.5^2 \times 0.15^2 + 2 \times 0.5 \times 0.5 \times 0.8 \times 0.09 \times 0.15} = 0.1142$$

3. $\rho_{AB} = -0.6$

$$\sigma_P = \sqrt{0.5^2 \times 0.09^2 + 0.5^2 \times 0.15^2 + 2 \times 0.5 \times 0.5 \times (-0.6) \times 0.09 \times 0.15} = 0.06$$

貼心提示：運用 Excel 分析相關係數對投資組合風險之影響，請參考延伸學習庫→ Excel 資料夾→ Chapter 5 → X5-F。

以上的說明透露出一個重要的訊息，那就是投資組合的預期報酬率總是等於個別資產預期報酬率的加權平均，但投資組合的標準差應是小於個別資產標準差的加權平均；如此建構的投資組合才有意義，也就是說，風險分散的效果才能發揮。

實力秀—秀 5-4：投資組合的報酬率及標準差

文正準備投資 60 萬元在股票 A，而另外 40 萬元則投資於股票 B 或 C 上。股票 A 與股票 B 的報酬率相關係數 (ρ_{AB}) 為 0.1，而股票 A 與股票 C 的報酬率相關係數 (ρ_{AC}) 為 0.5。請根據下列資料，幫他選擇出較佳的投資組合 (A+B 或 A+C)，並說明選擇之依據。

股票	預期報酬率	報酬率標準差
A	5%	9.0%
B	10%	15.0%
C	10%	11.0%

上述所討論的觀念，同樣可以運用於藉歷史資料而建立的樣本。假設根據樣本觀察值所建構的投資組合僅包含 A、B 兩檔股票，則根據 (5-14) 式及 (5-15) 式，可推知**投資組合樣本變異數** (s_P^2) 及**樣本標準差** (s_P) 的計算公式如下：

$$s_P^2 = w_A^2 s_A^2 + w_B^2 s_B^2 + 2w_A w_B r_{AB} s_A s_B \tag{5-16}$$

$$s_P = \sqrt{w_A^2 s_A^2 + w_B^2 s_B^2 + 2w_A w_B r_{AB} s_A s_B} \tag{5-17}$$

上面兩式中，s_A^2 及 s_B^2 分別代表 A、B 兩檔股票報酬率的樣本變異數，而 r_{AB} 則代表 A、B 兩檔股票報酬率的樣本相關係數。依統計

學的概念,樣本相關係數也是介於 -1 與 $+1$ 之間,亦即 $-1 \leq r_{AB} \leq 1$。

第三節　投資組合的風險分散效果

本節重點提問

- 投資人持股多樣化的行為有沒有極限?
- 投資組合的標準差有可能等於零嗎?
- 「平均值－變異數架構」對投資組合理論的主要貢獻為何?

由上一節的分析得知,建構投資組合時,只要所挑選之個別資產的報酬率相關係數小於 $+1$,投資組合就可發揮風險分散的效果,而且相關係數愈小(愈趨近於 -1),風險分散效果就會愈顯著,亦即投資組合的風險就會愈低。為了進一步瞭解風險分散效果,讓我們來看看下面的例子。

假設 A、B 兩股票的預期報酬率分別為 10% 及 15%,報酬率標準差分別是 7% 及 13%,則以相同權重 ($w_A = w_B = 50\%$) 投資於 A、B 兩股票的投資組合,其預期報酬率為 12.5%,不會因兩股票報酬率的相關係數而改變,但投資組合標準差則會因相關係數而有所不同,如表 5-5 所示。

表 5-5 中,投資組合的風險分散效果等於兩股票報酬率標準差的加權平均與投資組合報酬率標準差的差距,亦即 (4) － (3);可以看出,隨著相關係數的降低,投資組合報酬率標準差也跟著下降,

表 5-5　投資組合的風險分散效果

相關係數 (1)	投資組合 預期報酬率 (2)	投資組合 報酬率標準差 (3)	A、B兩檔股票 報酬率標準差的 加權平均 (4)	風險分散 效果 (5)=(4)−(3)
1	12.50%	10.00%	10.00%	0.00%
0.7	12.50%	9.29%	10.00%	0.71%
0.3	12.50%	8.26%	10.00%	1.74%
0	12.50%	7.38%	10.00%	2.62%
−0.3	12.50%	6.39%	10.00%	3.61%
−0.7	12.50%	4.76%	10.00%	5.24%
−1	12.50%	3.00%	10.00%	7.00%

使得風險分散效果在相關係數等於 −1 時達到最高點。因此，為了降低風險，投資人應該盡量尋找低度相關的資產納入投資組合之中。

如何強化投資組合的風險分散效果

既然相關係數愈小，風險分散的效果愈大，投資人在建構投資組合時，應盡量納入屬於不同產業之資產，以達到降低風險之目的。此外，也可以將不同種類的資產，例如股票、債券、不動產、外匯等，同時納入投資組合當中，以使風險分散的效果能更為強化。然而，屬於同一市場中的各類資產無可避免地都會受到大環境（法令政策、利率變動、景氣循環等）的影響，彼此報酬率的相關係數即使不高，也甚少會小於零。因此，投資組合的建構還可以跨出國界，將不同區域或國家的資產納入，以求更進一步地提升風險分散的效果。

除了依據相關係數來慎選投資組合中的資產，另外一個降低投資組合風險的簡單辦法，就是在投資組合中增加資產的數目。一般而言，資產數目愈多，每一單項資產占整個投資組合的比重就愈小，而單項資產報酬率的風險對投資組合風險的影響力也就愈小。另外，增加資產的數目也有助於降低資產報酬率彼此間的相關程度。

不過，擴大投資組合規模以求降低風險的作法並非沒有極限，因為增加資產的數目雖有邊際利益（降低風險），但也有邊際成本（操作不易、管理成本增高）。邊際利益會隨著資產數目的繼續增加而下降；邊際成本則會因資產數目的繼續增加而上升。一旦資產增加的邊際利益小於邊際成本，投資人就應停止續加資產於投資組合之中。這就是為什麼在現實生活中，投資人持股多樣化的行為並不會永無止境地進行。另外，投資人願意將資金投注於資產上，是因為他們認定自己所相中標的之當時購買價格是被低估的；當然，他們也相信並非市場上所有的股票都會出現價格被低估的現象，因此他們自然就不會沒有極限地繼續增加持股數目了。

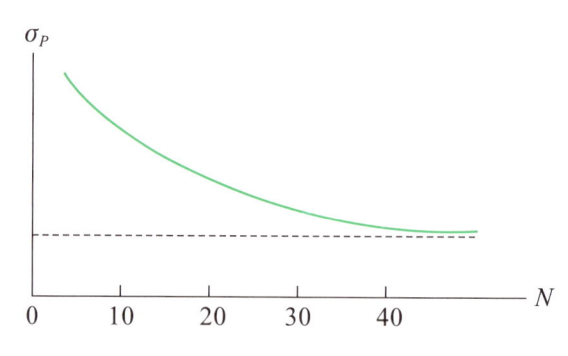

圖 5-2　投資組合的標準差與資產數目

財務文獻上針對現實世界中投資組合所包含的股票數目 (N) 與其標準差 (σ_P) 作分析，發現兩者關係如圖 5-2 所示。該圖顯示，增加持股數目確能發揮風險分散的效果，不過在股票種類逾 40 檔時，投資組合標準差的下降幅度不再顯著。換言之，即使繼續將市場中其餘的股票皆納入投資組合之中，也無助於總風險的降低；可見投資組合的風險分散效果確是有一個極限點。

本章摘要

- 報酬指的是投資期間的全部淨收入,而報酬率則是指全部淨收入除以期初投入資金。
- 股票報酬率包含兩項成員,分別是資本利得收益率及股利收益率。
- 「風險性資產」是指在投資到期之前無法確知實現報酬率的資產;「必要報酬率」是門檻利率,是投資人針對同樣風險等級的投資工具所要求之最低報酬率。
- 資產的預期報酬率及風險有兩種衡量方式:(1) 機率分配法;(2) 歷史資料法。
- 總風險是當一項資產被單獨持有時,投資人所重視與在乎的風險。總風險的衡量指標為變異數及標準差;標準差即是變異數的平方根。
- 變異係數也是一個風險衡量指標,其主要功用是將風險予以標準化,以方便不同報酬率的資產間之風險比較。
- 運用機率分配法來計算投資組合的預期報酬率時,可遵循下列幾個步驟:(1) 計算各檔股票在投資組合中所占的權重;(2) 依據各檔股票的權重,計算投資組合在各種經濟狀態下的報酬率;(3) 計算投資組合的預期報酬率。另一種計算投資組合預期報酬率的方法,是先將組合內各檔股票的預期報酬率算出,然後再進行加權平均。
- 歷史資料法是利用過去的實現報酬率(客觀)資料,算出一個平均報酬率,並以此作為預期報酬率的估計值。計算投資組合平均報酬率 ($\overline{K}_P$) 時,只要把組合內各個資產的平均報酬率 ($\overline{K}_j$) 作加權平均即可。
- 投資組合中,每兩檔資產報酬率的相關係數皆等於 +1 時,σ_P 是個別股票報酬率標準差的加權平均;換言之,由相關係數皆等於 +1 的資產所建構出來的投資組合,將不會產生任何風險分散的效果。

- 投資組合的預期報酬率總是等於個別資產預期報酬率的加權平均，但投資組合的標準差應是小於個別資產標準差的加權平均；如此建構的投資組合才有意義，也就是說風險分散的效果才能發揮。
- 除了依據相關係數來慎選投資組合中的資產，另外一個降低投資組合風險的簡單辦法，是在投資組合中增加資產的數目。
- 在投資組合中增加資產的數目雖有邊際利益（降低風險），但也有邊際成本（操作管理不易）。邊際利益會隨著資產數目的繼續增加而下降；邊際成本則會因資產數目的繼續增加而上升。

本章習題

一、選擇題

1. 下列哪一項敘述是錯誤的？
   (a) 投資組合中每兩檔資產間的相關係數愈趨近於 0，風險分散效果就愈顯著
   (b) 增加持股數目確能發揮投資組合風險分散的效果
   (c) 擴大投資組合中的資產種類有助於風險風散
   (d) 投資組合的預期報酬率計算，不受內含個股相關係數的影響

2. 秋香把 $10,000 投資在 A 股票，另把 $30,000 投資在 B 股票；若 A、B 兩股票的預期報酬率分別 15% 及 20%，則秋香投資組合的預期報酬率為：
   (a) 17.5%
   (b) 18.75%
   (c) 19.5%
   (d) 20%

3. 泰然想要將 $500,000 投資在任一檔股票上，而他所設定的必要報酬率是 7%。泰然觀察到股票 A 的機率分配表如下：

市場狀態	發生機率	股票報酬率
多頭走勢	70%	12%
空頭走勢	30%	−5%

   請問泰然是否會投資 A 股票？又 A 股票的預期報酬率是多少？
   (a) 是；7.3%
   (b) 是；7.5%
   (c) 否；6.7%
   (d) 否；6.9%

4. 延續上題，股票 A 的標準差 (σ_A) 是多少？
   (a) 6.65%
   (b) 7.14%
   (c) 7.79%
   (d) 8.27%

5. 根據前兩題，股票 A 的變異係數 (CV) 是多少？
   (a) 0.91
   (b) 1.13
   (c) 1.36
   (d) 1.54

6. 假設 A、B 兩股票的報酬率分別 12% 及 18%，報酬率標準差分別 6% 及 10%，相關係數為 −1。若要建立一個風險等於零的投資組合，A、B 兩股票的投資權重應該各是多少？
   (a) 0.5、0.5
   (b) 0.625、0.375
   (c) 0.675、0.325
   (d) 0.7、0.3

7. 延續上題，若所建立之投資組合的風險等於零，則其預期報酬率將會是多少？
   (a) 15.5%
   (b) 14.25%
   (c) 13.75%
   (d) 13.25%

8. 下列是股票 H 過去四年的報酬率歷史資料：

年度	報酬率
1	12%
2	−5%
3	4%
4	11%

   股票 H 的平均報酬率 ($\overline{K}$) 為：
   (a) 5.5%
   (b) 6.0%
   (c) 6.5%
   (d) 7.0%

9. 延續上題，代表股票 H 風險的樣本標準差 (s) 為：
   (a) 0.0655
   (b) 0.0785
   (c) 0.0845
   (d) 0.0925

10. 秋香把 $150,000 投資在 A 股票，另把 $150,000 投資在 B 股票；若 A、B 兩股票的報酬率標準差分別 15% 及 20%，相關係數為 1，則秋香的投資組合之報酬率標準差為：

   (a) 20%　　　　　　　　　　(b) 17.5%

   (c) 15%　　　　　　　　　　(d) 12.5%

11. 延續上題，假設 A、B 兩股票的報酬率相關係數等於 0，則秋香的投資組合之報酬率標準差將會是：

   (a) 20%　　　　　　　　　　(b) 17.5%

   (c) 15%　　　　　　　　　　(d) 12.5%

12. 延續第 10 題，假設 A、B 兩股票的報酬率相關係數等於 −1，則秋香的投資組合之報酬率標準差會等於：

   (a) 10%　　　　　　　　　　(b) 7.5%

   (c) 15%　　　　　　　　　　(d) 2.5%

13. 大明用 $30/股買了 2,000 股的 A 股票，又花了 $20/股買了 5,000 股的 B 股票；請問大明的投資組合中 A 股票的投資權重是多少？

   (a) 25%　　　　　　　　　　(b) 30%

   (c) 37.5%　　　　　　　　　(d) 40.5%

14. 假設去年年初你買了一檔股票，價格為 $30/股，去年該股所付的股利是 $2.5/股，你在年底時把股票賣掉，賣價為 $28/股；你的實現報酬率為：

   (a) 1.67%　　　　　　　　　(b) −6.67%

   (c) 8.33%　　　　　　　　　(d) −8.92%

15. 延續上題，請問你的股利收益率 (Dividend Yield) 是多少？

   (a) 1.67%　　　　　　　　　(b) −6.67%

   (c) 8.33%　　　　　　　　　(d) −8.92%

CHAPTER 5 風險與報酬

二、問答題

1. 試說明「實現報酬率」、「預期報酬率」及「必要報酬率」三者的差異？

2. 某上市公司在 2017 年配發每股 $2.5 的現金股利及每股 $0.3 的股票股利；除息日為 6 月 20 日。慧文持有 5 張（= 5,000 股）該公司的股票，購買價格為 $60/股，在 9 月 12 日早上慧文以 $57/股掛單賣出了她全部的持股。請問慧文投資該公司股票的全部獲利是多少？實現報酬率又是多少？

3. 某家上市公司在 2006 年配發每股 $1.2 的現金股利及每股 $1.3 的股票股利；除息除權日為 9 月 6 日。丹華持有 10 張（= 10,000 股）該公司的股票，購買價格為 $62/股。若丹華在收到配股後，以 $35 股掛單賣出她全部的持股，倘若成交，請問丹華投資該公司股票的全部獲利是多少？實現報酬率又是多少？

4. 投資人為什麼不會，也不應該沒有極限地繼續在投資組合中增加持股數目？

5. 請根據下列資料，計算預期報酬率、標準差及變異係數 (CV)：

市場狀態	發生機率	股票報酬率
多頭走勢	0.4	25%
空頭走勢	0.6	－10%

6. 請根據下列資料，計算預期報酬率、標準差及變異係數：

市場狀態	發生機率	股票報酬率
多頭走勢	30%	30%
持平走勢	50%	12%
空頭走勢	20%	－10%

7. 請根據下列資料，並假設股票 A 及 B 的報酬率相關係數為 0.75，計算由 A、B 所組成之投資組合的預期報酬率及標準差：

股票	預期報酬率	報酬率標準差	投資權重
A	10%	12.0%	0.7
B	20%	24.0%	0.3

8. 大禹想要根據下列資料，建構一只等值加權的投資組合 (Equally-Weighted Portfolio)，你可幫他算出投資組合的預期報酬率及標準差嗎？〔註：「等值加權」意指每一檔個股的投資金額相同，也就是投資權重各 50%。〕

經濟狀態	發生機率	股票 A 報酬率	股票 B 報酬率
景氣	0.7	40%	20%
不景氣	0.3	−5%	8%

9. 重做上題，這一次假設股票 A 在投資組合中的權重為 60%。

CHAPTER 6

投資組合理論與資產定價

"Change thoughts and you will change your world."
「改變你的想法，你將會改變你的世界。」

～～智慧小語～～

　　談到投資組合，不能不提及對財務學門的發展具汗馬功勞的馬可維茲 (Harry M. Markowitz) 教授。馬可維茲是財務學界公認的「投資組合理論」之父；他在 1952 年於美國著名財務期刊 *Journal of Finance* 發表了標題為「投資組合選擇」(Portfolio Selection) 的曠世不朽論文，為風險性資產的「報酬率」與「風險」尋得清楚的定義。馬可維茲用統計學上的平均值觀念來代表預期報酬率，用變異數或標準差觀念來代表風險，如此定義的「報酬率」與「風險」形成了所謂的「平均值－變異數架構」(Mean-Variance Framework)，讓投資組合理論的研究向前邁進了一大步，也為本章所要介紹的資本資產定價模型 (CAPM) 奠定

了分析的基礎。

在前一章我們提及建構投資組合可以達到風險分散的效果；更明確地說，就是可藉著在投資組合中「納入低度相關的資產」或是「增加資產的數目」來盡量降低組合的風險（標準差）。不過，想要完全消除風險幾乎不太可能，因為要使得投資組合標準差等於零的基本條件之一是「資產的相關係數等於－1」，而這個條件在真實世界裡委實難以達成。

本章第一節針對投資組合的風險再作進一步的分析；第二節探討資本資產定價模型；第三節描述風險性資產的效率前緣；第四節討論最適投資組合與資本市場線。

第一節　投資組合的風險剖析

本節重點提問

- 風險性資產的實現報酬率包含哪兩個成分？
- 「系統風險」與「非系統風險」各自的定義為何？還有什麼其他的名稱？
- 「總風險」與「系統風險」，兩者孰重要？

所有的資產都可歸屬至無風險資產 (Risk-Free Asset) 或風險性資產 (Risky Asset) 兩大類別之中。無風險資產的實現報酬率，在投資期間開始時就為投資人所知，因此沒有必要再計算預期報酬率來作為是否投資的參考。至於風險性資產的預期報酬率，則是在無法確知實現報酬率的情況下，市場投資人為了幫助自己作投資決定，而努力蒐集各方資訊所算出來的一個期望值。投資人真正得到什麼報酬率，必須等到投資期間結束後才能真相大白，任何新訊息在投資期間流入市場，都可能讓實現報酬率出現變化，而與投資人所計算的預期報酬率不同。既然風險性資產的實現報酬率中有令人無法預期的成分，這對投資人而言就代表風險，因此我們說它的風險不等於零。

風險性資產的風險雖然大於零，但是有機會可以降低。事實上，風險性資產的風險包含兩個成員，一是系統風險 (Systematic Risk)，另一是非系統風險 (Unsystematic Risk)，兩者加總即等於風險性資產的總風險 (Total Risk)，如下所示：

$$總風險 = 系統風險 + 非系統風險 \quad (6\text{-}1)$$

投資人在持有單一風險性資產時,須重視其總風險,因為其中的兩個成員皆不可消除而會對報酬率產生影響。一旦風險性資產被納入投資組合之中,其總風險就不再重要,乃因其中的「非系統風險」部分可以被分散掉,而只剩下無法分散的「系統風險」會影響投資人的報酬率,此也才是投資人應關切的重點。以下就針對系統與非系統風險作進一步的討論。

系統風險 vs. 非系統風險

風險性資產的實現報酬率通常含有「非預期」的部分,而此「非預期」部分的報酬率,會受到不斷進入市場之新訊息的衝擊;新訊息有兩種類型,一類會對整體市場有廣泛或全面性的衝擊,而另一類則只會對特定廠商或產業造成影響。舉例來說,政府非預期地調高利率,石油輸出國家突然宣告減產而讓油價飆漲,以及政府新公布的總體經濟指數偏離預期等訊息,都有可能引起市場整體的反應,而讓所有風險性資產的報酬率產生非預期的變化。類似上述這般讓實現報酬率產生不確定性的訊息效果,就是投資人必須承擔的「系統風險」。

另外,市場中突然傳出某家上市公司的廠房失火,或非預期地失去大訂單等訊息,只會引起該特定廠商的報酬率出現非預期的變化,而不至於普遍影響到市場中的其他公司。類似上述這般讓實現報酬率產生不確定性的訊息效果,則是所謂的「非系統風險」。

由以上說明可知,對於風險性資產而言,其實現報酬率可以分為「預期」與「非預期」兩部分,而非預期的部分又包含「系統」與「非系統」兩個成員,可以表達如下:

> 實現報酬率 ＝ 預期報酬率 ＋ 非預期報酬率
> 　　　　　＝ 預期報酬率 ＋ 系統與非系統風險引起的報酬率變化
> (6-2)

比較(6-1)式和(6-2)式，當資產的實現報酬率不等於預期報酬率時，所出現的非預期變化即來自於系統風險加上非系統風險。

我們再回頭來給系統風險和非系統風險一個更明確的定義。系統風險是一種**市場風險**(Market Risk)，也就是因市場狀況（包括政治、經濟情勢）改變而對報酬率帶來全面衝擊的風險。凡在市場中的風險性資產，其報酬率或多或少都與市場整體的表現有關。市場上有正面消息（譬如經濟成長率高於預期）傳來時，大多數資產的報酬率都會上揚，只不過受惠的程度有深有淺。而當市場出現不景氣的徵兆時，大多數資產的報酬率都會走低，受影響的程度也是有多有少。換言之，一項資產的系統風險，代表該資產的報酬率會隨市場整體表現而變化的敏感度；高系統風險資產的敏感度較高，故會隨市場狀況而有較大幅度的漲跌，而低系統風險的資產對市場狀況的反應程度則相對較弱。

系統風險既是因市場出現某種狀況而起，則任何風險性資產都避不掉此項風險，或說即使將風險性資產放在投資組合之中也無法將此風險分散掉，因此又稱作**不可分散風險**(Undiversifiable Risk)。投資人若購買風險性資產，不論是單獨持有，或是將其放在投資組合之中，都必須承擔系統風險；既然非承擔不可，就會要求報償（稱作溢酬），而且是風險愈高，所要求的溢酬愈多。

非系統風險是指因資產本身特性或特殊事故而引起報酬率產生變化的風險。以股票為例，任何一家公司非預期地接到大訂單，或

是申請專利進度超前，或是新產品提前研發成功等因素，都可能讓股票價格上漲而投資人的報酬率上升。當然，突然傳出主管掏空公司、被競爭對手告進法院、訂單流失等情事，也可能讓股票價格大跌而投資人的報酬率下降。不論是正面或負面的衝擊，這些事件都只是與特定廠商有關，故非系統風險又稱作**廠商特定風險** (Firm-Specific Risk)。

特殊事故的發生頗為隨機，而不同廠商因產業特性或經營理念與方式的不同，也可能隨時面臨差異極大的挑戰與際遇，因此若將具不同特性的風險性資產放在一起而形成一個投資組合，則因非預期的特殊事件所引起的「正面」或「負面」效果會產生彼此抵銷的作用，使得非系統風險本質上可以被分散掉。因此，非系統風險又稱作**可分散風險** (Diversifiable Risk)。譬如甲公司失去大訂單導致股價下跌，而乙公司與某國際大廠策略聯盟而導致股價上漲；若某人同時投資了甲、乙兩公司的股票，則其投資組合的報酬率就會比僅投資一家公司的股票報酬率穩定，因為特殊事件的正、負效果產生彼此抵銷的作用，進而降低或消除了投資組合的非系統風險。

一個**充分分散風險的投資組合** (Well-Diversified Portfolio)，是指投資組合中的非系統風險已完全被分散掉。每一檔風險性資產本身都含有非系統風險，但是經由仔細的挑選或是增加個別資產的數目，投資人有可能讓所建構投資組合的非系統風險降至最低。在此情況下，投資人不會在意個別資產所含有的非系統風險，也不會針對非系統風險要求溢酬。

個別股票的貝他係數

前述提及，一項資產的系統風險代表該資產的報酬率隨市場整體表現而變化的敏感度。理論上，一個包納市場中所有可交易資產的投資組合即是**市場投資組合** (Market Portfolio)，其表現代表市場整體的表現或是市場中一檔平均股票的表現。若有一個指標，可以檢測出「個別資產報酬率」隨「市場投資組合報酬率」變化的敏感程度，我們就可用之來衡量資產的系統風險；**貝他係數** (Beta Coefficient) 正是這樣一個指標。

個別資產的貝他係數要如何估計呢？運用統計學上所教的**迴歸分析法** (Regression Analysis)，將資產 j 的報酬率（以 K_j 表示）當作應變數，市場投資組合的報酬率（以 K_M 表示）當作自變數，建構一個簡單迴歸方程式如下：

$$K_{jt} = \alpha_t + \beta K_{Mt} + \varepsilon_t \tag{6-3}$$

上式中，α 是截距項，β 是衡量應變數受自變數影響的估計係數，ε 則為誤差項，而 $t = 1, 2, \cdots\cdots, T$，代表報酬率的觀察期間。透過迴歸分析所估計出來的 β 值就是我們要估計的貝他係數[1]。

另一種作法則是先分別算出市場投資組合與資產 j 的報酬率標準差（σ_M 及 σ_j），再估計兩者間的報酬率相關係數 ρ_{jM}，然後就可依據貝他係數的定義來計算，如下所示：

$$\beta_j = \frac{\rho_{jM} \sigma_j}{\sigma_M} \tag{6-4}$$

---

[1] 使用 Excel 估計個別股票的貝他係數，請參考延伸學習庫 → Excel 資料夾 → Chapter 6 → X6-A。

例 6-1

Z 公司的股票報酬率標準差為 8.9%，而市場加權股價指數的報酬率標準差為 13.45%。假設股價指數報酬率與 Z 公司股票報酬率的相關係數為 0.58，計算 Z 公司的貝他係數。

利用 (6-4) 式，可以算出 Z 公司的貝他係數如下：

$$\beta_z = \frac{0.58 \times 0.089}{0.1345} = 0.38$$

貝他係數代表個別資產的系統風險，那市場投資組合的系統風險又該如何衡量呢？我們只需將 (6-3) 式中的應變數 K_{jt} 換成市場投資組合的報酬率 K_{Mt}，等同於針對同一變數作迴歸分析，就可得到貝他係數的估計值為 1。換言之，市場投資組合的貝他係數（系統風險）就是等於 1[2]。因此，若某資產的貝他係數等於 0.5，代表該資產的系統風險是市場投資組合的一半，亦即當市場投資組合的報酬率增加（減少）10% 時，該資產的報酬率會增加（減少）5%。若某資產的貝他係數等於 2，代表該資產的系統風險為市場投資組合的兩倍，亦即市場投資組合的報酬率增加（減少）10% 時，該資產的報酬率會增加（減少）20%。

◯ 投資組合的貝他係數

計算投資組合的貝他係數，只要把內含之個別資產的貝他係數進行加權平均即可得到，如下所示：

---

[2] 利用 (6-4) 式，計算市場投資組合的貝他係數如：$\beta_M = \frac{\rho_{MM}\sigma_M}{\sigma_M} = 1$。

CHAPTER 6 投資組合理論與資產定價

$$\beta_P = \sum_{j=1}^{N} \beta_j = w_1\beta_1 + w_2\beta_2 + \cdots\cdots + w_N\beta_N \qquad (6\text{-}5)$$

其中，β_P 代表投資組合的貝他係數，w_j 是資產 j 在投資組合的權重，而 β_j 則是資產 j 的貝他係數。

例 6-2

假設 A、B、C 三檔股票各自的貝他係數分別為 $\beta_A = 0.86$，$\beta_B = 1.24$，$\beta_C = 1.03$，計算如下不同投資組合的系統風險：(a) $w_A = 0.5$, $w_B = 0.5$, $w_C = 0$；(b) $w_A = 0.2$, $w_B = 0.6$, $w_C = 0.2$；(c) $w_A = 0.7$, $w_B = 0$, $w_C = 0.3$

(a) $\beta_P = 0.5 \times 0.86 + 0.5 \times 1.24 = 1.05$

(b) $\beta_P = 0.2 \times 0.86 + 0.6 \times 1.24 + 0.2 \times 1.03 = 1.122$

(c) $\beta_P = 0.7 \times 0.86 + 0.3 \times 1.03 = 0.911$

財務問題探究：投資優質基金也與高報酬率無緣？

一般投資人若不知如何挑選個股，較穩當（分散風險）的作法是選擇共同基金（投資組合）而完全信賴基金管理者的操盤能力。問題是我們常見基金管理者的操盤記錄堪稱輝煌，而基金的績效表現也相當卓越，但投資人卻仍是與高報酬率無緣。

投資人無法讓自己的實際報酬率與基金的績效並駕齊驅，更糟的還可能是南轅北轍，該如何避免這樣的情境發生？首先，投資人應瞭解基金績效的計算，是由某一時點起算到另一時點為止，而一般人並非是在起漲點進場，反而多半是在萬方盛讚基金績效特別好的時刻才魚貫而進，而此時多半都是波段漲幅的高點。在任何市場幾近高峰時才進場投資，風險自然相對增高，也就是賺得高報酬率的機會相對較低；此點不論是投資個股或基金都是一樣。

其次,在作投資決策時,可以利用一些風險指標來幫助評估某檔基金(投資組合)是否可以投資。**夏普指數 (Sharpe Index)** 與**貝他係數**都是常用的風險指標。夏普指數代表每承擔一單位風險可獲得的風險溢酬;其計算式如下:

$$夏普指數 = \frac{投資組合平均報酬率 - 無風險利率}{投資組合報酬率標準差}$$

若基金的夏普指數小於或等於 0,則該檔基金不如銀行定存。

貝他係數反映基金的不可分散風險。若貝他係數大於 1,代表基金的風險高於大盤;若小於 1,則代表基金的風險低於大盤。全球性基金的貝他係數要比區域性或單一市場基金的貝他係數為小,因此前者的報酬率較為穩定。總之,投資人在選擇基金時除了要考慮夏普指數與貝他係數所象徵的意義外,最重要的還是勿在市場高昂時過度樂觀或低迷時過度悲觀,兩樣心情都是高報酬率的絕源體。

財經訊息剪輯

全球股市主動型基金 vs. 被動型基金之績效

近期我國媒體報導(2017 年 11 月):「台股技術均線六線皆站上萬點,造就史上最長萬點行情」;「隨交投熱絡、指標股表現亮眼,主動式操作的台股股票型基金績效突飛猛進」。這些漂亮字眼,在股市熱的時候,格外容易吸引投資人帶著資金歸隊。但是,需要投資人付管理費的主動型基金,其表現與被動型基金(如大盤指數)相比,真的有比較好嗎?

依據 SPIVA STATISTICS & REPORTS 的統計資料,若把投資期間分為一年、三年及五年,幾乎所有的股市主動型基金的績效表現都輸給股價指數在相對應投資期間的表現。因此,投資人若想要將資金投入股市一至五年,在選擇投資組合(基金)方面,真的有必要為主動型基金付管理費嗎?

第二節　資本資產定價模型

本節重點提問

- CAPM 的假設條件中,有哪些與真實世界的現象不符合?
- 在 CAPM 模型中,「市場風險溢酬」如何計算?個別資產的風險溢酬又如何計算?

資本資產定價模型 (Capital Asset Pricing Model, CAPM) 是夏普 (William Sharpe)、林特納 (John Lintner) 及莫辛 (Jan Mossin) 在 1960 年代所提出的重要資產定價模型,影響學術研究及實務應用長達數十年至今。夏普本人並因在 CAPM 理論上的卓著貢獻而與投資組合理論之父馬可維茲,及財務學門的領航者米勒教授共同獲得 1990 年諾貝爾經濟學獎。

CAPM 奠基於以下幾個重要的假設。首先,投資人追求預期最終財富之效用極大化,而且投資期間均相同。其次,市場中存在一檔無風險資產,所有投資人皆可依據無風險利率 (K_{RF}) 進行投資或融資而沒有金額的上限,市場上對於放空也無任何限制。另外,所有投資人都能得到齊一的訊息,因此沒有私有資訊。還有,不考慮交易成本及稅,而資產具有完全的流動性(亦即隨時可以按照市價賣出),並可任意分割(亦即投資人可以購買一單位資產的任何比例)。

根據前一節所述,投資人若有能力建構一個充分分散風險的投資組合,就可將投資組合的非系統風險分散掉,因而不會認為承擔

非系統風險應獲得報償（溢酬）。CAPM 就是一個不考慮非系統風險的均衡資產定價模型，主張資產的預期報酬率純然取決於其系統風險（貝他係數）。

進一步來說，CAPM 主張預期報酬率是系統風險的線性函數，而且系統風險是解釋預期報酬率的唯一因子，因此資本資產定價模型亦稱作單因子模型，如下所示：

$$E(K_j) = K_{RF} + [E(K_M) - K_{RF}] \times \beta_j \qquad (6\text{-}6)$$

其中的 $E(K_j)$ 代表資產 j 的預期報酬率，$E(K_M)$ 為市場投資組合的預期報酬率，K_{RF} 是無風險利率，而 β_j 則是資產 j 的貝他係數。

在 (6-6) 式中，市場投資組合的預期報酬率高於無風險利率的部分 $[E(K_M) - K_{RF}]$，稱作**市場風險溢酬** (Market Risk Premium)，這是投資人承擔市場投資組合的風險所期望得到的報償。市場風險溢酬與貝他係數的乘積則是資產 j 的風險溢酬。由此可知，資產的風險溢酬大小，完全由貝他係數決定；貝他係數愈高，資產的風險溢酬愈高。無風險資產的貝他係數為零 $(\beta_j = 0)$，故其風險溢酬為零，而風險性資產的預期報酬率則等於無風險利率加上該資產的風險溢酬。

○ 證券市場線

若將 (6-6) 式以圖形顯示，所得到的直線稱為**證券市場線** (Security Market Line, SML)，如**圖 6-1** 所示。

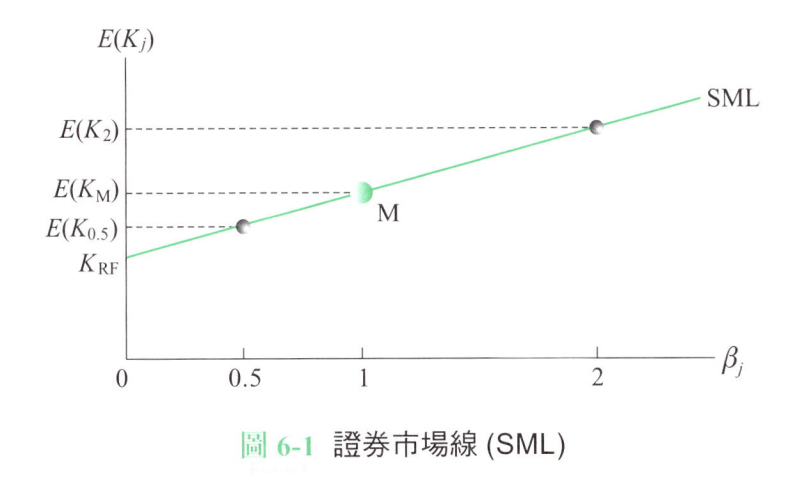

CHAPTER 6 投資組合理論與資產定價

圖 6-1 證券市場線 (SML)

圖 6-1 的縱軸為資產 j 的預期報酬率，橫軸則代表資產 j 的貝他係數。可以看出，當資產的貝他係數等於 1 時，其預期報酬率等於無風險利率 (K_{RF}) 加上市場風險溢酬 $[E(K_M) - K_{RF}]$，亦即等於市場投資組合 (M) 的預期報酬率 $[E(K_M)]$。若資產的貝他係數等於 0.5，則其預期報酬率是無風險利率加上市場風險溢酬的一半，也就是落在 $E(K_{0.5})$ 的位置；而 $E(K_2)$ 所在的水準，自然是代表貝他係數等於 2 的資產之預期報酬率。

SML 的斜率等於市場風險溢酬，反映出投資人對於市場風險的規避程度；若市場的氣氛讓投資人更為畏懼風險或更不願意承擔風險，那麼投資人就會要求（或預期得到）更高的市場風險溢酬，使得證券市場線的斜率變得比較陡峭。在此情況下，即使個別資產的系統風險（貝他係數）並未改變，但資產的風險溢酬及預期報酬率都會全面走高。圖 6-2 顯示，當投資人規避風險的程度增強而使得市場風險溢酬變大時，證券市場線將會由 SML(1) 上移至 SML(2)，導致資產的預期報酬率增加，譬如圖中資產 A 的預期報酬率由 $E(K_A)$ 上升至 $E(K'_A)$。

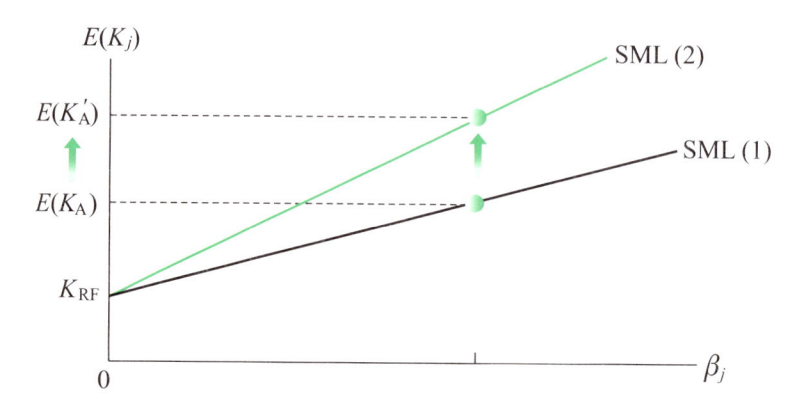

图 6-2 市場風險溢酬變動對 SML 的影響

　　證券市場線也可能平行向上移動而保持斜率不變，此情況多半是因為預期通貨膨脹率上升而導致無風險利率跟著揚升之故。在圖 6-3 中，無風險利率原為 (K_{RF})，因預期通貨膨脹率上升而提高至 (K'_{RF})，但由於市場風險溢酬（斜率）保持不變，使得證券市場線產生平行而向上的移動。

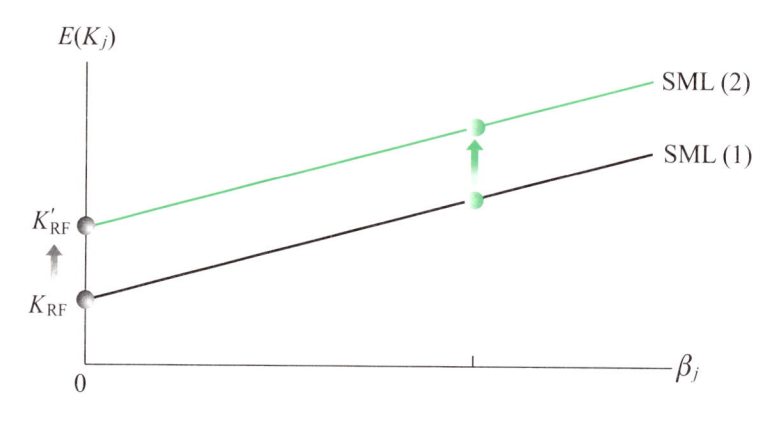

圖 6-3 預期通貨膨脹率變動對 SML 的影響

CHAPTER 6 投資組合理論與資產定價

實力秀一秀 6-1：系統風險 vs. 非系統風險

已知無風險利率為 4%；市場風險溢酬為 10%。根據下列的資料，請問股票 A 和股票 B 哪一個有較高的系統風險？哪一個有較高的總風險？

經濟狀態	發生機率	股票 A 報酬率	股票 B 報酬率
非常景氣	0.2	25%	40%
正常	0.7	10%	20%
非常不景氣	0.1	0%	−20%

C 市場風險溢酬

理論上，市場投資組合是一個將市場中所有可交易資產皆納入的投資組合，但要在現實世界裡找到這樣一個投資組合本質上是不可能的。因此，一般都是把股票市場的加權股價指數當作市場投資組合的代理變數，因為加權股價指數的漲跌確實反映整體股市的表現。另外，市場上最理想無風險利率的代表，大概就是國庫券利率或公債利率了。股價指數報酬率與無風險利率的差異，即是所謂的市場風險溢酬；根據 CAPM 的主張，這份溢酬應該總是大於零。但事實上，我們經常看到股票市場在跌跌不休的那些年度，股價指數的報酬率根本是負的，令股票族屢屢興歎早知應將資金投注在無風險資產上；這種現象是否反映資本資產定價模型認定市場風險溢酬為正數的主張，無法在真實世界裡站得住腳呢？下面的分析可以幫助理解。

首先,讓我們來看看表 6-1 所示範的報酬率資料;表中所示的股價指數與國庫券的報酬率落差,頗能代表許多國家在過去經常發生的現象。由於股市的漲跌幅度較大,因此大好的時候股價指數報酬率的表現勝過國庫券利率,大壞的時候則剛好相反。若取六年的平均值來看,我們發現國庫券利率比股價指數報酬率的表現還要好,以致於市場風險溢酬六年的平均值為負值(−1.15%)。但是若逐年來看,則發現市場風險溢酬在前三年為負值,而在後三年為正值。倘若投資人擁有與股價指數有同等表現的投資組合,則在 2000 年或是在 2003 年進場投資,對於市場風險溢酬必然會有頗為不一樣的看法。

表 6-1　市場股價指數報酬率 vs. 國庫券利率範例

年	股價指數報酬率	國庫券利率	市場風險溢酬
2000	−10.50%	5.50%	−16.00%
2001	−11.00%	3.60%	−14.60%
2002	−20.80%	2.00%	−22.80%
2003	31.60%	1.20%	30.40%
2004	13.00%	2.10%	10.90%
2005	9.10%	3.90%	5.20%
平均值	1.90%	3.05%	−1.15%

也許六年的期間仍是太短,不足以論斷真實世界裡投資人所得到的市場風險溢酬到底是正值還是負值?布利、麥爾、馬庫斯三位教授把超過一世紀的美國股價指數、國庫券及公債報酬率的表現作

一比較[3]，發現若在 1900 年投資 1 美元，到 2004 年時，國庫券的投資會使 1 美元變成 61 美元，公債的投資會變成 160 美元，而股票的投資則會變成 17,545 美元。可見透過非常長期的觀察，風險性資產（股票）報酬率的表現遠遠超過國庫券及公債報酬率；換言之，長期而言，投資風險性資產所得到的市場風險溢酬有正的平均值。事實上，布利、麥爾、馬庫斯還進一步算出美國從 1900 年到 2004 年的市場風險溢酬平均每年為 7.6%。

由以上分析可知，投資人透過長期的觀察而充分瞭解到風險性資產（股票）所創造的長期平均報酬率會大大優於無風險資產。然而，基於風險性資產的本質，到底應在哪一段期間進場才能有正的報酬率卻永遠難以預測。因此，風險性資產的歷史平均高報酬率，必然會讓投資人預期從這樣的投資得到正的市場風險溢酬，而正的溢酬其實也只是反映投資人所承擔的潛在高風險（報酬率不確定的風險）。由於 CAPM 所計算的是投資人的預期報酬率（必要報酬率）而非實現報酬率，因此該模型主張正的市場風險溢酬其實是非常合理的，並沒有與真實世界的現象相違背。

溢酬風險比

我們可將證券市場線 (SML) 的斜率正式作一定義，如下所示：

$$\frac{E(K_i) - K_{RF}}{\beta_i}$$

---

[3] 請參考布利 (Richard A. Brealey)、麥爾 (Stewart C. Myers)、馬庫斯 (Alan J. Marcus) 合著之 *Fundamentals of Corporate Finance*, 9th ed. 2017.

此一定義可以解釋為:「證券 j 的每一單位系統風險所提供的風險溢酬」。由於它代表風險溢酬與系統風險的比率,因此也稱作溢酬風險比 (Premium-to-Risk Ratio)。溢酬風險比的計算可以讓我們知道,某一檔證券的價格是否被市場高估或低估了。在一個均衡的市場裡,所有風險性資產的溢酬風險比都應該相等;也就是說,每一單位系統風險所提供的風險溢酬應該是相同的。當某資產的溢酬風險比低於其他資產,代表該檔資產的價格被高估;此乃因投資人承擔了風險但沒有得到足夠的溢酬。果真如此,投資人必然會將資金挪向其他資產,導致該檔資產的價格向下調整,風險溢酬上升,最後使得其溢酬風險比回復至合理水準。

舉例來說,市場中某四檔股票的相關資料如下表所示:

股票	A	B	C	D
預期報酬率	7.80%	10.34%	12.60%	9.30%
貝他係數	0.71	1.21	1.63	0.95

假設市場無風險利率水準為 5.5%,而市場投資組合的預期報酬率為 9.5%,那麼這四檔股票的預期報酬率是否與資本資產定價模型 (CAPM) 的預測符合呢?由於市場風險溢酬等於 4% (= 9.5% − 5.5%),表示在 SML 上所有資產的溢酬風險比都應該等於 0.04(亦即 SML 之斜率)。分別計算出這四檔股票的溢酬風險比,依序為 0.032、0.04、0.044、0.04,這樣的結果顯示出股票 A 的預期報酬率偏低,表示其價格被高估,而股票 C 的價格則有被低估的現象。

CHAPTER 6 投資組合理論與資產定價

實力秀一秀 6-2：溢酬風險比的運用

股票 A 及股票 B 的預期報酬率及系統風險資料如下表所示：

股票	預期報酬率	貝他係數
A	20%	1.5
B	12%	0.6

假設目前市場上無風險利率為 7%，請問哪一檔股票的價格相對於另一檔是被高估了？

第三節　風險性資產的效率前緣

本節重點提問

- 何謂「可供選擇投資組合群」？
- 何謂「效率投資組合」？何謂「效率前緣」？

可供選擇投資組合群

倘若市場上只有兩檔風險性資產，我們可以從中建構多少個投資組合呢？答案是無數個，因為同樣一筆資金可以在此兩檔資產上作不同的比例配置。舉例來說，若有 A、B 兩檔股票，其各自的預期報酬率及標準差如下表所示：

股票	預期報酬率	報酬標準差
A	10%	4.65%
B	5%	1.08%

進一步假設 A、B 兩檔股票報酬率的相關係數為 0.6，則我們可以計算出在各種不同的投資比重情況下 (w_A = 1, 0.8, 0.6, 0.4, 0.2, 0)，以此兩股票所建構的投資組合之預期報酬率及標準差。運用第五章所介紹的 (5-10) 式及 (5-13) 式，我們可以算出在各種投資比重下的結果，如表 6-2 所示：

表 6-2　不同投資比重下的組合報酬率及標準差 (ρ = 0.6)

組合	w_A	w_B	組合報酬率	報酬率標準差
A	1	0	10%	4.65%
C	0.8	0.2	9%	3.85%
D	0.6	0.4	8%	3.07%
E	0.4	0.6	7%	2.31%
F	0.2	0.8	6%	1.60%
B	0	1	5%	1.08%

可以看出，隨著股票 A 的投資比重逐漸降低，投資組合的報酬率及標準差也同步縮小。換言之，投資人可以依照其所願意接受的報酬率水準及風險程度，來決定投資組合中每檔個股的投資權重。值得注意的是，投資組合的風險（標準差）會隨著兩資產的相關係數而改變。假設在上例中，A、B 兩檔股票的報酬率相關係數不是 0.6，而是 −0.5，則計算結果將會有所改變，如表 6-3 所示：

表 6-3　不同投資比重下的組合報酬率及標準差 ($\rho = -0.5$)

組合	w_A	w_B	組合報酬率	報酬率標準差
A	1	0	10%	4.65%
C	0.8	0.2	9%	3.62%
D	0.6	0.4	8%	2.60%
E	0.4	0.6	7%	1.64%
F	0.2	0.8	6%	0.90%
B	0	1	5%	1.08%

比較表 6-2 及表 6-3，可以發現，當兩資產報酬率的相關係數降低時，除了持有單一資產的情況外（亦即 $w_A = 1$ 或 $w_B = 1$），投資組合的標準差都會下降。為了更容易瞭解上述分析的重要性，我們將表 6-2 及表 6-3 的結果用圖形來加以說明。圖 6-4 的縱軸代表投資組合的預期報酬率，而橫軸代表其風險（標準差）。可以看出，圖中連結 A、B 兩點有兩條曲線；黑色的線代表 A、B 兩股票報酬率的相關係數為 +0.6 的情況下，不同權重個股所形成的投資組合群。綠色的線則代表 A、B 兩股票報酬率的相關係數為 -0.5 的情況下，不同權重個股所形成的投資組合群。這些投資組合群稱作可供選擇投資組合群 (Feasible Set)，意指投資人可以從中任意挑選其一來進行投資。由圖 6-4 可看出，「可供選擇投資組合群」的形狀與 A、B 兩股票的相關係數有關；相關係數愈低，「可供選擇投資組合群」就愈凸向縱軸，表示投資組合的風險愈小[4]。

---

[4] 使用 Excel 估計可供選擇投資組合群，請參考延伸學習庫 → Excel 資料夾 → Chapter 6 → X6-B。

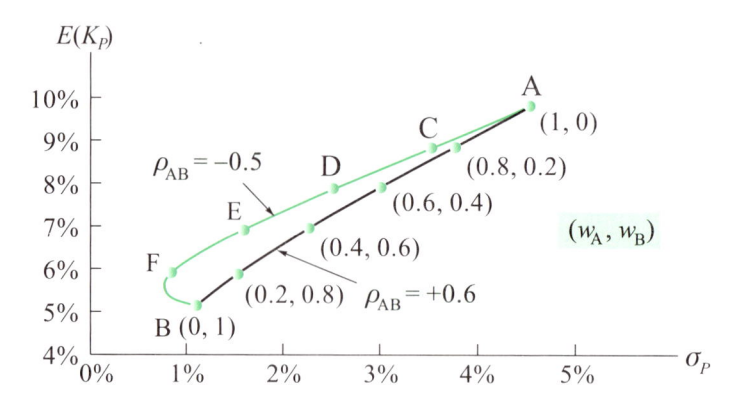

圖 6-4　可供選擇投資組合群與相關係數

C 效率投資組合

從前面的討論得知，根據兩檔（或更多）股票的預期報酬率及標準差，我們可以找出由無數個投資組合所形成的「可供選擇投資組合群」，並算出各個投資組合的預期報酬率及標準差。值得注意的是，在「可供選擇投資組合群」中，有些組合未必值得投資，因為它們並不符合效率投資組合 (Efficient Portfolio) 的條件。什麼樣的投資組合才稱得上是「效率投資組合」呢？

簡單來說，若要投資人承擔較多的風險，就必須支付更高的報酬。因此，若兩個投資組合提供相同的報酬率但確有不一樣的風險，則投資人必然會偏好風險較低的那一個組合。同樣道理，若兩個投資組合的風險相同但卻提供不一樣的報酬率，則投資人必然也會偏好報酬率較高的組合。基此，一個「效率投資組合」就是：「在相同風險的條件下，能提供最高預期報酬率的組合」，或是「在相同預期報酬率的條件下，其風險為最低的組合」。

回頭來看表 6-3，其中的組合 F 是以 20% 與 80% 的權重分別

投資在 A、B 兩股票上；明顯可見，該投資組合的報酬率 (6%) 不但高於單獨投資於 B 股票（組合 B）的報酬率，更重要的是，其風險也比組合 B 的還低！換言之，投資人只要把原本投注在 B 股票的全部資金，分出 20% 來投資於 A 股票上，就可建構出一個不但能提升報酬率還可降低風險的組合；與組合 F 相比，理性投資人自然不會將組合 B 視為效率投資組合。

　　我們也可以將圖 6-4 的左下角部分放大如圖 6-5 所示，並作進一步的分析。先來看圖中的組合 B 與組合 G，這兩個投資組合具有相同的風險水準，但是組合 G 的預期報酬率明顯較高。事實上，這些可供選擇投資組合的預期報酬率及風險，原本是隨著股票 B 的投資比重之上升而同步下降，但是當預期報酬率低於組合 H 的水準時，其風險不但停止繼續下降，反而開始上升（曲線開始向右彎曲）；換言之，所有預期報酬率低於投資組合 H 的可供選擇投資組合（亦即曲線由組合 H 至組合 B 的部分），均不是效率投資組合，因此投資人不願也不應持有。

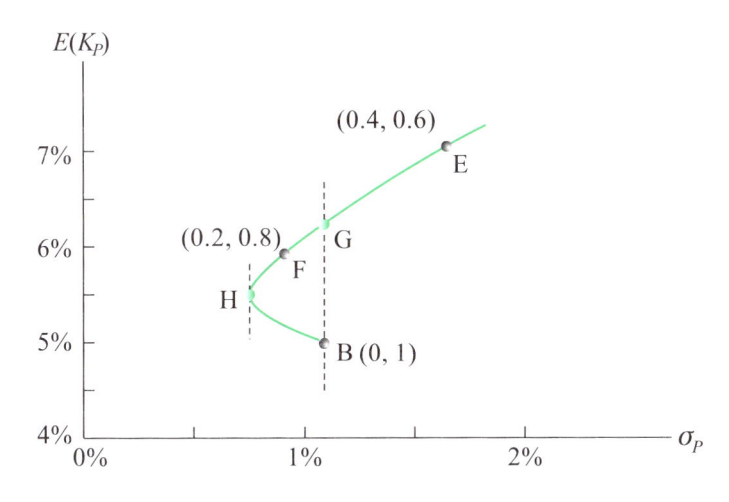

圖 6-5　效率與非效率投資組合

C 效率前緣

由以上的討論可知,效率前緣是「可供選擇投資組合群」的一部分,而「可供選擇投資組合群」的形狀又與所考慮個股報酬率的相關係數有關。因此,欲建立效率前緣,必須從計算可供選擇投資組合的預期報酬率及標準差做起。若投資組合包含 N 檔資產,則其報酬率標準差的計算公式如下:

$$\sigma_P = \sqrt{\sum_{i=1}^{N} w_i^2 \sigma_i^2 + \sum_{i=1}^{N}\sum_{\substack{j=1 \\ j \neq i}}^{N} w_i w_j \sigma_i \sigma_j \rho_{ij}} \qquad (6\text{-}7)$$

由於第五章已討論過包含兩檔股票之投資組合的標準差計算,此處以下面的例子來說明投資組合包含 3 檔資產時,如何運用 (6-7) 式來計算其標準差。

例 6-3

一個根據 A、B、C 三檔股票建構的投資組合,其投資權重等相關資料如下表所示:

股票	預期報酬率	報酬率標準差	投資權重	報酬率相關係數
A(1)	10%	4.6%	0.5	$\rho_{12} = 0.6$
B(2)	5%	1.3%	0.3	$\rho_{23} = 0.3$
C(3)	7%	2.5%	0.2	$\rho_{13} = 0.2$

(a) 試計算此投資組合的預期報酬率及標準差。

(b) 若投資權重更改為 ($w_A = 0.5$, $w_B = 0.4$, $w_C = 0.1$),請重新計算此投資組合的預期報酬率及標準差。

(a) 若投資權重為 ($w_A = 0.5$, $w_B = 0.3$, $w_C = 0.2$)

    1. 投資組合預期報酬率 ($\hat{K}_P$)：

$$\hat{K}_P = 0.5 \times 10\% + 0.3 \times 5\% + 0.2 \times 7\% = 7.9\%$$

    2. 投資組合標準差 (σ_P)：

$$\sum_{i=1}^{N} w_i^2 \sigma_i^2 = 0.5^2 \times 0.046^2 + 0.3^2 \times 0.013^2 + 0.2^2 \times 0.025^2 = 0.000569$$

$$\begin{aligned}\sum_{i=1}^{N}\sum_{\substack{j=1 \\ j \neq i}}^{N} w_i w_j \sigma_i \sigma_j \rho_{ij} &= 2 \times (w_1 w_2 \sigma_1 \sigma_2 \rho_{12} + w_2 w_3 \sigma_2 \sigma_3 \rho_{23} + w_1 w_3 \sigma_1 \sigma_3 \rho_{13}) \\ &= 2 \times (0.5 \times 0.3 \times 0.046 \times 0.013 \times 0.6 + 0.3 \times 0.2 \times 0.013 \\ &\quad \times 0.025 \times 0.3 + 0.5 \times 0.2 \times 0.046 \times 0.025 \times 0.2) \\ &= 0.000165 \end{aligned}$$

$$\sigma_P = \sqrt{\sum_{i=1}^{N} w_i^2 \sigma_i^2 + \sum_{i=1}^{N}\sum_{\substack{j=1 \\ j \neq i}}^{N} w_i w_j \sigma_i \sigma_j \rho_{ij}} = \sqrt{0.000569 + 0.000165}$$

$$= 0.02710 = 2.710\%$$

(b) 若投資權重更改為 ($w_A = 0.5$, $w_B = 0.4$, $w_C = 0.1$)

    1. 投資組合預期報酬率 ($\hat{K}_P$)：

$$\hat{K}_P = 0.5 \times 10\% + 0.4 \times 5\% + 0.1 \times 7\% = 7.7\%$$

    2. 投資組合標準差 (σ_P)：

$$\sigma_P = \sqrt{0.000562 + 0.000174} = 0.02714 = 2.714\%$$

貼心提示：由三檔股票組成之投資組合的報酬率與風險之計算，可參考延伸學習庫 → Excel 資料夾 → Chapter 6 → X6-C。

上例中的結果顯示，當投資權重更改為 $w_A = 0.5$, $w_B = 0.4$, $w_C = 0.1$ 時，所建構之投資組合的預期報酬率不但下降 (7.7% < 7.9%)，風險也上升 (2.714% > 2.710%)，可見該組合雖是一個可供選擇的投資組合，卻並非是效率投資組合。當投資組合中可納入的資產數目增多時，風險（標準差）的計算就變得相當繁複耗時[5]，故在實務上必須藉助於電腦程式的輔助來提升計算效率。

理性的投資人必然只會持有效率投資組合；市場中所有的效率投資組合共同形成了效率投資組合群 (Efficient Set)。由於「效率投資組合群」必定是位於「可供選擇投資組合群」的前端邊緣，故亦稱作效率前緣 (Efficient Frontier)，如圖 6-6 中的曲線所示。可以看出，位於曲線上的組合 (A, B, C, D, E, F, G, H) 皆符合效率投資組合的條件；例如，組合 A 的風險雖然最高，但在這樣的風險水準，

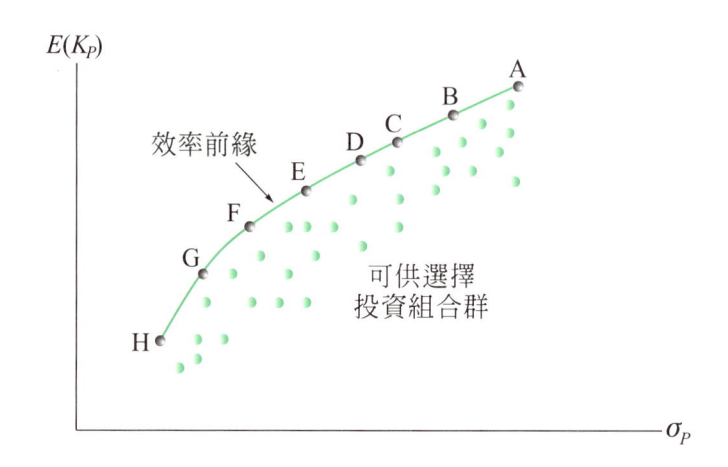

圖 6-6 效率前緣

---

[5] 至於投資組合預期報酬率的計算，則仍是內含資產預期報酬率的加權平均，其計算過程並不會因資產數目的增多而趨於複雜。

沒有任何其他的組合有高過 A 的報酬率。同樣地，組合 H 所提供的報酬率雖然最低，但在這樣的報酬率水準，也未見任何其他的組合有更低的風險。因此，由投資組合 A, B, C, D, E, F, G, H 所形成的效率投資組合群，就是市場中的「效率前緣」。

第四節　最適投資組合與資本市場線

本節重點提問

- 資本市場線 (CML) 是如何導出的？
- 為什麼在 CAPM 的架構之下，由風險性資產所導出的效率前緣與資本市場線的切點，必定就是「市場投資組合」？

上節討論了如何從風險性資產所組成的眾多投資組合中找出效率前緣；本節接著來討論如何決定「最適投資組合」，並分析無風險資產的存在對最適投資組合所造成的影響。

◯ 最適投資組合

先前提及，位於效率前緣上的每一個投資組合都符合「效率」的條件，因此投資人可以根據個人的風險偏好從中選出最能滿足自己的投資組合，稱之為**最適投資組合** (Optimal Portfolio)。再來看一次圖 6-6，一個願意冒險的投資人可能會選擇組合 A（高風險、高報酬），而極端保守的投資人則可能中意組合 H（低風險、低報

酬）。換言之，不同投資人依各自的風險偏好所選出的最適投資組合，不但所納入的風險性資產不同，資產的投資比重自然也不一樣。

市場中除了風險性資產外，也存在無風險資產（例如國庫券或政府公債）。無風險資產所提供的報酬率為無風險利率，其報酬率標準差等於 0，而無風險資產與風險性資產的報酬率之間也沒有任何相關性，也就是說，兩者之相關係數等於零。若以 j 代表風險性資產，RF 代表無風險資產，則 $\rho_{jRF} = 0$。倘若投資人可將無風險資產納入投資組合之中，亦即可用無風險利率進行投資及融資，那麼先前所討論的效率前緣或最適投資組合會受到什麼影響？茲舉一例說明如下。

假設市場中的無風險資產 (RF) 以及三個效率投資組合的預期報酬率及標準差如表 6-4 所示。

若投資人將無風險資產與組合 G 合併而建構一個新的投資組合（稱之為 Q），投資權重各占一半 ($w_{RF} = w_G = 0.5$)；該投資組合 Q 的預期報酬率 ($\hat{K}_Q$) 及標準差 (σ_Q) 可計算如下：

$$\hat{K}_Q = w_{RF} \times 2\% + w_G \times 4\% = 3\%$$

表 6-4　報酬率及標準差相關資料

資產	報酬率	標準差
RF	2%	0.0%
組合 H	3%	1.5%
組合 G	4%	2.0%
組合 F	5%	2.6%

$$\sigma_Q = \sqrt{w_{RF}^2 \times 0^2 + w_G^2 \times 0.02^2 + 2 \times w_{RF} \times w_G \times 0 \times 0.02 \times 0}$$
$$= \sqrt{w_G^2 \times 0.02^2} = 1\%$$

可以看到，投資組合 Q 的預期報酬率 (3%) 與投資組合 H 相等，但是其風險卻比投資組合 H 為低 (1% < 1.5%)。另外，若將無風險資產與組合 F 合併而建構一個新的投資組合（稱之為 V），並將投資比重 w_{RF} 設定為 2/3（亦即 $w_F = 1 - w_{RF} = 1/3$），則投資組合 V 的預期報酬率也是 3%，但其風險卻只有 0.87%，比組合 Q 的風險還低！

我們將以上的結果顯示於圖 6-7 中。可以看出，由無風險資產與組合 G（投資權重各半）所建構的組合 Q，與組合 H 有相同的預期報酬率，但是 Q 因風險較低而位於 H 的左方，故組合 Q 的存在導致組合 H 不再是效率投資組合。另外，由無風險資產與組合 F（投資權重分別為 2/3 及 1/3）所建構的組合 V，與組合 Q、H 有相同的預期報酬率，但是 V 因風險較低而位於 Q、H 的左方，故組合 V 的

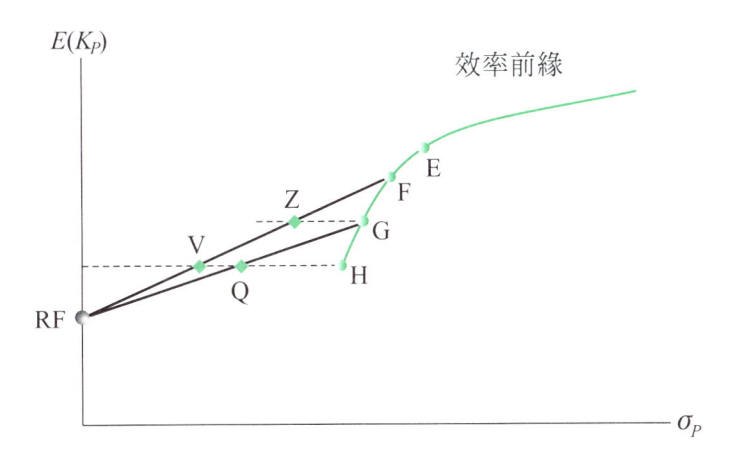

圖 6-7 無風險資產對效率前緣的影響

存在導致組合 Q、H 都不再是效率投資組合。由圖中也可看出，組合 Z 也是由無風險資產與組合 F 依某種比例而建構的投資組合，其預期報酬率與組合 G 相同，但風險則低於組合 G，故 Z 的存在也讓組合 G 成為非效率投資組合。

以上的分析透露出一個十分重要的訊息，那就是當市場上存在一檔無風險資產可供投資人運用時，原本具有效率性的投資組合將有可能變得不具效率。換個角度來看，由無風險資產與風險性資產共同形成的投資組合可以讓原本的效率前緣更向左上方推展[6]。

實力秀一秀 6-3：投資權重的決定

參照表 6-4 及圖 6-7，投資組合 Z 是由無風險資產 RF 與投資組合 F 共同組成；組合 Z 的預期報酬率與組合 G 相同，都是 4%。請問在投資組合 Z 中，無風險資產 RF 與投資組合 F 的權重各是多少？投資組合 Z 的風險（標準差）是多少？

◎ 資本市場線

以上的說明指出，在建構投資組合時，同時考慮無風險資產及風險性資產會使效率前緣產生變化，連帶影響投資人所選擇的最適投資組合。而這些變化所延伸出來的一個重要結果，就是市場上每一投資人所持有之風險性資產的比重皆相同！要瞭解為何會如此？我們利用圖 6-8 來加以說明。

---

[6] 圖中的**效率前緣**，從原本的 E-F-G-H 推展成 E-F-G-Q-RF，再進一步推展為 E-F-Z-V-RF。

在該圖中，B-M-H 曲線所代表的是純粹由風險性資產所形成的效率前緣，由先前的討論得知，位於效率前緣上的投資組合均可與無風險資產 (RF) 搭配而建構出新的投資組合。圖中從 RF 所延伸出來的 $\overline{ZV}$ 直線，正好與效率前緣相切於投資組合 M，表示在此直線上的各個投資組合都是由 RF 與組合 M 依不同比例創造出來的。值得強調的是，在 B-M-H 曲線上的其他投資組合，均無法與無風險資產共同建構出比 $\overline{ZV}$ 直線上更有效率的投資組合；換言之，$\overline{ZV}$ 直線所形成的是一個最具效率的效率前緣。拿投資組合 Z 與 H 來作比較，兩者的風險相當，但前者的預期報酬率較高；若以組合 V 與組合 B 來相比，也可得到同樣的結論。

圖 6-8 中的 $\overline{ZV}$ 直線代表無風險資產加入後的新效率前緣，其正式的名稱為資本市場線 (Capital Market Line, CML)。資本市場線形成之後，市場上所有的投資人都只會持有由無風險資產與組合 M 共同建構的投資組合，也就是說，投資人所選的最適投資組合，必

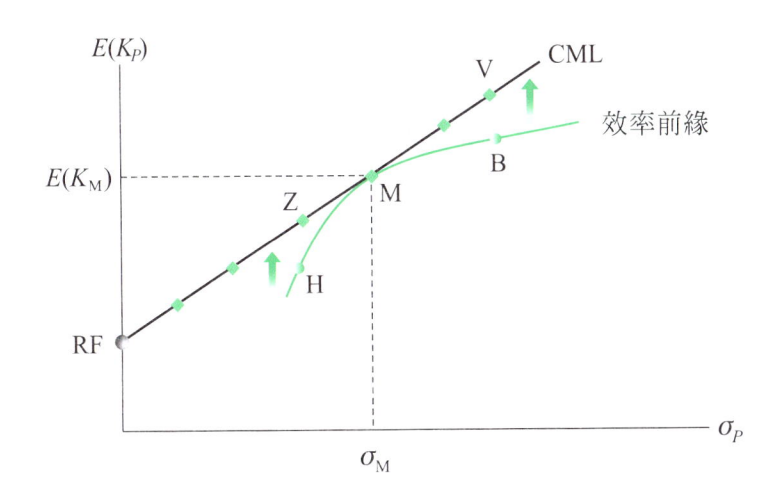

圖 6-8 無風險資產對最適投資組合及效率前緣的影響

定是落在資本市場線上。既然資本市場線上的每一個投資組合,都是無風險資產與組合 M 依不同的投資比重所組成,可知組合 M 是唯一會被投資人所持有的風險性投資組合。而組合 M 其實就是先前所指出的「市場投資組合」,因為它包含了市場上所有可交易的風險性資產[7]。

每位投資人依其風險偏好而將資金在無風險資產和市場投資組合之間作配置;譬如某甲是將其資金的 1/4 投注在無風險資產,3/4 投注在市場投資組合;某乙則是將其資金的 3/5 投注在無風險資產,2/5 投注在市場投資組合,等等。既然投資人都是持有市場投資組合的某一個比例,可見每位投資人所持有的風險性資產之相對比重,其實都是一樣的。

我們可以將資本市場線 (CML) 用數學方程式表示如下:

$$\text{CML: } \hat{K}_P = K_{RF} + \left(\frac{\hat{K}_M - K_{RF}}{\sigma_M} \right) \sigma_P \qquad (6\text{-}8)$$

(6-8) 式表示,在 CML 上的任一投資組合的預期報酬率 ($\hat{K}_P$) 都是由兩部分組成;其一為無風險利率,其二為市場風險溢酬 ($\hat{K}_M - K_{RF}$) 除以市場投資組合的風險 (σ_M),再乘上該投資組合本身的風險 (σ_P)。另外,在 CML 上面的所有投資組合,均是由無風險資產與市場投資組合依不同比重組成,因此這些投資組合的預期報酬率與標準差可表示如下:

$$\hat{K}_P = w_{RF} K_{RF} + w_M \hat{K}_M \qquad (6\text{-}9)$$

---

[7] 任何風險性資產若沒有被包含在「市場投資組合」中,就不會被任何投資人所持有,而該資產自然也就無法在市場中存在。

$$\sigma_P = \sqrt{w_M^2 \sigma_M^2} = w_M \sigma_M \qquad (6\text{-}10)$$

例 6-4

假設市場投資組合的預期報酬率為 5%，標準差為 8.3%，而市場無風險利率為 2.5%。若投資人甲先生和乙小姐對於預期報酬率的要求分別是在 4% 及 6.5% 的水準，請問兩人應如何設定無風險資產及市場投資組合的投資權重？兩人的投資組合風險各是多少？若投資權重小於 0 或大於 1 應如何解釋？

---

1. 若甲先生投資在無風險資產的權重為 w_{RF}，則其投資組合的預期報酬率為：

$$\hat{K}_P = 4\% = w_{RF} \times 2.5\% + (1 - w_{RF}) \times 5\%$$

求解後得到 $w_{RF} = 0.4$。

另外，甲先生的投資組合風險計算如下：

$$\sigma_P = 0.6 \times 0.083 = 4.98\%$$

2. 同樣也假設乙小姐投資在無風險資產的權重為 w_{RF}，則其投資組合的預期報酬率為：

$$\hat{K}_P = 6.5\% = w_{RF} \times 2.5\% + (1 - w_{RF}) \times 5\%$$

求解後得到 $w_{RF} = -0.6$。

$w_{RF} = -0.6$，表示乙小姐將資金投注在市場投資組合的權重 = 1.6，因此其投資組合風險計算如下：

$$\sigma_P = 1.6 \times 0.083 = 13.28\%$$

3. 投資權重小於 0，代表投資人是在借錢狀態（利率為該資產的報酬率）。而投資權重大於 1，則表示投資人除了將自有資金全數投資於該資產外，另外還借錢來增加對該資產的投資。

實力秀一秀 6-4：SML與CML的應用

王先生持有由 A、B、C 三檔股票所組成的投資組合，投資權重依序為 0.2、0.3、0.5，而三檔股票的貝他係數依序為 0.85、1.1、1.70。假設市場投資組合的預期報酬率為 9.85%，標準差為 13.5%，另外市場無風險利率目前為 3.5%，請問王先生的投資組合的預期報酬率會是多少？風險應不會低於什麼水準？

本章摘要

- 所有的資產都可歸屬至無風險資產或風險性資產兩大類別之中。
- 風險性資產的風險雖然大於零,但是有機會可以降低。事實上,風險性資產的風險包含兩個成員,一是「系統風險」,另一是「非系統風險」。
- 投資人在持有單一風險性資產時,須注意其總風險;一旦風險性資產被納入投資組合之中,總風險就不再重要,只有「系統風險」才是投資人應關切的重點。
- 所謂「系統風險」,是一種「市場風險」,也就是市場狀況(包括政治、經濟情勢)改變而對報酬率帶來全面衝擊的風險,又稱作「不可分散風險」。
- 「非系統風險」是指因資產本身特性或特殊事故而引起報酬率產生變化的風險,又稱作「廠商特定風險」或「可分散風險」。
- 一個「充分分散風險的投資組合」,是指投資組合中的非系統風險已完全被分散掉。
- 理論上,一個包納市場上所有可交易資產的投資組合即是「市場投資組合」,其表現代表市場整體的表現或是市場中一檔平均股票的表現。
- 市場投資組合的貝他係數(系統風險)等於 1。若某資產的貝他係數等於 0.5,代表該資產的系統風險是市場投資組合的一半;若某資產的貝他係數等於 2,代表該資產的系統風險為市場投資組合的兩倍。
- 投資組合的貝他係數是內含個別資產貝他係數的加權平均。
- 資本資產定價模型是一個不重視非系統風險的均衡資產定價模型,主張資產的預期報酬率純然決定於它的系統風險(貝他係數)。
- 資本資產定價模型認為系統風險是解釋預期報酬率的唯一因子,因此亦稱作單因子模型。

- 資本資產定價模型主張不同資產的風險溢酬大小完全由貝他係數決定;貝他係數愈高,資產的風險溢酬愈高。
- 「溢酬風險比」指的是任一檔證券的每一單位系統風險所提供的風險溢酬;在一個均衡的市場裡,所有風險性資產的「溢酬風險比」都應該是相同的;若某檔資產的「溢酬風險比」較其他的資產為低,代表此檔資產的價格被高估了。
- 「可供選擇投資組合群」是將市場上所有可交易的風險性資產任意組合而產生的投資組合群。
- 效率投資組合應符合的條件是:「在含有相同風險的所有投資組合之中,其預期報酬率是最高的」,或是「在提供相同預期報酬率的所有投資組合之中,其風險是最低」。
- 市場中所有的效率投資組合會共同形成所謂的「效率投資組合群」。由於「效率投資組合群」必定是位於「可供選擇投資組合群」的前端邊緣,故亦稱之為「效率前緣」。
- 資本市場線形成之後,市場上所有的投資人都只會持有由無風險資產與組合 M 共同建構的投資組合,也就是說,組合 M 是唯一會被投資人所持有的風險性投資組合。因此,組合 M 其實就是「市場投資組合」,因為它包含了市場上所有可交易的風險性資產。

CHAPTER 6 投資組合理論與資產定價

本章習題

一、選擇題

1. 投資人預期今年市場上一支表現平均的股票應有 16% 的報酬率，若股票 A 的預期報酬率及貝他係數分別為 14% 和 0.75，則依據 CAPM，市場無風險利率 (K_{RF}) 應該會是多少？
   (a) 9%
   (b) 8%
   (c) 7%
   (d) 6%

2. 股票的貝他係數所衡量的是：
   (a) 該股票的平均報酬率
   (b) 該股票的市場風險溢酬
   (c) 該股票報酬率隨市場投資組合報酬率變化的敏感度
   (d) 該股票的可分散風險程度

3. 下列是四檔股票的預期報酬率及系統風險資料，請問哪一檔股票的價格被高估了（假設市場上的無風險利率 = 6%）？

股票	預期報酬率	貝他係數
A	21%	1.5
B	15%	0.9
C	17%	1.2
D	12%	0.6

   (a) 股票 A
   (b) 股票 B
   (c) 股票 C
   (d) 股票 D

4. 根據歷史股價資料，你估計出股票 X 的貝他係數等於 0.75。當市場投資組合的報酬率出現 10% 的上漲幅度時，股票 X 的實現報酬率會是多少？

   (a) 上漲幅度等於 7.5%　　　(b) 上漲幅度小於 7.5%

   (c) 上漲幅度大於 7.5%　　　(d) 以上皆有可能

5. 比較下列各檔投資組合，請問哪一檔絕對不是效率投資組合？

組合 A	$\hat{K}_A=12\%$	$\sigma_A=10\%$
組合 B	$\hat{K}_B=14\%$	$\sigma_B=15\%$
組合 C	$\hat{K}_C=10\%$	$\sigma_C=13\%$
組合 D	$\hat{K}_D=8\%$	$\sigma_D=8\%$

   (a) 組合 A　　　(b) 組合 B

   (c) 組合 C　　　(d) 組合 D

6. 假設目前市場上的無風險利率是 1.5%，而市場風險溢酬為 6.5%，請問下列哪一檔股票沒有正確反映 CAPM 的評價？

   (a) 股票 A 的貝他係數等於 1.5，而預期報酬率等於 11.75%

   (b) 股票 B 的貝他係數等於 0.8，而預期報酬率等於 6.70%

   (c) 股票 C 的貝他係數等於 1.0，而預期報酬率等於 8.00%

   (d) 股票 D 的貝他係數等於 1.3，而預期報酬率等於 9.95%

7. 下列哪一項陳述是錯誤的？

   (a) 根據 CAPM，若某檔證券的貝他係數等於零，則其預期報酬率為零

   (b) 某個投資人將 $500,000 投資在無風險資產上，另 $500,000 投資在市場投資組合上，則其投資組合的貝他係數等於 0.5

   (c) 某個投資人僅持有一檔股票，則此投資人比較重視此檔股票報酬率的標準差而非貝他係數

(d) 某投資組合的貝他係數等於 0.8，因此該投資組合的不可分散風險是「市場投資組合」的 0.8 倍

8. 根據下列各檔股票的風險資料：

股票 A	$\sigma_A = 22.6\%$	$\beta_A = 1.38$
股票 B	$\sigma_B = 38.7\%$	$\beta_B = 1.10$
股票 C	$\sigma_C = 41.5\%$	$\beta_C = 1.59$
股票 D	$\sigma_D = 21.9\%$	$\beta_D = 1.21$

請問一個能夠充分分散風險的投資人會認為哪一檔股票最安全？

(a) 股票 A (b) 股票 B
(c) 股票 C (d) 股票 D

9. 延續上題，請問只想持有一檔股票的投資人會認為哪一檔最安全？

(a) 股票 A (b) 股票 B
(c) 股票 C (d) 股票 D

10. 延續第 8 題，若某投資人把資金平均分配在四檔股票，則如此建構的投資組合之貝他係數是多少？

(a) 1.10 (b) 1.23
(c) 1.32 (d) 1.45

11. 李小姐持有一個含有五檔股票的投資組合，相關資料如下：

股票	投資比重	貝他係數
1	0.2	0.7
2	0.15	1.4
3	0.25	1.6
4	0.3	1.1
5	0.1	0.8

此投資組合的貝他係數等於：

(a) 1.09　　　　　　　　　(b) 1.13

(c) 1.16　　　　　　　　　(d) 1.06

12. 延續上題，假設市場無風險利率為 2%，市場投資組合的預期報酬率為 8%，則根據資本資產訂價模型，李小姐投資組合的預期報酬率應該等於：

(a) 5.39%　　　　　　　　(b) 6.18%

(c) 8.55%　　　　　　　　(d) 8.96%

以下第 13～15 題，請根據甲圖回答。

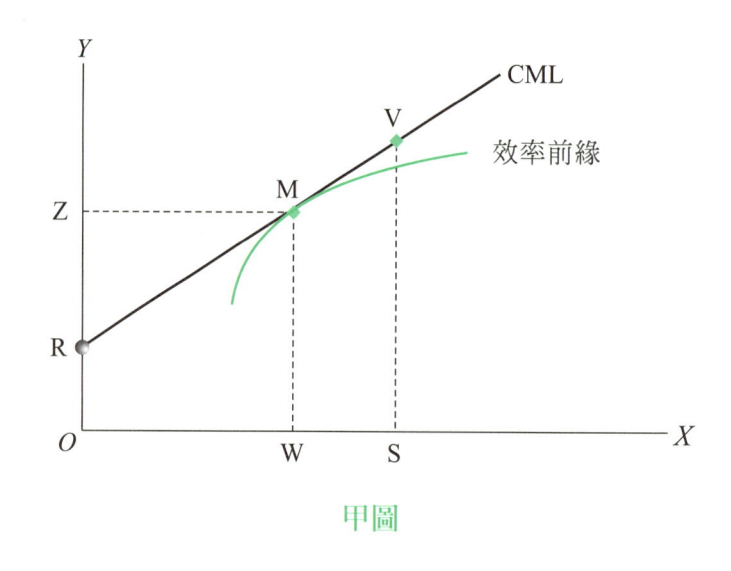

甲圖

13. 甲圖中的 $\overline{RMV}$ 代表資本市場線 (CML)，請問圖中的 X 軸及 Y 軸分別代表什麼？

(a) 投資組合的預期報酬率、投資組合的報酬率標準差

(b) 投資組合的預期報酬率、投資組合的貝他係數

(c) 投資組合的貝他係數、投資組合的預期報酬率

(d) 投資組合的報酬率標準差、投資組合的預期報酬率

14. 甲圖中的 $\overline{RMV}$ 代表資本市場線 (CML)，則 $\overline{RMV}$ 的斜率應等於：

    (a) OR/OZ　　　　　　　　(b) OR/OW

    (c) ZR/OW　　　　　　　　(d) ZR/OR

15. 甲圖中的 $\overline{RMV}$ 代表資本市場線，則圖中投資組合 V 的預期報酬率可以表示為：

    (a) OR + (ZR/OW) × OS　　(b) ZR + (ZR/OW) × OS

    (c) OZ + (ZR/OR) × OS　　(d) OR + (ZR/OR) × OS

二、問答與計算

1. 資本資產定價模型 (CAPM) 是建立在哪些重要的假設之上？請簡要說明。

2. 其他條件不變，若投資人畏懼風險的程度增加，則證券市場線 (SML) 會如何移動？另外，若其他條件不變而預期通貨膨脹率上升，則證券市場線 (SML) 會如何移動？

3. 假設無風險利率 (K_{RF}) 為 6%，而市場投資組合的預期報酬率 ($\hat{K}_M$) 為 16%。請根據下列資料，說明股票 A 和股票 B 哪一個有較高的總風險？哪一個有較高的系統風險？

經濟狀態	發生機率	股票 A 報酬率	股票 B 報酬率
非常景氣	0.2	28%	21%
正常	0.5	12%	15%
非常不景氣	0.3	5%	8%

4. 假設你觀察到市場上近悅和遠來兩家公司的股票預期報酬率及貝他係數如下：

股票	預期報酬率	貝他係數
近悅公司	25%	1.4
遠來公司	15%	0.6

假設兩家公司的股票價格都與 CAPM 的評價吻合，請計算市場無風險利率 (K_{RF}) 以及市場投資組合的預期報酬率 ($\hat{K}_M$)。

5. 蘇菲手中有 $5,000,000 想要投資，她的計畫是建構一只投資組合，納入下列所有的資產，並讓此投資組合的系統風險與「市場投資組合」的系統風險一樣。請根據蘇菲的計畫，將下列的空格填妥。

資產	投資金額	貝他係數
股票 A	$1,000,000	1.2
股票 B	$1,200,000	1.5
股票 C	?	1
股票 D（無風險資產）	?	?

6. 儒蒂打算把 $1,000,000 全部投注在一只投資組合上；此投資組合包含股票 A 及一檔無風險資產。儒蒂的目標是要讓此投資組合的系統風險僅為市場投資組合的一半。假設股票 A 及無風險資產的預期報酬率分別為 30% 及 6%，而股票 A 的貝他係數為 1.0，請問此投資組合的預期報酬率是多少？

7. 方思的投資組合包含兩檔股票和一檔無風險資產，他的資金是平均分配在此三檔資產上。假設其中一檔股票的貝他係數等於 1.6，而整個投資組合的貝他係數等於 1.2，請問另一檔股票的貝他係數是多少？

8. 下列是某國從 2000 年至 2003 年的股價指數及國庫券之報酬率歷史資料：

年	股價指數報酬率	國庫券報酬率
2000	−20%	4.00%
2001	−10%	3.30%
2002	5%	2.20%
2003	29%	2.80%

(a) 請算出每一年的市場風險溢酬 (Market Risk Premium)；

(b) 另請算出市場風險溢酬在此四年的平均值；

(c) 你所算出的市場風險溢酬與 CAPM 的主張有沒有相違背之處？

9. 假設某國股價指數的預期報酬率為 10%，標準差為 24%，而貝他係數等於 1；市場無風險利率為 4%。你可否在此市場建構一只充分分散風險的投資組合 (X)，使其預期報酬率等於 8%？這樣一只投資組合的標準差是多少？

10. 根據第 9 題，你可否在此市場建構一只充分分散風險的投資組合 (Y)，使其貝他係數等於 0.3？這樣一只投資組合的標準差是多少？

11. 根據第 9 題的資料畫出證券市場線 (SML)，並請在此線上標出第 9、10 題你所建構的兩個投資組合。

12. 依據第 11 題所畫出的證券市場線 (SML)，請問下列四檔股票中有哪些是位於證券市場線的上方？有哪些的價格被高估了？

股票	預期報酬率	貝他係數
A	15%	1.8
B	17%	2.2
C	7%	0.5
D	6%	0.4

13. 比較證券市場線 (SML) 與資本市場線 (CML)，請說明兩方程式中各自的風險衡量指標為何？兩方程式的斜率是什麼？另說明在何種情況下，兩線會相等？

債券基礎觀念與評價

"The road to serfdom (hell) is paved with good intentions."
「通往地獄的路往往是善意鋪成的。」

~~~ F. A. Hayek 海耶克 ~~~

企業為了能永續經營與維持成長,勢必要繼續投入資金,而其來源除了股東所提供的權益資金,通常還須輔以融資而來的負債資金。企業的負債可分為短期與長期兩大類,一般而言,短期資金指的是到期期限在一年以內的融資,包括銀行的短期借貸、原料或供應商所提供的信用融通(應付帳款),以及企業在票券市場所發行的商業票據等。長期資金則包括銀行提供的中長期貸款,以及企業發行的公司債券。

我國經濟結構是以中小企業為主體(比重超過九成),由於其規模較小,資金募集管道有限,故多仰賴政府提供融資輔導,例如「中小企業信用保證基金」等。這一類的間接金融,確實能夠協助具有發展潛力但擔保品不足的中小企業順利自金融機構取得其發展所需資金。

企業一旦成長茁壯且提升了獲利能力，就會思索直接金融的好處，而發行公司債自然構成重要的融資選項。自 1990 年以來，國內債券市場開始蓬勃發展，隨著政府公債的大量發行，較大規模的企業也逐漸開始發行公司債來募集經營所需的長期資金。到 2017 年年底為止，國內公司債的發行餘額已超過新台幣 1.8 兆元。本章第一節說明公司債券的募集與發行；第二節介紹債券的基本規格與多樣化設計；第三節則是針對各種債券的評價進行分析。

CHAPTER 7
債券基礎觀念與評價

第一節　債券的募集與發行

> **本節重點提問**
> - 公開發行與私募債券的差異為何？
> - 何謂「總括申報制」？
> - 證券承銷商「包銷」或「代銷」債券的差異何在？

　　債券是一個債務憑證，約定發行機構必須在債券合約的存續期間內，定期支付債息給債權人，並且在債券到期時償還本金。債券與股票都是企業自金融市場募集長期資金的重要工具，但兩者的性質卻截然不同；債券持有人對公司主張債權，而股票持有人則是對公司主張所有權。企業舉債所支付的利息可以抵減公司所得稅，但發放給股東的股利則不得抵稅。換個角度來看，公司若無獲利，就可以不必發放股利，但應支付的債息則無從規避，否則將使公司陷入違約倒閉的困境。

　　在我國，以公開方式發行公司債的企業必須是公開發行公司，並且要依據「發行人募集與發行有價證券處理準則」之規定辦理，在取得主管機關（金管會證期局）的核備後，才得發行。若是金融機構發行債券（稱作金融債券），則是向金管會銀行局提出申請。

◯ 公開發行公司債

　　企業透過發行債券來募集資金，依其發行對象可分為**公開發行**(Public Offering) 與**私募**(Private Placement) 兩種。公開發行的對

象是市場投資大眾，因此相對上會受到主管機關較嚴格的管理與限制。企業募集公司債必須先召開董事會，針對公司債之內容及公司債募集事項作出決議並通過，才可發行不同受償順序的債券。董事會還應將募集公司債之原因及有關事項在公司的股東會上報告，讓公司之股東知悉。

發行額度限制

依現行規範（證交法 28-4 條），公開發行公司針對有擔保公司債、轉換公司債或附認股權公司債之募集，發行總額不得超過全部資產減去全部負債餘額的 200%，而無擔保公司債之發行總額，則不得超過前項餘額的二分之一。茲將各類公司債發行總額限制整理如表 7-1 所示[1]。

表 7-1　我國公開發行公司各類公司債之發行總額限制規定

種類	發行總額
有擔保公司債、轉換公司債、附認股權公司債	（全部資產 － 全部負債）× 2
無擔保公司債	（全部資產 － 全部資產）× 0.5

發行資格限制

一般而言，只要是公開發行公司，均可申請發行公司債，但若發生過債務違約或營運獲利不佳的情況，則發行資格將受到限制。依據我國公司法第 250 條，企業對於前已發行之公司債或其他債務

---

[1] 「公司法」及「證交法」相關條文，可參考本書延伸學習庫 → Word 資料夾 → Chapter 7 → No.1。

有違約或遲延支付本息的事實，且尚在繼續中，即不得發行公司債。若公司最近三年或開業不及三年之開業年度課稅後之平均淨利，未達預定發行公司債應負擔年息總額之100%時，亦不得發行公司債，但經銀行保證發行之公司債則不在此限。公司若曾發生違約，且該事實已經排除但未滿三年，或過去三年平均淨利未達應負擔年息的150%時，不得發行無擔保公司債。

發行申請方式

我國主管機關在審核債券之募集與發行時，係採申報生效方式。**申報生效**是指發行人依規定檢齊相關書件提出申報，只要書件齊備，未經退回者，該案件在申報書件送達日起屆滿一定營業日即自動生效，例如普通公司債的募集發行目前是於申報屆滿 3 個營業日後即生效，但若發行人為金融控股、票券金融、信用卡及保險等事業，申報生效期間為 12 個營業日。

另外，企業在募集發行公司債時，還可以選擇**總括申報制**(Shelf Registration)。在此制度下，發行公司先申請債券發行的總額度，然後再依自身之資金需求規畫，在未來一段時間內分次發行公司債。目前申請「總括申報制」的企業須符合一定條件（例如過去三年內辦理發行有價證券，未有主管機關退回、撤銷或廢止之情事）[2]，且應在申報生效後二年內完成募集。採用總括申報制除了可以簡化企業每次發行債券的手續與成本，在債券的發行時點上也有較大的選擇空間。

---

[2] 「發行人募集與發行有價證券處理準則」相關條文，可參考本書延伸學習庫 → Word 資料夾 → Chapter 7 → No.2。

◉ 公司債的銷售

公開發行之債券可先經由證券商承銷認購,然後在次級市場中銷售給其他投資人,承銷方式則有包銷 (Underwriting) 與代銷 (Best Efforts) 兩種。簡單來說,包銷是指承銷商承諾以預先約定之承銷價格向發行公司買下全部的債券,然後進行銷售。對於發行公司而言,包銷代表資金確定可以募集成功,因此承銷商在作決定承銷之前,必會先行掌握市場脈動,瞭解投資人的需求並訂出合理之承銷價格,以求資金能順利募集到位。

至於代銷,是指承銷商利用其銷售管道來替發行公司銷售債券,在承銷期間屆滿後,若未能全部銷售完畢,可將剩餘的數額退還給發行人;此即是說,募集資金成敗的風險,主要由發行公司自行承擔[3]。

◉ 私募公司債

依據我國證交法第 43-6 條,公開發行股票公司若採私募方式發行債券,不需事先申報或印製公開說明書,但仍須在發行後 15 日內報請主管機關備查。私募公司債的募集對象必須為特定人,包括以下三類:

1. 銀行業、票券業、信託業、保險業、證券業或其他經主管機關核准之法人或機構。

---

[3] 許多大型企業會選擇以競價標售的方式來銷售債券,而非直接委託承銷商包銷。

2. 符合主管機關所定條件之自然人、法人或基金。
3. 發行公司或其關係企業之董事、監察人及經理人。

　　同時，私募人數（自然人）不得超過 35 人，但金融機構（法人）若為募集對象則不在此限。

　　私募債券也可以透過承銷商的協助來洽特定人購買，不過承銷商在私募案中擔任的角色是銷售顧問，而非如公開發行時乃是屬承銷機構的性質。相較於公開發行，私募公司債的發行額度限制較鬆，上限是該公司全部資產減去全部負債餘額的 4 倍，並可於董事會決議之日起，在一年內分次發行。

　　企業以私募方式發行公司債的限制雖然比較少，但所發行之債券在次級市場的流通性也較差。明確地說，私募公司債從交付日起滿一年以後，才可以轉讓給符合資格的特定人，但若持有人為發行公司或其關係企業的董事、監察人或經理人，則在發行滿三年後才得轉讓。私人間的直接讓受，前後時間相隔不能少於三個月，而且在賣出私募債券時，不可利用廣告或有公開勸誘的行為。最後，私募債券若要申請上市或上櫃交易，必須在私募屆滿三年後向主管機關辦理公開發行手續，才能向交易所提出上市、上櫃申請。

　　如上所述，以私募方式發行公司債在申報及發行額度上享有較大的彈性，但在募集對象、人數以及債券流通性方面則會受到限制。到 2017 年年底止，國內市場的公司債絕大多數是採公開發行，私募公司債的比例不及 2%。

第二節　債券的基本規格與多樣化設計

本節重點提問

- 債券契約的基本規格包括哪些？
- 債券有哪些重要的分類？

企業一旦決定以發行債券來募集所需的資金，接下來的考量重點就是發行條件的規畫。一般人對於債券的認知，或許還局限在它是一種「定期付息，到期還本」的固定收益證券，殊不知隨著市場情勢的更迭以及投資者與融資者各自需求的改變，企業所發行的公司債型態，早已脫胎換骨而具備著令人目不暇給的多樣化設計。以下先說明債券的基本規格，然後再分別從債息支付、到期期限、本金償還時點、本金償還金額、發行幣別與地點及隨附選擇權等角度，探討在各自設計上的變化對企業融資規畫、資金成本、資本結構等方面所產生之影響。

◎ 債券的基本規格

公司債券通常訂有明確的**到期期限** (Term to Maturity)。一般而言，到期期限不超過四年的債券稱之為**短期債券** (Short-Term Notes)，五年到十二年間稱之為**中期債券** (Medium-Term Notes)，而**長期債券** (Long-Term Bonds) 則是指期限長於十二年的債券。也有少數債券如同股票一樣，是隨著發行公司而繼續存在，沒有明訂到期期限，此乃為**永續債券** (Perpetual Bond)。

債券通常會定期支付利息；利息金額由契約所載的**票面利率** (Coupon Rate) 決定，票面利率乘以債券面額（本金）就是該債券每年所支付的債息金額。至於債息的支付頻率則依市場慣例而有不同；在美國通常為半年付息一次，在歐洲則以每年付息一次較為常見。早期國內市場遵循美國市場的習慣，亦即採半年付息頻率，近年來則多已改為每年付息一次的形式。此外，為了滿足特定投資人的偏好或需求，債券也可以採取更高的頻率來支付債息，例如每季、甚至於每月付息。惟付息頻率若過於頻繁，則將增加發行公司的作業成本，宜審慎考慮。

債券契約對**本金償還** (Principal Repayment) 的方式，包括還本金額與時點，皆須明確訂定。多數債券會在到期時歸還投資人等同於面額的本金金額，也就是所謂的「到期還本」，而債券在清償後該債務項目就會自企業財務報表上的負債科目移除。

債券發行公司若完全是以本身的信譽來提供投資保障給債券投資人，則此等債券稱之為**無擔保債券**。企業也可使用一些方法來強化其信用，例如提供抵押擔保品（如有價證券或不動產）或是由銀行為發行公司作**保證** (Guarantee)。企業透過信用強化來發行有擔保債券，自然有助於降低其發債成本，但是必須支付額外的保證費或承受擔保品在抵押期間運用上的限制。

債券可以**實體** (Physical Form) 或**無實體** (Book-Entry Form) 兩種形式在市場中流通。實體債券有書面憑證作為債權的表徵，原則上多採無記名式。無記名式債券的持有人就是其所有權人，若發生遺失不得掛失止付，因此債權人須特別注意遺失的風險。債權人可向發行公司請求改為記名式債券，如此作法當然就喪失原有無記名

式債券所提供之隱密投資人身分的功能。

　　無實體債券又稱之為**登錄債券**，投資人沒有實體的債券憑證可領，因為債券所有權的相關資料均存在電腦資料庫中，因此是屬於記名式的債券。相較於實體債券，無實體債券有許多優點，例如不會有被偽造、毀損或遺失等情事。我國首宗無實體公司債是在 2003 年 10 月由聯華實業公司發行，而自 2006 年 7 月起，國內公司債券與金融債券的發行已全面採用無實體方式。

C 債息支付

　　傳統的**固定利率債券** (Fixed-Rate Bond) 會定期支付利息，其金額依契約所載的票面利率決定。依市場慣例，債券多是以面額發行，因此票面利率水準相當於投資人在發行當時所要求的報酬率，同時也反映出發債公司的信用風險水準。

　　發行固定利率債券讓融資者可以掌控資金成本，也讓投資人能明確估算出其預期投資報酬率。然而，當市場利率波動增大時，固定之票面利率卻有可能另外扮演財富重分配的角色；此即是說，當市場利率非預期地上升時，領取固定利率的債券投資人將懊惱自己的報酬率已低於市場水準，而正在支付固定票息的債券發行人則享受到比市場水準為低的融資成本；相反地，市場利率非預期地下跌則會造成前述之優劣情勢互換。

　　若是採用浮動利率的設計，也就是讓票面利率與預定的指標利率連動，則發行公司的資金成本可隨市場利率水準而調整。有些企業的營收獲利與市場利率水準同方向變化，例如融資公司；當

市場利率下跌時，其收益會跟著減少；倘若發行的是浮動利率債券 (Floating-Rate Bond)，則其利息支出也同步降低，致使企業獲利得以保持穩定，有自然避險的效果。

發債公司有時也可因應投資人的需求來選取浮動利率債券的連動指標。舉例來說，某些退休基金與保險公司必須讓其所投資的債券收益能與物價指數連動，譬如美國聯邦住宅貸款銀行 (FHLB) 就曾針對此類市場需求而發行過以美國消費者物價指數 (CPI) 為指標的五年期債券，票面利率為 3% + CPI 成長率。

對於許多新創或現金較為拮据的企業，在投資收益尚未實現之前，定期支付債息的壓力往往會對營運造成阻礙。零息債券 (Zero-Coupon Bond) 的設計可讓企業在債券到期前無需支付任何債息。須注意的是，投資人在零息債券到期之前並無（現金）利息收入，僅能在到期時取回面額，因此零息債券只能以低於面額（折價）的方式發行。換言之，零息債券發行公司財報上的負債金額會高於其實際募得之金額。

企業也可考慮發行遞延債息債券 (Deferred Coupon Bond)；遞延債息的設計是讓發行公司在名目上發行付息債券，但實際上卻是將各期債息與本金一併於債券到期時才支付。如此一來，企業得以免除在到期之前為債息而籌措資金的煩擾，與零息債券有著異曲同工之處。

遞增債息的設計則提供發行公司另一種選項。遞增債息債券 (Stepped-Up Coupon Bond) 的票面利率在前幾年（期）較低，但會逐年（期）增加，使得整個期間的平均投資報酬率達到市場所要求的水準。這種設計的優點除了減輕企業在融資初期的債息支出負

擔,也可避免以折價方式發行債券。

○ 到期期限

基於**到期期限配合原則** (Maturity Matching Principle),企業在發行債券時,對於到期期限的設定多會配合其資金需求的狀況;此即是說,若企業需要長期資金,則即便當時市場利率偏高,也不應輕易以短期資金暫代,以免發生資金不繼的窘境。然而,企業融資的形態無需固守成規,透過債券發行條件的設計,可以有效地增加企業財務結構的調整彈性,或是降低再融資成本。更何況,企業發債的期限長短並非全然可由發行公司單方面決定,有時還需考量發行當時的市場狀況以及投資人對債券期限長短的偏好。

在市場利率走勢不確定、投資人對於長期債券購買意願不強時,企業亦可藉由發行短期債券並配合期限延長條款,來提高資金的穩定性。**可延長期限債券** (Extendable Bond) 是讓投資人在債券到期時,可選擇以預先約定之票面利率繼續持有該債券一段時間,讓該債券的到期期限自動延長。此種債券賦予投資人決定投資期限長短的權利,而債券期限的延長形同自動發行新債卻不必支付發行新債的固定作業成本,對於有長期融資需求的企業而言,不失為一有利的發行設計。

票券或**商業本票** (Commercial Paper) 是企業最常用的短期(期限在一年內)融資工具,其發行程序簡便,成本費用也相對低廉;不過,短期資金的缺點就是很快又須再行融資。有中、長期資金需求的企業,可以考慮透過票券公司以約定之固定利率包銷短期票券,並在預定期間內(一年以上,且不得超過五年)自動循環

發行，此稱之為**固定利率循環票券**(Fixed Rate Commercial Paper, FRCP)。此種金融工具是企業取得中長期資金的另一管道，好處包括：(1)因屬中長期負債，故可提高流動比率，改善公司的財務結構；(2)因是固定利率，故可鎖住1至5年的資金成本，有利於資金規畫；(3)比其他中長期融資工具的成本低。

與固定利率循環票券近似的另一種中長期融資工具，稱之為**循環信用融資**(Note Issuance Facilities, NIFs)。NIFs係由發行公司與保證銀行團簽訂中、長期合約，在約定的發行額度與到期期限（5至7年）內，企業可以循環發行（到期期限在一年內的）商業本票，每次的發行利率則由參與金融機構以競標方式決定。

提早贖回債券(Callable Bond)的設計，是在發行條件中加入**提早贖回條款**(Call Provision)，讓發行公司在債券到期前，得以依合約所載之贖回條件將債券提早清償，增加調整債券到期期限的彈性。譬如當市場利率走跌時，公司就可用較低的利率發行新債，並以募集到的資金提早償還（成本較高的）舊債。即使市場利率水準並未明顯下跌，但公司因有非預期的營收，也可藉由贖回條款來提前償債，達到調整公司財務結構（負債比率）之目的。

另一種與債券到期期限相關的設計是**債務移除**(Bond Defeasance)。此種安排乃是發行公司欲提早清償流通在外之債券所採行的一種補救方法。當債券發行人有多餘的資金欲將債務提早償還，卻苦於債券合約中並未納入提早贖回條款時，發行公司可將一筆足以償還該債券未來現金流量的資金，交付給信託機構，由該信託擔負起清償債務的責任。原先債權人與債券發行者的權利義務關係，透過「債務移除」的設計而轉為債權人與該信託機構之間的關

財務問題探究：企業為何發行可提早贖回債券？

企業發行可提早贖回債券的原因為何？「以新償舊」是最常聽到的答案，當然也是正確答案，就是說在市場利率下跌時，企業可以改用較低的融資成本發行新債以取代舊債。然而除了這種「以新償舊、降低成本」的誘因之外，企業發行可提早贖回債券還有其他的考量。舉例來說，若企業是為了擴建廠房而發債，但倘若廠房在數年後因火災而付之一炬，造成無法繼續生產產品來賺取利潤，則後續的債息支出要如何持續？若發行的是可提早贖回債券，就可用火險理賠金額償還債務，停止債息的負擔。

可提早贖回債券雖可提供企業融資彈性，但這樣的彈性顯然對投資人不利，因而企業必須在合約中訂明特定條款給予投資人補償；其中一種補償設計稱之為**全數歸還提早贖回** (Make-Whole Call)。所謂「**全數歸還提早贖回**」，是指企業在發債條件中規定，提早贖回時必須將尚未到期之各期現金流量進行折現，算出企業應償還投資人的金額；而折現率是採用在贖回當時具有相同剩餘到期期限的公債利率並加碼（例如公債利率 + 0.25%）。由於公債利率原本就較低，而加碼幅度亦是低於反映企業自身信用利差的幅度，因此提早贖回的償還金額對投資人而言相當有利。在此設計之下，市場利率下跌愈多，企業贖回債券所須付出的價格就愈高。「全數歸還提早贖回」的設計，讓發行公司擁有提早贖回債券的彈性，也吸引投資人願意購買，而企業亦無須如傳統的設計一般另外支付一筆提早贖回溢酬 (Call Premium)。

可提早贖回債券近年來在市場上的發行量有逐漸下滑趨勢，原因包括全球化趨勢所引進的國際投資人，對於可提早贖回條款導入的再投資風險比較敏感，相對上較不願購買此類債券。另外，由於利率衍生商品的發展，使得可提早贖回條款不再是唯一選擇。例如企業發行普通債券時，可同時向銀行購買**交換賣權** (Put Swaption)，亦即取得「收固定利率、付浮動利率」的權利。如此一來，當利率下跌時，企業無須「以新償舊」，只要執行該選擇權就同樣可以得到降低資金成本的結果。

係；債券發行人則可將該筆債務自其財務結構中去除，達到提早償債之目的。

◐ 本金償還時點

債券本金（面額）償還的時點，大致可分為「**到期償還**」與「**分次償還**」兩種。「到期償還」也稱「一次償還」，是指發行公司在債券到期之前僅支付債息，本金部分則是等到債券到期時一次全部清償；由於償債負擔會在債券到期時遽增，此時也最容易曝露發行公司的財務危機。為了降低此種潛在的違約風險，有些公司會採取「分次償還」的設計，讓債券在到期之前便開始定期償還部分本金，以減輕在到期時須籌措大筆資金的壓力。從投資人的角度來看，分次償還本金相當於提前回收所投資的金額，有助於降低投資風險，實質上縮短了投資期限。

另一種在國外公司債中常見的設計，是於債券合約中加入**償債基金** (Sinking Fund) 條款，要求發行公司在債券到期之前，定期將一定比例之債券本金提存至信託機構以作為將來償債之用；例如一個五年期公司債，每年提存 20% 面額的償債基金。償債基金一旦提存，企業即無權動用該資金來從事非償債之其他用途。因此在債券合約中納入償債基金條款，通常被視為一種有助於降低發行公司信用風險的設計，可提升投資人對該債券的接受度。

◐ 本金償還金額

前面提及，償還債券本金時會讓企業面臨籌措資金的壓力，因

此本金的償還最好能配合融資者的償債能力。換言之，在企業經營績效好的時候，本金償還金額可以提高，而當企業營運表現差的時候，本金償還金額最好也能相對減少，以減輕財務負擔而降低違約風險。一種方法就是讓本金的償還採取機動式設計，類似浮動票面利率一樣，亦即讓本金償還的金額隨特定指標連動。

舉例來說，一家生產石油的公司為因應擴廠需求而發行債券，由於其生產成本多為固定，而營收則主要決定於市場原油價格，因此若原油價格下滑，該公司的償債能力便會受到嚴重的影響。如此的公司在發行債券時，可以考慮將其債券的本金償還金額與原油價格相連。此種**指數連動本金** (Index-Linked Principal) 的設計，可以使發債公司在主要產品價格下跌而造成營收下降、償債能力減弱之時，其面對之債券清償負擔也同時減輕。

連動本金設計所釘住的指標並不限於產品的價格，也可以是匯率或其他指標。譬如一個以出口為主的國際企業，由於其生產過程是在本國進行，舉凡原料、勞工、生產設備等皆是以本國幣別融資來取得所需的資金；然而該公司的營收係來自國外，因此必須將外幣收入轉換成本國貨幣以償還債務。在此融資償還的過程中，即使該公司的產品銷售情況不變，其償債能力也將受到匯率變動的影響。換句話說，當本國幣值上升時，同樣金額的外幣收入就只能轉換為較少的本國貨幣，其償債能力於是相對減弱。面對此種情況，該企業可以將債券本金償還的金額與匯率水準相結合；本國貨幣升值時，本金償還額度相對降低；反之，本國貨幣貶值時，本金償還額度則相對提高。

市場上所謂的**巨災債券** (Catastrophe Bond) 也是一種連動本金

的概念。此一設計讓投資人到期可領回之本金金額與「重大災難或事件」的發生與否產生連帶關係。當合格的重大災害發生時，投資人僅能領回部分本金甚或完全無法獲得償還，而發行機構（通常為保險公司）則得以減輕或消除其債務負擔。換言之，保險公司可以藉由發行巨災債券來將承保風險轉稼給廣大的債券投資人。因此，巨災債券除了為保險業者開闢了再保險的替代管道，也提供投資人另類的選擇。

C 發行幣別與地點

一般企業多半會在自己國家，以本國幣別發行債券來募集資金，此種債券稱之為**本國債券** (Domestic Bond)。然而，債券的發行幣別不必非是本國貨幣不可。**雙幣別債券** (Dual Currency Bond) 容許融資者在發行時以一種幣別取得所需資金，但在還本時用的是另一種幣別。許多以外銷為導向的企業，其營收多為外幣，但營運所需資金則可能是以本國貨幣為主。此類企業可以發行雙幣別債券，以本國幣別取得所需資金，而以外幣來償還債務，達到自然避險的效果。

美國的西屋電器公司 (Westinghouse Electric Co.) 曾發行過所謂的**本金匯率連結債券** (Principal Exchange Rate Linked Security, PERLs)，該債券在發行時以美元計價，而投資人在債券到期時則是得到與面額等值的紐西蘭幣。西屋公司發行此種雙幣別債券的原因，倒不是為因應本身對於資金幣別的需求，而是當時市場中投資人對於長期遠匯合約有特別偏好，而雙幣別債券正好就是傳統債券

與遠期匯率合約的混合產物。藉著此種債券的發行，西屋公司得以顯著降低其融資成本。

企業為求有效降低融資成本以取得所需資金，最是希望能在資金充沛的市場上發行債券。在金融國際化與自由化的趨勢之下，企業的融資管道早已跨出本國的債券市場，原先發行幣別的考量也因國際換匯交易的活絡，而不再是一個重要的限制因素。

當企業有外幣資金的需求時，若是先發行本國債券，再將資金轉換成所需之外幣，不但過程迂迴、增加成本，還須承受轉換時的匯率風險。一個比較直接的方式，就是以所需之幣別來發行債券。至於發行的地點，則須考量當地的資金情況、投資人的偏好，以及主管機關的要求與限制等。舉例來說，國內的紐新公司曾在日本發行以日圓計價之可轉換公司債；該公司銷售收入主要來自日本，而日本市場的利率水準正處於低檔，因此選擇在日本市場發行債券。此發行地點之選擇，不但降低了融資成本，同時也規避了未來償債的匯率風險，可謂一舉兩得。

近年來國內多家企業也都開始邁向國際融資市場，最具代表性的就是以美元及瑞士法郎為幣別之海外債券。由於歐債市場有著充沛的資金，發行限制也比較寬鬆，當地投資人對亞洲地區的債券又有特別需求，因此企業在該市場發債，融資成本與時間都可減省。即便是海外發債的承銷費用及其他成本不降反增，許多融資者為了能達到拓展融資管道、建立國際形象與聲望之目的，仍然會選擇在發行地點上多所變化。

C 隨附選擇權

公司債在設計上常會附加一些選擇權條款,譬如提早贖回或提早賣回條款。企業可透過隨附之選擇權來提升其所發行債券的吸引力,最典型的例子就是附認購權債券。**附認購權債券**讓投資人在購買普通債券的同時,取得以特定條件購買其他資產標的之權利,這些標的資產可以是各類商品如黃金、白銀等貴重金屬,也可以是金融產品如股票、債券,或是一些市場指標如股價指數、匯率、利率等;目前國內市場僅發行過准予認購股票的**附認股權公司債**。

早期我國企業發行附認股權公司債時,債券與認股權是不得分離的,亦即投資人一旦執行認股權,就必須繳回原債券。不過,金管會已在 2009 年修法,准許企業在國內資本市場發行公司債券與認股權分離之附認股權債券,稱之為**分離型附認股權公司債**,因此投資人如今已可在國內市場將債券與認股權憑證拆開來分別交易。

金融法律常識 哪些企業得在國內市場發行分離型附認股權公司債?

根據「發行人募集與發行有價證券處理準則」(簡稱募發準則)第 38 條(2009 年 5 月 27 日修正)「上市、上櫃公司及興櫃股票公司得發行公司債券與認股權分離之附認股權公司債;未上市或未在證券商營業處所買賣之公司不得發行公司債券與認股權分離之附認股權公司債。」由此可知,只有上市、上櫃及興櫃公司才得發行分離型附認股權公司債。

可轉換公司債

與附認股權債券十分近似的是**可轉換公司債**（以下簡稱**可轉債**），其投資人可依照條款規定，在適當時機將債券轉換為發行公司的普通股股票，亦即投資人可由債權人的身分轉換為公司股東。由於可轉債兼具債券與股票的特性，在發行條件的設計上又極富彈性，因而成為許多企業的融資利器；同時因它提供保本與參與股市榮景的機會，故亦備受投資人的青睞。

可轉債在轉換後所能取得之標的股票數量，決定於發行條款中所訂之**轉換價格** (Conversion Price)。將可轉債的面額除以轉換價格，便可算出應換得之股數，稱之為**轉換比率** (Conversion Ratio)。投資人在進行轉換時所取得的價值，等於轉換比率乘以轉換當時每股股票的市價，這就是可轉債的**轉換價值** (Conversion Value)；換言之，轉換價值是投資人在執行轉換時所能獲得的股票總市值。當可轉債的轉換價值超過其市場價格時，投資人便可以考慮進行轉換，不過投資人也可以等待股價繼續上升以換取更高的轉換價值。

企業使用可轉債融資有以下幾點好處：(1)降低企業融資成本。由於可轉債附有股票轉換權，其票面利率一般會比普通公司債的票面利率為低。(2)提高新股發行價格。若發行公司的融資目的是在於擴大股本，但股市可能正處於疲軟階段或公司股價正處於低檔，以致於發行新股的時機不佳；此時以發行可轉債取代，不但可以即時取得資金，若未來轉換成功，則等於是讓發行公司以較高的股價取得權益資金。(3)降低代理成本。本書第一章所提及的代理問題，常存在於公司與債權人之間，使得債權人因為顧慮發行公司會將資

金運用至高風險的投資而要求提高報酬率，致使公司融資成本增加。可轉債賦予債權人的股票買權，可有效地將債權人與公司的利益相結合，進而降低公司的代理成本。

發行可轉債固然有一些明顯的好處，但企業也要考慮以下的情況。首先，發行可轉債雖然可以取得較低成本的資金，但若標的股價迅速攀升，則發行公司的實際資金成本有可能比發行普通債券還高。另外，若發行公司是以募集權益資金為目的，則除非標的股價確實有上漲潛力，讓轉換權得以被行使，否則若股價不漲反跌，龐大的負債將一直留在帳面上，發行公司終究需要清償。

企業在國內發行可轉債是採申報生效制，主管機關在收到債券申報書日起屆滿十二個營業日後自動生效。若發行公司或其已發行之公司債在最近一年內有取得信用評等，則申報生效期間可縮短為七個營業日。公司發行可轉債的面額必須是新台幣十萬元或其倍數，到期期限不得超過十年，同次發行之可轉債的到期期限必須相同，不能採分次償還本金的方式。至於可轉債的銷售，上市或上櫃公司必須全數委由證券承銷商包銷，而興櫃、未上市、或未在證券商營業處所買賣之公司，則不得對外公開發行可轉債。

第三節　債券評價

本節重點提問

- 債券在市場中的報價為什麼是「除息價格」而非「含息價格」？

○ 零息債券的價值

債券若依是否支付債息來區分，可歸為零息債券與付息債券兩類，而付息債券事實上又是諸多零息債券的組合。舉例來說，一個面額為 $100，兩年到期，票面利率為 6%，每年付息一次的債券，其未來所產生的現金流量是由一年後的債息 $6、兩年後的債息 $6 及償還的面額 $100 所組成，可以用時間線表示如下：

```
0          1          2
           $6        $106
```

我們也可將此兩年期債券拆解成為一個面額為 $6 的一年期零息債券，和一個面額為 $106 的兩年期零息債券，分別表示為：

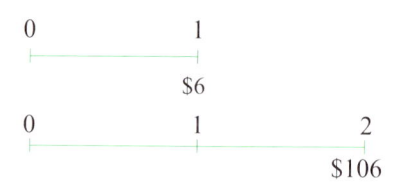

```
0          1
           $6

0          1          2
                     $106
```

換言之，一個年息 $6 的兩年期債券，其價值應是等於一個面額 $6 的一年期零息債券與一個面額 $106 的兩年期零息債券價值的加總。於是我們得到一個結論，那就是付息債券的評價，其實就相當於一組（不同面額與到期期限的）零息債券價值的計算與加總。

由於零息債券不支付債息，未來唯一的現金流量就是在債券到期時的面額償還。因此，零息債券的價值就等於未來唯一現金流量的折現值，其計算公式就如同第二章所介紹的 (2-2) 式。配合債券的相關名詞，我們可將零息債券的評價公式另作如下表示：

$$P = \frac{F}{(1+y)^T} \qquad (7\text{-}1)$$

其中

P = 債券價值（現值）

F = 到期償還金額（面額）

y = 每期折現率（殖利率）

T = 債券到期期限（總期數）

例 7-1

考慮一個面額 \$100,000 的五年期零息債券，若折現率為 1.25%，其價值（亦即理論價格）應是多少？

利用 (7-1) 式，可以計算出

$$P = \frac{\$100{,}000}{(1+0.0125)^5} = \$93{,}977.71$$

◯ 付息債券的價值

付息債券除了在到期時有面額的償還，期間還有每期的債息支付。我們可將各期現金流量視為不同期限零息債券的面額，分別計算其現值並加總，便可得到付息債券的價值。換言之，付息債券的評價公式如 (7-2) 式所示：

$$P = \frac{C_1}{(1+y)^1} + \frac{C_2}{(1+y)^2} + \cdots\cdots + \frac{C_T}{(1+y)^T} + \frac{F}{(1+y)^T}$$

$$= \sum_{t=1}^{T} \frac{C_t}{(1+y)^t} + \frac{F}{(1+y)^T} \qquad (7\text{-}2)$$

其中的 C_t 代表第 t 期之債息金額，其餘變數則與先前的定義相同。從 (7-2) 式可以清楚看出，付息債券的價值其實就是集結了許多不同期限的零息債券的價值。

例 7-2

考慮一個兩年期，票面利率為 5%，每半年付息一次的債券。假設年折現率為 4%，此債券的價值是多少？（債券面額為 $100）

由於該債券每年付息兩次（付息頻率 = 2），付息期數共有四次 (T = 4)。每次支付的債息金額為 $2.5 (= $100 × 0.05 / 2)；換言之，C（每期債息金額）= $2.5。每期折現率 = 年折現率 / 付息頻率，亦即 4% / 2 = 2%，因此 $y = 2\%$。

利用 (7-2) 式，可算出此付息債券的價值（理論價格）如下：

$$P = \frac{\$2.5}{1.02^1} + \frac{\$2.5}{1.02^2} + \frac{\$2.5}{1.02^3} + \frac{\$2.5}{1.02^4} + \frac{\$100}{1.02^4}$$

$$= \$2.45 + \$2.40 + \$2.36 + \$2.31 + \$92.38$$

$$= \$101.90$$

貼心提示：使用 Excel 的 PV( ) 函數計算債券價值，請參考延伸學習庫 → Excel 資料夾 → Chapter 7 → X7-A。

C 債券折現率的決定

在套用 (7-1) 式或 (7-2) 式計算債券價值時，所用到之變數值，包括債息金額 (C)、付息期數 (T)、到期面額 (F)，均可從債券的發行條件中得知，唯一需要另外設定的是每期的折現率 (y)。折現率

又是如何決定的呢？

債券的折現率代表債券投資人所要求的報酬率，在債券市場中稱之為**到期殖利率** (Yield to Maturity, YTM)。市場慣例是將債券的殖利率以年化方式表示，因此對一個半年付息一次的債券而言，若其殖利率為 5.5%，則計算此債券價值所用的每期（半年）折現率，就應是 2.75% (= 5.5%/2)。

觀察 (7-1) 式得知，當殖利率改變時，債券的價值也會改變，而且兩者是呈現反向的關係。換言之，在其他條件不變的情況下，殖利率愈小，債券價值就愈高；反之，殖利率愈大，債券價值就愈低。

付息頻率與債券價值

投資人購買債券每年可得之債息收入，等於票面利率乘上債券面額；當付息次數每年不只一次時，投資人每「期」可得到的債息金額就會依付息頻率作調整。舉例來說，若債券面額為 $100,000，每年付息一次，票面利率為 6.5%，則投資人每年可獲得 $6,500 債息；若付息頻率為每半年一次，則每期（每半年）可獲得的債息為 $3,250。

在其他條件（包括折現率）相同的情況下，債券價值與付息頻率會呈現正向關係；亦即每年付息次數愈多，債券價值愈高。

例 7-3

假設一張面額為 $100,000、到期期限為 2 年的債券,其票面利率為 8%,每年付息一次,而債券之到期殖利率為 6.9%,此債券價值為何?若該債券之付息頻率為每半年一次,則價值又為何?

---

1. 若債券的付息頻率為每年一次,則根據其票面利率及面額,可算出每年的債息為 $100,000 × 8% = $8,000,而期數 ($T$) 為 2。利用 (7-2) 式,每年付息一次之債券價值為:

$$P = \frac{8,000}{1.069^1} + \frac{8,000}{1.069^2} + \frac{100,000}{1.069^2} = \$101,991.58$$

2. 若債券的付息頻率為每半年一次,則每期的債息金額為 $8,000/2 = $4,000,而期數 ($T$) 為 4。每半年付息一次之債券價值為:

$$P = \frac{4,000}{1.0345^1} + \frac{4,000}{1.0345^2} + \frac{4,000}{1.0345^3} + \frac{4,000}{1.0345^4} + \frac{100,000}{1.0345^4}$$

$$= \$102,022.59$$

比較之下,可知在其他條件相同的情況下,每半年付息債券的價值要比每年付息債券的價值為高。

貼心提示:請參考延伸學習庫 → Excel 資料夾 → Chapter 7 → X7-A。

C 平價、折價、溢價債券

如前所述,不論債券的實際面額是多少,其市場報價皆是以「百元」的形式呈現,譬如 $101.2157 或 $98.1370。若一檔債券的百元報價正好等於 $100,我們稱之為**平價債券** (Par Bond)。債券在

發行之時,其所訂定的票面利率水準通常會反映當時市場投資人要求的報酬率,亦即讓票面利率等於債券殖利率。在此情況下,債券的百元報價就會正好等於 $100,也就是一個平價債券。當市場利率有所變動,而使債券的票面利率低於其殖利率時,則其百元報價會小於 $100,此時被稱為**折價債券** (Discount Bond)。而當債券的票面利率高於殖利率時,則其市場報價會超過 $100 而成為**溢價債券** (Premium Bond)[4]。

我們可將債券的票面利率、殖利率及市場報價間之關係整理如下:

1. **平價債券**:票面利率 = 殖利率
2. **折價債券**:票面利率 < 殖利率
3. **溢價債券**:票面利率 > 殖利率

C 兩付息日間的債券價值計算

在前述所有債券價值計算的例子中,折現的期數皆為整數,這表示債券評價的時點正好都是付息日(或發行日)。事實上,債券買賣的時點常發生在兩個付息日之間;在此情況下,債券價值又該如何計算呢?

假設一個原本為三年期的債券,面額為 $100,票面利率為 5%,且每年付息一次。若投資人在持有該債券 290 天後,順利將之賣出。假設債券交割時點 (T) 是在交易日後兩天(第 292 天)進行,

---

[4] 債券在市場上通常是以平價發行。由於票面利率為固定,因此當市場利率水準改變時,折價或溢價的情形便會出現。

我們可以將此債券在時點 T 所見之未來現金流量列示如下[5]：

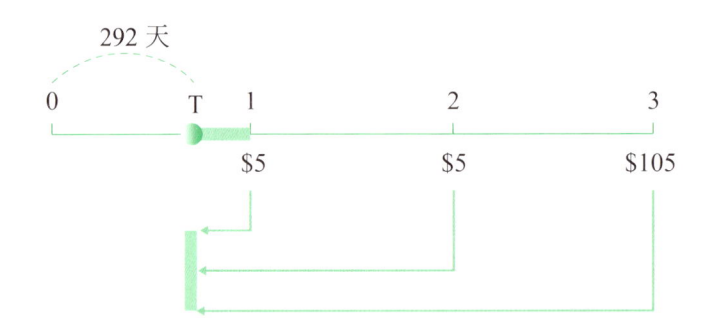

```
      292 天
  0────T──1────────2────────3
         $5       $5      $105
```

從上圖可以看出，若要計算在交割時點 T 的債券價值，必須將未來每筆現金流量都折現至時點 T。由於時點 T 距離下次付息日（時點 1）的時間不到一年，因此要先算出該段期間占整個計息期間（上次付息日到下次付息日）的比例。該債券的兩付息日（時點 0 至時點 1）之間的距離為 365 天（一年），時點 T 距離下次付息日尚有 73 天 (= 365 − 292)，占整個付息期間的比例為 0.2 (= 73/365)；換言之，此債券距離到期的年限為 2.2 年。倘若該債券的殖利率為 4.47%，則利用 (7-2) 式所得之債券價值如下：

$$P = \frac{\$5}{1.0447^{0.2}} + \frac{\$5}{1.0447^{1.2}} + \frac{\$105}{1.0447^{2.2}}$$

$$= \$105.07$$

---

[5] 依市場慣例，債券買賣是在交易完成後數日內進行交割（交付款券），因此，買方付給賣方的金額是該債券在交割日 (Settlement Day) 之價值。

例 7-4

王君於 2017/2/15 購入債券一張,並在兩天後 (2017/2/17) 進行交割。該債券面額 $10,000,票面利率為 5%,每年 4/20 及 10/20 各付息一次,到期日為 2019/4/20。若該債券的殖利率為 5.6%,試計算王君所購入債券之價值。

該債券每期債息金額 = $10,000 × 5%/2 = $250
每期殖利率(折現率)= 5.6%/2 = 0.028
距下次付息日天數 = 62 天(2017/2/17 至 2017/4/20)
距下次付息期數 = 62 天/180 天 = 0.34
利用 (7-2) 式,可計算出此債券價值為:

$$P = \frac{\$250}{1.028^{0.34}} + \frac{\$250}{1.028^{1.34}} + \frac{\$250}{1.028^{2.34}} + \frac{\$250}{1.028^{3.34}} + \frac{\$10,250}{1.028^{4.34}}$$

$$= \$10,043.21$$

貼心提示:請參考延伸學習庫 → Excel 資料夾 → Chapter 7 → X7-B。

C 含息價格與除息價格

發行公司只有在約定的付息日才會將當期債息(透過代理機構)支付給債券持有人,倘若投資人在付息日之前就將債券賣出,是否就領不到債息呢?實務上,買方在購入債券當時,就須將賣方應得之債息(稱之為應計利息)先支付給賣方;亦即是說,買方所支付的價款(亦即債券價值),其中已包含該債券的應計利息。

由於應計利息是逐日累計,直到下次付息日才重新歸零,因此債券價值會隨應計利息而逐日增加,這就是為什麼依照債券評價公

式所算出的債券價值又稱作債券的**含息價格**。依市場慣例，債券的市場報價不計入應計利息，以避免報價受到應計利息逐日增加的影響。債券的市場報價既然不含應計利息，故又稱作**除息價格**。我們可將債券價值、含息價格及除息價格之關係表示如下：

$$債券價值 = 含息價格$$
$$= 除息價格 + 應計利息$$

舉一個簡單的例子來進一步瞭解含息價格與除息價格在市場中的意義。假設王經理總共支付了 $1,060 買進一張面額為 $1,000、票面利率為 10%、每半年付息一次的債券，其付息日為每年的 5 月 1 日及 11 月 1 日。若王經理購買債券的時間是 2 月 1 日，而應計利息的計算是採 30/360 的方式（亦即一個月以 30 天計，一年以 360 天計），則這張債券自上次付息日（11 月 1 日）至 2 月 1 日的應計利息計算如下：

$$每期（半年）債息 = \$1,000 \times 10\% / 2 = \$50$$
$$應計利息天數 = 90 \text{ 天}（三個月，每月 30 \text{ 天}）$$
$$應計利息 = \$50 \times 90/180 = \$25$$

由於王經理所支付的含息價格為 $1,060，可反推出他所購買債券的當時市場報價為 $1,035。

實力秀一秀 7-1：債券價值的計算

假設現在是某年年初，剛發行之三年期債券的票面利率為 6%，面額為 $1,000，每年付息一次；又假設殖利率在未來三年皆是維持在 6% 的水準不變，則債券在發行後第一年年底（付息日）的價值為何？在一年半後的價值為何？在第二年年底（付息日）的價值又為何？

○ 浮動利率債券的評價

浮動利率債券的票面利率通常是由指標利率及風險加碼兩部分所組成，前者為票面利率調整之依據，而風險加碼則為一固定值，反映出發行機構的信用風險高低程度。舉例來說，A 公司發行一檔浮動利率債券，以三個月期倫敦銀行同業借貸利率 (3m LIBOR) 為指標，而基於 A 公司的信用評等，市場投資人所要求的風險加碼為 1.25%。因此，該浮動利率債券的票面利率可表示如下：

$$票面利率 = 3m\ LIBOR + 1.25\% \qquad (7\text{-}3)$$

根據 (7-3) 式，若發行當時的 3m LIBOR 為 1.5%，該債券第一期的票面利率將會是 2.75%。若到了下一次利率重設時，3m LIBOR 上漲至 1.65%，則第二期的票面利率就會調整至 2.9%，其餘每期的票面利率依此類推。

債券依市場慣例是以平價（面額）發行，故可知浮動利率債券第一期的票面利率水準，即是投資人在發行當時所要求的殖利率水準。由於指標利率會不斷變動，因此在下次利率調整（重設）之前，浮動利率債券的價格就會隨指標利率的變動而改變；等到了利率重設日時，票面利率會依當時的指標利率重新作調整，而債券價格也就會回復至面額。從評價的角度來看，不論浮動利率債券的到期期限長短，我們都可將之視為一個到期期限等於距離下次利率重設日的債券。在發行公司信用風險沒有改變的假設下，浮動利率債券就相當於一個到期日為下次付息日（或利息重設日）的零息債券，其到期金額等於債券面額加上當期債息。

例 7-5

一張面額為 $100,000，將於 2019/7/25 到期的浮動利率債券，其票面利率為 LIBOR+1.35%，每年 7 月 25 日付息並重設利率，同時在上一次利率重設時的 LIBOR 為 5.15%。假設該債券的信用風險一直維持不變，目前（評價日）時點為 2017/1/25，距離下次利率重設日尚有 6 個月，若該債券殖利率等於 6%，請計算此浮動利率債券的價值。（假設每月以 30 天，一年以 360 天計）

由於該債券在前次利率重設時之市場 LIBOR 為 5.15%，可算出本期之票面利率是 5.15% + 1.35% = 6.5%，本期債息金額則為 $100,000×6.5% = $6,500。

將此浮動利率債券視為一個到期期限為半年之零息債券，到期金額等於面額加上本期債息，以殖利率 6% 折現半年，可算出其價值為 $103,441.91，如下所示：

$$P = \frac{106,500}{1.06^{0.5}} = \$103,441.94$$

C 可轉債的評價

簡單來說，可轉換公司債是一個普通債券與轉換權（股票買權）的組合，如下所示：

$$\text{可轉換債券} = \text{普通債券} + \text{轉換權} \qquad (7\text{-}4)$$

因此，可轉債的價值就是普通債券價值與轉換權價值的加總。依照 (7-4) 式，我們可分別對普通債券與轉換權進行評價；在市場發展的早期，由於可轉債的條件設計比較簡單，轉換權部分通常被視為一個單純的股票買權，藉由 Black and Scholes (B/S) 選擇權評價模型即可算出其價值。

例 7-6

指南電子公司即將發行一檔五年期的可轉債,每張面額 $100,000,票面利率為 1%,每年付息一次。指南電子可轉債的轉換價格為 $26,轉換比率為 1:3,846.15,普通股股票市價為每股 $22,股價報酬率波動率為 25%。假設該公司五年期普通公司債的殖利率水準為 5.5%,而市場無風險利率水準為 2%,則該檔可轉債的理論價格應是多少?

----

1. 首先針對可轉債之純債券部分進行評價。基於每年債息 $1,000 (= $100,000 × 1%),折現率 5.5%,計算純債券價值如下:

$$\frac{\$1,000}{1.055^1} + \frac{\$1,000}{1.055^2} + \frac{\$1,000}{1.055^3} + \frac{\$1,000}{1.055^4} + \frac{\$101,000}{1.055^5} = \$80,783.72$$

2. 其次針對可轉債之轉換權部分進行評價。使用選擇權評價模型,套入所需之相關變數資料:股價 (S) = $22,轉換價格 ($X$) = $26,期限 ($T$) = 5,無風險利率 ($r$) = 0.02,股票報酬率波動率 ($\sigma$) = 0.25,可計算出每股轉換權價值為 $4.2833。將每股轉換權價值乘以轉換比率,即可算出轉換權總價值:

$$\$4.2833 \times 3,846.15 = \$16,474.21$$

3. 最後將所得之純債券價值與轉換權總價值予以加總,即可算出該可轉債的理論價值為:

$$\$80,783.72 + \$16,474.21 = \$97,257.93$$

貼心提示:關於轉換選擇權價值的計算,請參考延伸學習庫→Excel 資料夾→ Chapter 7 → X7-C。

將可轉債分成普通債券及轉換權的評價方式具有簡單易懂的優點,在市場發展的早期確實廣被採用,然而對於目前市場上設計繁

複的可轉債而言，此評價方式相對上過於簡化，易導致評價誤差的出現，因此有必要採用更為適當之評價模型[6]。

---

[6] 對可轉債評價有興趣的讀者，可參考薛立言、劉亞秋合著之《債券市場》四版，第十四章，華泰文化出版。

本章摘要

- 債券是一個債務憑證,約定發行機構必須在債券合約的存續期間內,定期支付債息給債權人,並且在債券到期時償還本金。
- 企業募集公司債須先經董事會的決議通過,債券的發行方式則依發行對象分為公開發行與私募兩種。
- 申報生效,是指發行人依規定檢齊相關書件提出申報,只要書件齊備,未經退回者,該案件在申報書件送達日起屆滿一定營業日即自動生效。
- 總括申報制是指發行公司先申請債券發行的總額度,然後再依自身的資金需求規劃,在申報生效後二年內分次發行公司債。
- 公司債券可經由證券商承銷,然後在次級市場中銷售給其他投資人,而承銷的方式有包銷與代銷兩種。
- 企業若採私募方式發行債券,則無須事先向主管機關申報,但仍須在債券發行後十五日內報請主管機關備查。
- 企業以私募方式發行公司債在申報及發行額度上享有較大的彈性,但在募集對象、人數以及債券流通性方面則會受到限制。
- 債券通常會定期支付利息;利息金額依票面利率決定,票面利率乘以債券面額即為每年所支付的利息金額。
- 債券依是否有書面憑證區分,可分為記名債券及無記名債券兩種。記名債券是無實體債券,又稱作登錄債券;無記名債券是實體債券。
- 依市場慣例,債券多是以面額發行,因此票面利率水準相當於投資人在發行當時所要求的報酬率,同時也反映出發債企業的資金成本。
- 遞延債息債券是讓發行公司在名目上發行付息債券,但實際上卻是讓各期債息與本金留待債券到期時一併支付。

- 循環信用融資 (NIF) 是一種中長期融資工具,由發行公司與保證銀行團簽訂中、長期合約,在約訂的發行額度與到期期限(5 至 7 年)內,企業可以循環發行(到期期限在一年內)商業本票。
- 可轉換公司債投資人可以依照條款規定,在適當時機將債券轉換為發債公司的普通股股票,亦即由債權人的身分轉換為公司股東。
- 投資債券的現金流量來源有二:一為定期收到的債息;二為到期償還的金額,故債券價格是債息與到期償還金額的現值加總。
- 債券評價公式中的折現率稱作到期殖利率。債券的殖利率代表投資人在購買債券當時,預期持有債券至到期日可獲得之報酬率。
- 在其他條件(包括折現率)相同的情況下,債券價值與付息頻率會呈現正向關係;亦即每年付息次數愈多,債券價格愈高。
- 含息價格是透過債券評價公式所算出來的價格,此價格包含應計利息,而除息價格自然就是含息價格扣掉應計利息。市場上對於債券的報價,依慣例都是採除息價格。
- 從評價的角度來看,不論浮動利率債券的到期期限長短,均可將之視為一個到期期限等於距離下次利率重設日的債券。
- 可轉換公司債相當於一個普通債券與轉換權的組合,故可轉債的價值就等於普通債券與轉換權價值的加總。

CHAPTER 7 債券基礎觀念與評價

本章習題

一、選擇題

1. 以下有關普通公司債私募之說明，何者為不正確？
   (a) 只須事後向證期會核備即可
   (b) 公開發行公司之發行總額不得逾淨值四倍
   (c) 私募對象若為自然人，須限制在 30 人以內
   (d) 得自董事會決議之日起，在一年內分次發行

2. 下列哪一項敘述是錯誤的？
   (a) 零息債券必定是折價債券，但折價債券不一定是零息債券
   (b) 在其他條件不變的情況下，債券的價格與其折現率是呈反向關係
   (c) 目前市場上的折價債券在日後有可能會成為溢價債券
   (d) 市場上的債券報價，依慣例都是含息價格

3. 公開發行公司依法私募之普通公司債，自該私募普通公司債交付日起屆滿多久之後，始得申請上市或上櫃交易？
   (a) 六個月　　　　　　　　(b) 一年
   (c) 二年　　　　　　　　　(d) 三年

4. 假設一張五年後到期之債券，票面利率為 4%，其目前殖利率為 3.45%。在其他條件（市場利率水準、發行機構的信用風險等）不變的假設下，該債券在一年後的價格將會如何變化？
   (a) 上升　　　　　　　　　(b) 下降
   (c) 不變　　　　　　　　　(d) 無法判斷

5. 購買債券時所須支付的價格為：
   (a) 債券的市場報價
   (b) 債券面額減去應計利息
   (c) 債券的市場報價減去應計利息
   (d) 債券的市場報價加上應計利息

6. 債券面額 $100，票面利率 5.5%，每年付息一次，剩餘期間尚有三年。若市場利率水準一直維持在 6%，請問此債券目前的現值是多少？
   (a) $98.66 (b) $110.44
   (c) $113.58 (d) $117.51

7. 在下列何種情況下，債券會以溢價發行？
   (a) 票面利率等於投資人所要求的報酬率
   (b) 票面利率大於投資人所要求的報酬率
   (c) 票面利率小於投資人所要求的報酬率
   (d) 以上皆有可能造成債券溢價

8. 債券甲為每年付息一次，債券乙是每半年付息一次。假設這兩債券的其他條件（包括到期期限、票面利率、信用風險、次級市場流通性等）均相同，請問哪一檔債券的價值會比較高？
   (a) 債券甲 (b) 債券乙
   (c) 兩債券的價值相同 (d) 不一定

9. 下列有關遞延債息債券的敘述，何者不正確？
   (a) 發行人可享受較低的融資成本
   (b) 投資人可避免債息再投資風險

(c) 發行人可延後債息的支出

(d) 類似零息債券的性質

10. 你正在考慮購買一張面額為 $1,000，票面利率為 9%，每半年付息一次的債券；目前市場報價（除息價格）為 $1,160，下次付息日是在三個月後，你若決定購買此債券，則應付之價格（含息價格）會是多少？

(a) $1,164.5　　　　　　　　(b) $1,182.5

(c) $1,205.5　　　　　　　　(d) $1,250

11. 一張到期期限為四年，面額為 $10,000，票面利率為 5%，每年付息一次的債券，目前市場對其殖利率的要求為 6%，請問該債券的售價應是多少？

(a) $9,649　　　　　　　　(b) $9,653

(c) $9,379　　　　　　　　(d) $9,826

12. 假設五年後到期之債券，票面利率為 5%，其目前殖利率為 6%，若維持利率不變，則一年後債券價格將有何變化？

(a) 上升　　　　　　　　(b) 下降

(c) 不變　　　　　　　　(d) 無法判斷

13. 在下列何種情況下，債券會以折價發行？

(a) 票面利率 > 殖利率　　　(b) 票面利率 = 殖利率

(c) 票面利率 < 殖利率　　　(d) 無法判定

14. 債券面額為 $100，票面利率為 7%，每年付息一次，剩餘期間尚有三年，在市場利率為 6% 時，該債券目前的價值為：

(a) $101.43　　　　　　　　(b) $102.01

(c) $102.67　　　　　　　　(d) $102.98

15. 公司債募集發行若是採用總括申報制，發行公司得在主管機關核准生效後幾年之內，依自身之資金需求規畫，於核准額度範圍內分次發行？
    (a) 一年　　　　　　　　　(b) 二年
    (c) 三年　　　　　　　　　(d) 四年

二、問答與計算

1. 平價債券、折價債券、溢價債券三者有何不同？

2. 何謂循環票券？其對企業取得中長期資金有何幫助？

3. 何謂總括申報制？其優點為何？

4. 募集公司債採「私募」方式與「公開發行」方式有何差異？

5. 企業使用可轉債融資有何好處？

6. 請問以私募方式發行公司債，在次級市場上的流通性受到何種限制？

7. 債券的價格與其折現率有什麼關係？為何會出現此關係？

8. 債券提早贖回設計的功用何在？

9. 假設一張面額為 $1,000，到期期限為 3 年的債券，其票面利率為 6%，每半年付息一次。若該債券之到期殖利率為 5.8%，則此債券之價值（含息價格）為何？

10. 無限體能公司於五年前以面額 $100 發行了一檔八年期公司債，票面利率為 4.5%，每年付息一次。假設目前該債券的市場殖利率已經跌落至 3.5%，計算該債券的價值（含息價格）。

11. 一檔到期期限為 10 年的浮動利率債券，面額為 $100,000，票面利率為 CP + 0.3%，每年付息並調整利率。目前市場上的 CP 利率為 3%，該債券距離下次付息（調整利率）尚有 3 個月（0.25 年），假設發行公司信用風險沒有改變，同時此債券的殖利率等於 3.1%，請計算此債券的理論價值。

12. 假設市場中不同期限之零息公債的殖利率如下表，計算各零息公債的價格。（假設債券面額均為 $100）

期限	0.25 年	0.5 年	1 年	2 年
殖利率	1.30%	1.45%	1.68%	1.99%

13. 延續上題，假設市場上的兩年期公債，票面利率為 3%，每年付息一次，其價格應是多少？（假設公債面額為 $100）

CHAPTER 8 股票基礎觀念與評價

> "No amounts of observations of white swans can allow the inference that all swans are white, but the observation of a single black swan is sufficient to refute that conclusion."
> 「不管我們看過多少隻白天鵝都無法結論說所有的天鵝都是白的，但是只要看到一隻黑天鵝就足以推翻該結論。」
> ～ David Hume 休姆 ～

　　一家公司是以股東出資（權益資金）為其成立及營運的基礎，此部分為公司的自有資本，與公司對外舉債取得之資本（負債資金）有別，而股票及債券則分別表彰股東與債權人對公司所擁有的權利。

　　欲成立並成功經營一家公司，當然須先認清公司經營之目標在於股東財富極大化，而股東財富等於股價乘以流通在外股數；因此，在追求股東財富極大化的過程中，我們有必要對股票價值的評量建立清晰概念，而此即為本章所欲探討的重點。另外，跟股東出資有關的一些問題或情境，本章也會將之納入探討的範疇，諸如下列：(1) 公司在即將成立之際，本已向股東募足預定

的資本額，不料有原本承諾出資的股東臨時打退堂鼓，導致公司無法讓預定的資金到位，這樣公司還能成立嗎？(2) 若有股東在公司成立後改變心意，可否要求公司將其股權買回？(3) 公司在經營過程中若需更多的權益資金，可向非股東募集嗎？(4) 債券到期時，公司會將本金歸還債權人，但對於沒有到期日的股票，公司可有管道將部分股本歸還給股東？凡此種種，本章都會分別加以說明。

　　本章第一節說明公司股票的募集與發行，並比較普通股與特別股的差異；第二節討論現金增資與現金減資；第三節介紹股票評價；第四節則進一步分析股票評價模型的應用要領。

CHAPTER 8
股票基礎觀念與評價

第一節　股票的募集與發行

本節重點提問

- 公司資本額與實收資本額的差異？
- 公司在哪些情況下可以買回自家發行的股票？
- 普通股股東享有哪些重要的權利？
- 特別股為什麼又稱作「變形公司債」？

公司在成立之初，先要確定其資本額（或稱資本總額）。若是有限公司，在設立登記後應製作股單交付股東，每一股東所收之股單由全體董事簽章，上面載明該股東的出資額，以表彰其對公司之所有權。若是股份有限公司，則須將資本額分為股份，每一股東依其所認股份繳交股款並取得股權；當公司資本額達到一定數額時，則必須於設立登記或發行新股變更登記後三個月內發行股票。

此外，即使是公開發行公司，其發行之股份亦得免印製股票，意即股票可採無實體方式發行。由此可知，從表彰公司所有權的這一層意義上來說，「股票」與「股單」、「股份」其實都是相通的。

◎ 公司資本額的募集

有限公司的資本額，必須由各股東全部繳足，不得分期繳款或向外招募（公司法第 100 條）。若是股份有限公司，則可依實際需要在其資本額度內分次發行股份，每股金額（面額）應相同[1]。須注

---

[1] 公司的資本額也稱作法定資本額或章定資本額。

281

意的是，公司應收之股款，若股東並未實際繳納，而以申請文件表明已收足，或於登記後將股款發還股東，或任由股東收回者，公司負責人是會受到懲處的[2]！

股份有限公司的發起人通常會先認足第一次所要發行的股份（股票），所取得的資本稱作實收資本額（或簡稱股本）；至於股票的發行價格，則不得低於票面金額。若是以超過面額的價格（溢價）發行股票，溢價部分並不計入實收資本額內，而是列入股東權益項下的「資本公積」中。實務上，我國長久以來都是遵行「股票每股金額皆為新臺幣壹拾元」的面額規定。不過，為了符合國際潮流，國內證券主管機關先是在 2012 年放寬了外資來台掛牌股票的每股面額限制，隨後又在 2013 年年底，取消了國內公開發行公司的股票面額規定，讓企業有自行訂定票面金額的彈性，甚至可以是無面額[3]。公司若是發行無面額股票，自然就不會出現發行價格超過面額的「溢價」情形，故所得之股款將全數撥充資本（股本），而不再會有認列至資本公積的部分。

公司發起人若不認足首次發行之股份，可找特定人募足之（公司法第 132 條）。若是採公開招募方式，則須備妥營業計畫書、招股章程等相關文件，向證券管理機關申請審核，惟發起人的認股比例不得低於第一次發行股份的四分之一（公司法第 133 條）。須注意的是，公司在申請公開招募股份時，若有違反法令或申請事項有

---

[2] 根據公司法第 9 條，公司負責人可處五年以下有期徒刑、拘役或科或併科新臺幣五十萬元以上二百五十萬元以下罰金。

[3] 我國「公開發行股票公司股務處理準則」第 14 條已於 2013 年 12 月 23 日修訂為：「公司發行之股份，每股金額應歸一律。」基此，國內股票每股固定面額十元被修正為彈性面額。

變更而未在限期內補正，主管機關得不予核准或撤銷核准（公司法第 135 條）。一旦發生此情況，公司就必須停止招募；已招募者，則須將所募得之金額加計利息後返還應募人（公司法第 136 條）。

依公司法第 143 條，公司發起人必須在股款繳足後二個月內，召開公司成立大會（創立會）。若在募足股款後二個月內未召開創立會，則公司認股人得撤回其所認之股份（公司法第 152 條）。但在創立會結束後，認股人不得將股份撤回（公司法第 153 條）。若公司因故不能成立時，發起人關於公司設立所為之行為，及設立所需之費用，均要負連帶責任（公司法第 150 條）。

先前提及，公司會依出資比例分派股份給股東，但未必會發行股票。基本上，只有實收資本額達新台幣五億元以上之股份有限公司，才須在設立登記或發行新股變更登記後三個月內發行股票。另外，我國為了推展無實體（登錄）股票，早在 2000 年及 2001 年就修改證交法與公司法，建立了股票無實體化的法源基礎；而從 2006 年 7 月開始，所有上市、上櫃及興櫃公司的首次發行及增資股票一律須以無實體發行。由是公開發行公司得免實際印製股票，只需將股東持股股份在證券集中保管中心（集保）進行登錄，如此作法不

實力秀一秀 8-1：公司實收資本額

小莊與另外三位朋友決定合資成立一家顧問公司，公司資本額訂定為新台幣一千萬元，分為普通股一百萬股，每股面額 10 元整。考量公司在初期尚不需要大量資金，小莊決定先發行五十萬股，由四位股東平均認購。若該公司順利募資完成並設立登記，請問該公司的資本總額、實收資本額，以及小莊的持股股數分別是多少？

但可免除股票印製與簽證作業，也可省下相關的成本。

ⓒ 股份（股票）的轉讓與收回

由於股票並無明定的到期期限，股東若想要將持股變現，必須考量其所持有股票的流通性。進一步來說，有限公司的股東若要轉讓持股，須取得其他全體股東過半數之同意；若是擔任公司董事，則須取得其他全體股東的同意才能轉讓全部或一部分的持股。由此看來，有限公司股東的持股變現性是受到相當程度的限制[4]。

相對而言，股份有限公司的股東則享有較寬鬆的持股轉讓權。基本上，公司不得以章程禁止或限制股東的股份轉讓[5]，惟公司發起人的股份必須在公司設立登記一年之後才能轉讓。記名股票在轉讓時須先由原持有人背書，並將受讓人之姓名或名稱記載於股票上，然後記載於公司股東名冊上，才算完成轉讓程序；無記名股票之轉讓，只須交付即可。

為了提升股票的流通性，公司可經董事會決議，向主管機關申請辦理公開發行，一旦完成公發程序而成為公開發行公司，便可進一步申請興櫃、上櫃或上市[6]。興櫃公司是指已經申報上市上櫃輔導契約之公開發行公司；在還沒有上市上櫃掛牌之前，其股票得經主管機關核准後在證券商營業處買賣。上市（上櫃）公司則是須符合

---

[4] 無限公司的股東，得於每會計年度終了退股，但應於六個月前，以書面向公司聲明。兩合公司的有限責任股東若要退股，得經無限責任股東過半數之同意。

[5] 依我國公司法第 356-1 條成立的閉鎖性股份有限公司，得於公司章程中訂定股份轉讓限制。

[6] 公開發行公司若要停止公發，須在已發行股數三分之二以上股東出席之股東會上，取得出席股東表決權半數以上的同意。

設立年限、資本額及獲利能力等申請條件，並經證券交易所（櫃買中心）審核通過之公開發行公司，而其股票得於集中市場（櫃檯買賣市場）掛牌交易[7]。

基於永續經營原則，公司在發行股份（股票）後，不得將其收回，除非有以下特殊情況：(1) 公司發行之特別股，得收回之。(2) 公司得經董事會決議，於不超過已發行股數 5% 範圍內收買股份，並於三年內轉讓員工，屆期未轉讓者，視為公司未發行股份；公司所收買之股份，不得享有股東權利。(3) 公司進行重大營運決策（如公司分割、與他公司合併、處分重要資產等）而可能影響到少數股東權益時，異議股東得以書面通知公司反對該項行為，並請求公司以當時公平價格，收買其所有之股份。

股份有限公司在募集資本時，除了**普通股** (Common Stock) 外，也可發行**特別股** (Preferred Stock)。先前提及，公司不得任意收回已發行之普通股，但其所發行之特別股，得收回之。相較於普通股，特別股的投資風險通常較低，報酬率自然不若普通股可令投資人有較高的期待。到底這兩種股票有些什麼各自的特質，以下就來加以分析之。

普通股的特性

普通股投資人是公司的業主，握有公司所有權且享有一些重要的權利，這些權利包括：(1) 公司控制權 (Control of the Firm)；(2)

---

[7] 國內股票上市及上櫃申請之條件，請參考本書延伸學習庫 → Word 資料夾 → Chapter 8 → No.1。

優先認股權 (the Preemptive Right)；(3) 盈餘分配權，及 (4) 剩餘資產求償權。

公司控制權

普通股股東享有投票權，而使用投票權的最主要時機就是在公司一年一度的股東常會。由於公司的專業經營團隊是經由董事會選任，故普通股股東是藉由投票權的行使來選出自己所支持的董事，再透過董事來挑選出自己所信賴的管理團隊。在一些比較小型或家族式的企業裡，由於股權集中，公司的大股東往往也身兼董事長或總經理，導致小股東的投票權並無法發揮控制管理團隊的功用。

公開發行股票的大型公司，由於股權較為分散，每張選票較具有「選出自己所要之管理團隊」的實質意義。股東可以親自出席股東大會，或是利用**委託書** (Proxy) 將投票權委託給自己支持的人馬。股東若對現任管理團隊的表現滿意，就會投票給支持現任管理團隊的候選人；反之，就會把票投給不支持現任管理團隊的一方。若不支持現任管理團隊的一方獲得較多的董事席次，現任的管理團隊就會遭到撤換。近年來，許多國外公司的股東會也選擇採視訊會議方式進行，讓遠道或居住在他國的股東可透過視訊參與會議，提升公司股東權利的行使。目前國內的閉鎖性股份有限公司，也可於章程中訂明得以視訊方式進行股東會，相當符合國際潮流。

優先認股權

公司增發新股時，現有股東享有按持股比例優先購買新發行股票的權利（非義務）。優先認股權的目的有二，其一是在保障現有

股東的所有權（持股）比例不會遭到稀釋，故保障其對公司的控制權；其二是在預防管理者以較低價格出售新股，而將財富從現有股東移轉至他人或管理者自己手中。

試想若現有股東沒有優先認股權，則管理團隊可大量發行新股並由自己買下，導致現有股東的控制權遭到稀釋。另一種情況則會是管理團隊以較低價格發行新股，而將財富從原股東移轉至新股東手中。譬如原本每股市價為100元，流通在外股數為一千五百萬股，若是以每股80元價格再發行五百萬新股，造成流通在外股數共為兩千萬股；如此一來，每股市價會調降為95元[8]，使得原有股東每股損失5元，而新股東則不費吹噓之力每股現賺15元。

盈餘分配權

當公司決定提撥盈餘來發放股利時，普通股股東可以按照持股比例配得股利。不過，公司對於每年是否要發放普通股股利並沒有承諾，也無定額；公司真要分配普通股股利，也必須是在所有應償付之公司債利息及特別股股利都撥給後，才得發放。前述提及，普通股的投資風險比特別股高，主要即是因為特別股的股利是公司已承諾且須履行的義務，其配發順位亦優於普通股股利，故相對上較有保障。普通股是否配得股利要視公司的盈餘狀況而定；在盈餘狀況不佳或是有虧損的年度，公司有可能完全發不出股利。另外，當公司破產而進行清算時，特別股股東對於公司的剩餘資產亦比普通股股東有優先的求償權。

---

[8] 每股市價調整為95元，其計算如下

$$\frac{\$100 \times 15{,}000{,}000 \text{ 股} + \$80 \times 5{,}000{,}000 \text{ 股}}{20{,}000{,}000 \text{ 股}} = \$95$$

普通股股東對於報酬率要比特別股股東有更高的期待，此乃因普通股股利的多寡與公司的盈餘有關，賺得愈多的公司愈有能力發放豐厚的普通股股利，股價也會反映此一事實而不斷上漲。但特別股股利是固定的金額，即使公司的盈餘表現再好，特別股股利一般都不會因而增加。因此，特別股雖與普通股一樣屬於「權益證券」，但本質上是一種固定收益的權益證券，其報酬率不因公司經營績效良好而受惠，普通股的報酬率則會因公司經營績效佳而水漲船高。

　　普通股的市場價格、公司未來賺得盈餘的能力、配發股利的能力三者之間有密不可分的關係；公司愈有能力快速累積盈餘，就愈可能配發高額的股利，同時股價也會反映獲利好而節節走高。反之，經營不善的公司不但配股能力差，股價也缺乏衝高的動能，甚至還會持續下挫，更糟的情況是宣告倒閉，股票遂只能當壁紙來貼；在無實體股票制度實行後，甚至連當壁紙的功能都沒有了。因此，普通股股東若選對了投資標的，可以左享優渥的股利而右抱資本利得[9]，兩者共同造就漂亮的實現報酬率；選錯了股就只能接受損失，最糟的情況是資金全部投注於同一檔股票，以致於家產耗盡。

◉ 剩餘資產求償權

　　當公司破產而進行清算時，普通股股東對剩餘資產依法有求償權；不過，求償權的順位是排在員工、供應商、債權人及特別股股東之後。由於其求償權是敬陪末座，故待其他順位的求償權都獲得滿足後，普通股股東可處置的資產大約也是所剩無幾。

---

[9] 若股票的賣出價格大於購買價格，則投資人有資本利得；若股票的賣價小於買價，則投資人有資本損失。

特別股的特性

　　公司要發行特別股，須在其章程中訂定相關條款，包括特別股的種類，分派股息的順序、額度或利率，分派公司剩餘財產的順序，以及股東行使表決權的順序及限制等。此外，若公司有特別股發行在外，當有需要變更公司章程而可能影響到特別股股東權利時，必須經由代表已發行股份總數三分之二以上股東出席之股東會，而有出席股東表決權過半數同意之決議才能為之，同時還須經由特別股股東會決議通過。

　　特別股兼具公司債及普通股的特質，不過與公司債相近的成分較多，故有人稱其為「**變形公司債**」。特別股與公司債相同之處，是兩者都具有面額，且都會孳生固定收益；公司債支付的是利息，而特別股支付的是股利；不論是債息或特別股股利，皆是公司已經承諾的金額，不會隨著公司盈餘的消長而有所增減。特別股與公司債不同之處，是前者多無到期日而後者則有。另外更重要的一點是，公司若無法如期發放特別股已承諾之股利並不會招致破產，亦即公司於法得以積欠特別股股利，待盈餘足夠時再將所有積欠還清。但公司債的利息則須按照契約指定的日期支付，逾期未償付就會陷公司於破產的危機之中。

　　特別股與普通股相較，兩者的相同之處是股利的發放都在公司已付過所得稅之後，因而股利不似利息可被當作費用科目抵減所得稅。另外，特別股與普通股在法律上皆屬權益證券，在資產負債表上也都是列在股東權益項下，共同構成了公司的淨值。兩者相異之處，則在於特別股的收益頗為固定，而普通股的報酬率則難以捉摸。

此外，特別股股東比普通股股東享有一些優先權利，例如優先分配股利、優先分配公司剩餘資產等權利。

企業以特別股募集資金，通常有其特殊目的，譬如金融業發行特別股是為了要符合銀行法資本適足率的規定；特別股雖然如公司債一樣有頗為固定的財務負擔，但因被當作權益證券，故可充作自有資金。若企業的投資期限很長，短期內不易有足夠的資金回收，發行特別股可在股息付不出時保留延後支付的彈性。

公司每次發行的特別股，大致都會附加一些條款來給予股東不一樣的權利待遇。譬如授予轉換權（意即將特別股轉換為普通股的權利）、參加權（除特別股股利外，另與普通股股東共同參加盈餘分配的權利）等。特別股會按照其發行的先後順序，附加不一樣的稱謂（例如甲、乙、丙、丁等）來加以區分。

財務問題探究：投資特別股股票的「眉眉角角」

對二戰後的嬰兒潮這一世代來說，過去十年來，利率似乎是隨著退休年齡的接近而一路走低。而包括台灣在內的許多國家，都可見到出生率的持續降低，加速讓嬰兒潮世代成為人口老化的主力。在一個不再年輕的社會裡，人人都有危機意識，要積極存好、存滿自己的養老金；只是在低利率的市場裡，如何才能將積蓄送往創造高報酬率的投資大道上？聰明的投資人必定會翻遍金融工具的百寶箱，而能受到青睞的，自然就是適合這個時代的產物了！

在投資人不放棄尋求高收益金融產品，但又怕承擔股市風險的情況下，近期市場開始大張旗鼓地推銷特別股股票；想想看，美國十年期公債的殖利率還不到 2.5%，但特別股股利殖利率卻可達 5.5% 以上！投資人對特別股的憂心是放在長期利率或通貨膨脹率上面，因為特別股的

價格就跟債券一樣，會因長期利率及通貨膨脹率的走高而下降，但不太受短期利率的影響。因此，當各國政府一再向市場明示或暗示將適度保持寬鬆的貨幣政策，就足以讓投資人對未來可能的通膨疑慮釋懷，也就不會擔心資本損失的可能性。也難怪目前市場對特別股股票的一般解讀是：股利殖利率接近高收益債券，但風險卻接近投資級債券。

但特別股畢竟不是純粹債券，當公司陷入財務困境甚至破產時，特別股股東的求償順位是排在債權人之後。另外，特別股不似普通股這般單純，由於同一公司可以發行不同形式或含有不同條款的特別股，在投入資金之前，投資人也需要投入很多時間作研究；在這層意義上，倒不如選擇投資特別股基金，亦即把研究工作交給專家處理，更何況基金還具備投資組合分散風險的功能。再者，特別股的到期期限很長，甚至沒有到期期限，一旦長期利率及通膨率上升，股價走跌就在所難免。投資人在看到市場上各種特別股基金（譬如全球特別股收益基金、標普美國特別股ETF）爭相出爐之際，仍應預先做一下功課並仔細挑選基金，以免當市場驟然出現逃命波時，有可能尚未賺到收益卻先賠了股本。

第二節　現金增資與現金減資

本節重點提問

- 公司辦理現金增資的募資對象有無限制？
- 公司辦理現金減資對財報的權益部分會有何影響？

公司成立後，如有需要擴充資本額（股本），可經由增資來達成。公司資產負債表中的權益部分，通常是由股本、資本公積與保留盈餘組成。若增資目的僅是單純的擴充股本，可將資本公積或

保留盈餘轉為股本即可。舉例來說，基健醫學公司現有股本新台幣五億元（五千萬股），資本公積與保留盈餘分別為 $3 億及 $6 億，其他權益 $0.5 億，權益合計 $14.5 億，如下表所示：

（單位：萬元）

權益：	
股本（$10 面額，50,000,000 股）	$ 50,000
資本公積	30,000
保留盈餘	60,000
其他權益	5,000
權益總計	$145,000

假設基健醫學從資本公積及保留盈餘分別轉增資 $2 億及 $2.5 億，則增資後的權益組成如下：

（單位：萬元）

權益：	
股本（$10 面額，95,000,000 股）	$ 95,000
資本公積	10,000
保留盈餘	35,000
其他權益	5,000
權益總計	$145,000

可以看出，以資本公積或保留盈餘轉增資的方式，僅會使得公司股本及流通在外股數增加，但整體權益金額並未改變；因此，既未涉及公司現金流量的變化，公司資產也不會增加[10]。

---

[10] 盈餘轉增資與資本公積轉增資的時機通常是配合公司發放股票股利，本書在第十二章討論公司股利政策時，會作進一步說明。

現金增資

公司若希望引進新的權益資金，就必須發行新股，此即是所謂的現金增資。進一步而言，現金增資是公司向股東籌措資金，用以投資在拓展業務或改善公司財務狀況。有限公司的增資，必須得到股東過半數之同意。若有股東無意參與增資，可經全體股東同意後，改由新股東參加。股份有限公司欲以發行新股方式進行增資，則須經董事會以董事三分之二以上之出席，以及出席董事過半數決議通過。

前一節提及，公司若要發行新股，公司股東擁有優先認股權，不過在現金增資時，還須考量公司員工的認股權。我國現行法令（公司法第267條）規定，公司計畫發行新股時，須保留發行股數的10%至15%，由公司員工承購。剩餘部分則按「原股東儘先分認」原則，公告並通知原股東依原有股份比例認購。原股東未認購或認足之部分，可公開發行或洽特定人認購。須注意的是，發行新股時要保留一定比例由員工承購係屬於強制規定，公司不得任意剝奪之。不過，員工依規定承購之股份，公司得限制在一定期間內不得轉讓，該期間最長不得超過二年。

依據我國證券交易法第22-1條規定，公司於增資發行新股時，須符合股權分散標準。另依「發行人募集與發行有價證券處理準則」第17條及第18條，尚未上市櫃交易之公開發行公司，其股權分散未達標準者，必須於現金增資發行新股時，提撥發行新股總額之百分之十對外公開發行。若已為上市櫃公司，則不論股權分散是否已達標準，均應提撥一定比例之新股對外公開發行；提撥比率最低為

發行新股總額的 10%，但股東會另有較高比率之決議者，從其決議。表 8-1 列出國內上市櫃公司現行之股權分散標準。

我國主管機關針對公司發行新股也訂有一些限制規範。簡單來說，若公司最近連續二年有虧損，或資產不足抵償債務，將不得發行新股（公司法第 270 條）。新發行特別股時，若公司最近三年（或開業不及三年之開業年度）之稅後平均淨利，不足支付已發行及擬發行之特別股股息者，或是對於已發行之特別股約定股息未能按期支付者，皆不得發行新股（公司法第 269 條）。

表 8-1 我國上市櫃公司股權分散標準

	股權分散標準
上市公司	1. 公司之記名股東人數在 1,000 人以上。 2. 公司內部人以外之記名股東人數不少於 500 人。 3. 公司內部人以外之記名股東所持股份合計占發行股數 20% 以上或滿一千萬股。
上櫃公司	1. 公司內部人以外之記名股東人數不少於 300 人。 2. 公司內部人以外之記名股東所持股份合計占發行股數 20% 以上。

公司在發行新股時，公開發行的部分，必須以現金為股款，但由原股東認購或經特定人協議認購而不公開發行之部分，得以公司事業所需之財產（例如對公司所有之貨幣債權以及公司所需之技術）為出資（公司法第 272 條）。若有股東希望以非現金對價來認購股份時，公司就必須召開董事會來決議抵充數額，然後在認股書上載明其財產之種類、數量、價格或估價之標準，以及公司核給之

股數。至於新股發行價格，則不分承購對象均應一致；換言之，同次發行由公司員工承購或原股東認購之價格，應與對外公開發行之價格相同。

例 8-1

王品光學公司資產負債表之權益部分如下表所示。

（單位：萬元）

權益：	
股本（$10 面額，1,000,000 股）	$1,000
資本公積	40
保留盈餘	250
權益總計	$1,290

該公司規劃辦理現金增資發行普通股 500,000 股，並以每股 $13.3 發行。請問在增資完成後，其權益項目會如何改變？若是以每股 $9.5 發行，權益項目又會如何改變？

-----

1. 增資股以每股 $13.3 發行，股本部分將增加 $5,000,000 (= $10 × 500,000)，每股溢價 $3.3，共計 $1,650,000 (= $3.3 × 500,000)，則認列於資本公積。該公司在增資後的權益科目如下：

（單位：萬元）

權益：	
股本（$10 面額，1,500,000 股）	$1,500
資本公積	205
保留盈餘	250
權益總計	$1,955

2. 若是以每股 $9.5 增資，由於股本部分仍是以每股 $10 認列，共增加 $5,000,000。每股折價 $0.5（總計 －$250,000），則須從資本公積扣除。該公司在增資後的權益科目如下：

（單位：萬元）

權益：	
股本（$10 面額，1,500,000 股）	$1,500
資本公積	15
保留盈餘	250
權益總計	$1,765

私募增資

本書在前一章曾提及，公司可透過私募方式發行公司債。同樣地，公開發行（股票）公司也可採私募方式進行增資。依據國內現行之有價證券私募制度（證交法第 43-6 條），公開發行公司向特定人招募有價證券，不須事先向證券主管機關申報（係採事後報備制）。更重要的是，公開發行公司只需取得代表已發行股份總數過半數股東之出席，出席股東表決權三分二以上之同意，即可對特定人進行私募，且不受前述「股權分散」及「公司員工與原股東優先認購」之限制。

採用私募方式有助於加速權益資金的籌措，但為避免有圖利特定人之嫌，公司在辦理私募增資前，應就採私募而避公開發行之決策理由、私募增資股票發行價格之訂定依據及合理性，以及特定人選擇之方式等，於股東會上詳加說明，且不得以臨時動議提出私募

議案。

特定人以私募方式取得之股票有 3 年內不得轉讓的限制。私募股票自交付日起滿 1 年後，得經報請主管機關核准，轉讓給具相同資格的特定人，但不可轉賣給發行公司的董監事或是經理人。

以私募方式現金增資除了提供公司在籌資上的彈性，也有利於企業迅速引進新的股東，或與其他法人建立策略聯盟。不過，由於此制度排除了原股東的優先認股權，原股東（特別是公司小股東）將因而無法維持其既有的公司控制權或盈餘分配權。更有甚者，私募增資的發行價格往往低於股票市值，有可能產生公司股價下跌的壓力，對於無法參與私募增資的一般股東而言，除了股權會被稀釋，相關權益也可能受損。因此，對於以股東權益極大化為經營目標的企業而言，在採用私募現增方式籌措資金時，應更加謹慎行事為宜。

C 現金減資

公司債券多訂有發行期限，到期償還後負債即自財報上移除。反之，股票並無明訂到期期限，企業發行股票後亦不得任意收回，若持續透過增資以募集權益資金，再加上保留盈餘及資本公積轉增資，必將導致公司股本持續膨脹。股本的過度增加對公司每年的盈餘或股東權益報酬率將產生稀釋效果，不利於公司經營績效的表現。面對此問題，解決方式之一就是縮減股本，亦即將股款退還給股東，此即所謂的**現金減資**。

正式說來，減資是指股份有限公司透過法定程序減少其資本額，使流通在外的股數減少。實務上，公司減資可分為三種類型：

(1) 現金減資；(2) 註銷庫藏股減資；(3) 打消虧損減資。此處僅針對現金減資加以討論，其他兩種公司減資方式留待本書第十二章再行說明。

如前所述，一個有高度成長性的公司會不斷地尋找投資機會，公司規模（及資本額）自然也就隨之擴張。然而，當公司營運走向成熟穩定階段甚或衰退時，手中可能握有大筆現金卻苦無新的投資機會，此時透過現金減資方式來將餘錢還給股東乃是一個可考慮的選擇。

現金減資實際上就是以面額減資，減少的股份則是由全體股東依持股比例分攤。茲舉一例說明如下。迦麗寶公司原有股本 $10 億（面額 $10），資本公積與保留盈餘分別是 $6 億及 $2.5 億，權益合計為 $18.5 億，如下所示：

（單位：萬元）

權益：	
股本（$10 面額，100,000,000 股）	$100,000
資本公積	60,000
保留盈餘	25,000
權益總計	$185,000

假設迦麗寶公司計畫將多餘的 $2 億現金以減資方式還給股東，股東每持有一股股票將可獲得現金 $2（= $200,000,000 / 100,000,000 股）。對於公司資產負債表的影響是：股本被減除 $2 億，資本公積與保留盈餘維持不變。換言之，該公司在現金減資後的權益部分將會成為：

財經訊息剪輯

全銓的現金減資

國內商業不動產租賃公司全銓（代號：8913）在 2017 年進行現金減資，減資比率為 80%，減資金額為 NT$349,755,000；減資後股本為 NT$87,438,730，而流通在外股數為 8,743,873 股。投資人在減資前若擁有股數 1,000 股（舊股），在減資後換發之新股為 200 股，並獲退還現金 $8,000。亦即是說，全銓 1,000 舊股 = 全銓 200 新股 + 退還現金 $8,000。

全銓今年現金減資後，每股淨值上升至 143.75 元；減資前最後交易日（9月5日）之每股收盤價為 $32，減資後恢復交易首日（9月22日）之每股收盤價為 $122。

以下是我國在 2017 年進行現金減資的公司，依減資率由高至低排名的前十名。

基準日	公司代號	公司名稱	減資金額（千元）	減資率	換發新股（每千股）	每股退還（元）	減資後股本（千元）
106/09/12	8913	全　銓	349,755	80.00%	200.00	8.00	87,439
106/09/30	4303	信　立	528,210	72.54%	274.65	7.25	200,000
106/10/05	1451	年　興	2,020,000	50.50%	495.00	5.05	1,980,000
106/09/22	6121	新　普	1,233,137	40.00%	600.00	4.00	1,849,705
106/12/05	8067	志　旭	147,554	32.97%	670.31	3.30	300,000
106/08/13	2327	國　巨	1,509,669	30.20%	698.78	3.01	3,488,641
106/09/01	2373	震旦行	1,012,297	30.00%	700.00	3.00	2,362,025
106/09/04	2733	維　格	72,288	30.00%	700.00	3.00	168,672
106/10/27	3026	禾伸堂	672,646	30.00%	700.00	3.00	1,569,508
106/12/14	8091	翔　名	182,040	30.00%	700.00	3.00	424,761

（單位：萬元）

權益：	
股本（$10 面額，80,000,000 股）	$ 80,000
資本公積	60,000
保留盈餘	25,000
權益總計	$165,000

　　$2 億的現金減資對迦麗寶公司的流通在外股數、每股淨值及每股盈餘會產生什麼影響呢？首先，流通在外股數由 100,000,000 股降至 80,000,000 股，導致每股淨值由 $18.5 上升至 $20.625。若該公司的淨利在減資前後均維持在 $1.5 億，則經過此現金減資後，每股盈餘會由 $1.5 上升至 $1.875。

　　依我國公司法第 279 條，因減資而必須換發新股票時，公司應於減資登記後，訂定六個月以上之期限通知各股東換取，並聲明逾期不換取者，喪失其股東之權利。股東於前項期限內不換取者，即喪失其股東之權利，公司得將其股份拍賣，並將賣得之金額給付該股東。

第三節　股票評價

本節重點提問

- 為什麼股票的評價模型即是「股利折現模型」？
- 何謂「終端價格」？
- 股利成長率與盈餘成長率有何關係？

投資人一旦購買了某家公司的普通股股票，就成為公司的所有權人，並可藉投票來對該公司行使控制權。然而，大多數的股東（非大股東）買股票的動機或許不是為了所有權或控制權，而是為了與財富有關的兩項期待：一是公司「可能」會發放股利，二是股票價格「可能」上漲而創造**資本利得** (Capital Gains)。股票屬於風險性投資，也就是說，投資人雖然期待股利和資本利得，但卻有可能期待落空，甚至失去本金。首先，公司不一定會發放股利。公司能定期發放股利的先決條件是經常持盈保泰。其次，股票價格不一定會上漲而創造資本利得。每位投資人在購買股票時，都認為自己所選的是好股而股價必定會上漲，也就是認為目前的股價是低估的。但事實上，股票市場上不乏苦嚐股價下跌而抱著**資本損失** (Capital Loss) 或鎩羽而歸的投資人。

股利折現模型

如何測知股票在市場中的價格為高估、低估或正確反映其應有的價值？這其實是有值得研習的脈絡可循。依據本書第二章所介紹的「現金流量折現法」，股票目前的價格即等於所有未來預期現金流量的現值加總。股票本身並沒有到期期限，投資人在購買股票後若決定一直持有而不賣出，則從該股票所預期的唯一報酬來源就是股利；在此情況下，股票的價格即等於「所有未來預期股利的現值加總」。換句話說，股票的評價模型基本上就是一個**股利折現模型** (Dividend Discount Model, DDM)，可以表示如下：

$$\hat{P}_0 = \frac{D_1}{(1+K_S)^1} + \frac{D_2}{(1+K_S)^2} + \cdots\cdots + \frac{D_\infty}{(1+K_S)^\infty} \qquad (8\text{-}1)$$

(8-1) 式中，$\hat{P}_0$ 是股票在目前的理論價格或預期價格；D_t 是投資人預期在 t 年底會收到的股利 ($t = 1, 2,\cdots,\infty$)；K_S 是目前股東所要求的報酬率，或稱**必要報酬率** (Required Rate of Return)[11]。

在 (8-1) 式中，未來每一年年底可收到的股利金額 (D_t) 該如何預測？我們可以根據目前該公司剛發放的股利 (D_0) 來推測未來每一年的股利金額；預測重點在於估計出每年的**股利成長率** (Dividend Growth Rate)。有關公司未來每年的股利成長情形，可以簡單分為三種型態：(1) 股利呈固定成長，亦即未來每年的股利成長率皆相等；(2) 股利完全不成長，亦即未來每年的股利成長率皆等於零；(3) 股利成長率在前幾年無規則性，之後才呈現固定。根據這三種股利成長率的假設，我們可以導出三種股票評價模型，分別描述如下。

◎ 固定成長模型

股利的**固定成長模型** (Constant Growth Model) 是財務學教授高登 (Myron J. Gordon) 所提出，故亦稱作**高登成長模型** (Gordon Growth Model)。此模型假設股利的成長率每年皆相等；若以 g 代表固定的成長率，目前股利為 D_0，則未來第 t 年底之股利可表示為 $D_t = D_{t-1}(1+g) = D_0(1+g)^t$。據此，我們可將 (8-1) 式改寫成為：

$$\hat{P}_0 = \frac{D_0(1+g)^1}{(1+K_S)^1} + \frac{D_0(1+g)^2}{(1+K_S)^2} + \cdots + \frac{D_0(1+g)^\infty}{(1+K_S)^\infty} \qquad (8\text{-}2)$$

(8-2) 式其實是一個數學上的無窮等比級數，故簡化後的高登成長模型可表示如下[12]：

---

[11] 必要報酬率相當於債券評價公式中的殖利率。

[12] (8-3) 式的推導過程，請參考本書延伸學習庫→ Word 資料夾→ Chapter 8 → No.2。

$$\hat{P}_0 = \frac{D_0(1+g)}{K_S - g} = \frac{D_1}{K_S - g} \qquad (8\text{-}3)$$

在高登成長模型中特別值得留意的一點是：K_S 必須大於 g；因為 K_S 若小於 g，則股價就成為負值；我們都知道股價絕不可能為負值，故 (8-3) 式中的股東要求報酬率 (K_S) 必定要大於公司的固定股利成長率 (g)。

市場上多數公司每年的盈餘成長都頗為穩定，所以這些公司的股票很適合運用高登模型來預測價格。高登模型簡化了股票評價工作，因為模型中唯一需要預測的，只是一個固定的股利成長率 (g)。

例 8-2

某上市公司在 2017 年每股普通股配發現金股利 \$0.3，倘若該公司每年的股利皆是以固定 5% 的幅度成長，而股東要求報酬率 (K_S) 為 7%，請問在 2018 年的預期股價會是多少？

根據高登成長模型，預估當期股價 (P_0) 是要依據下一期的預期股利 (D_1)。因此要估計 2018 年的股價，需要估計 2019 年的預期股利。令 2017 年的股利為 D_0，則在兩年後（2019 年）的預期股利為 $D_0(1+g)^2$。因此我們算出 2018 年的預期股價如下所示：

$$\hat{P}_{2018} = \frac{D_{2019}}{K_S - g} = \frac{D_0(1+g)^2}{K_S - g}$$

$$= \frac{\$0.3(1+5\%)^2}{7\% - 5\%}$$

$$= \$16.54$$

實力秀一秀 8-2：小於零的股利成長率

飆網公司日前發放了每股 $5 的股利，該公司同時宣布在可預期的未來，每年的股利發放皆會比前一期減少 10%。假設該公司股東要求報酬率為 12%，依據高登成長模型，飆網公司目前的股價應是多少？該公司兩年後的股價又是多少？

零成長模型

若公司將每年的淨利全都發還給股東而不保留任何部分，亦未對外融資，表示公司不再進行任何投資，則長期而言，公司的盈餘不可能再成長，每年的股利也只能維持固定不變。這樣的公司，其股票評價適用**零成長模型** (Zero Growth Model)。此模型假設每年股利為一常數 D，也就是 $D = D_0 = D_1 = D_2 = \cdots\cdots = \infty$，因此股利成長率為零，亦即 $g = 0$。若將 $g = 0$ 代入 (8-3) 式中，即可得到下式[13]：

$$\hat{P}_0 = \frac{D}{K_S} \tag{8-4}$$

例 8-3

立文公司普通股每年支付 $2.5 的股利，其成長率為零，而折現率（股東要求報酬率）為 10%，則立文公司的普通股股價應為多少？

利用零成長模型 (8-4) 式，可算得普通股股價為：

$$\hat{P}_0 = \frac{D}{K_S} = \frac{\$2.5}{10\%} = \$25$$

---

[13] 零成長模型相當於本書第二章所介紹的永續年金計算公式。

普通股的股利若出現零成長,其表現就好像是一支特別股,因為特別股的股利通常每年皆為固定金額,不會隨著公司盈餘的變化而有所增減。

非固定成長模型

非固定成長模型 (NonConstant Growth Model) 適用於一些規模尚小但已開始獲利的公司。這些公司正值企業生命中的快速成長期,但盈餘與股利的成長尚無規則性。歷經非固定成長期間之後,企業的盈餘成長就會趨於穩定而邁入固定成長期間。因此,當我們針對這些公司之股票進行評價時,可將未來預期股利的期間劃分為兩段,前段是非固定成長期間,後段則是固定成長期間。

如何針對非固定成長型態的股票作評價?茲舉一例說明如下。假設某投資人預期某檔股票未來三年的股利將呈現不規則成長(在第 1、2、3 年底的預期股利分別為 D_1、D_2、D_3),但自第四年起,股利的成長率就會固定為 g〔亦即在第 4、5、6、…… 年底的預期股利分別為 $D_3(1+g)$、$D_3(1+g)^2$、$D_3(1+g)^3$、……〕,那麼此檔股票的理論價格或預期價格可以計算如下:

1. 首先計算股票在固定成長期間起始點的價值。由於該檔股票之股利從第四年起有穩定的成長率,故可利用高登成長模型,(8-3) 式,將股票在第三年底之理論價格算出如下:

$$\hat{P}_3 = \frac{D_3(1+g)}{K_S - g} = \frac{D_4}{K_S - g}$$

2. 將未來三年之股利以及第三年底之股價分別依股東要求報酬率折現至目前時點：

$$\hat{P}_0 = \frac{D_1}{(1+K_S)^1} + \frac{D_2}{(1+K_S)^2} + \frac{D_3}{(1+K_S)^3} + \frac{\hat{P}_3}{(1+K_S)^3} \quad (8\text{-}5)$$

上式中的 $\hat{P}_3$，是指股票在第三年底的預期價格，亦即股票在非固定成長期間結束（固定成長期間開始）時點的預期價格。股票目前的價格 ($\hat{P}_0$)，則等於非固定成長期間內所有股利的現值加上 $\hat{P}_3$ 的現值。(8-5) 式中的非固定成長期間只有三年，若將該式一般化，則得到下式：

$$\hat{P}_0 = \sum_{t=1}^{n} \frac{D_t}{(1+K_S)^t} + \frac{\hat{P}_n}{(1+K_S)^n} \quad (8\text{-}6)$$

其中的 $\hat{P}_n$，一般稱之為**終端價格** (Terminal Price or Horizon Price)，代表股票在特定持有期間（譬如非固定成長期間）結束時點的預期價格，其公式如下：

$$\hat{P}_n = \frac{D_n(1+g)}{K_S - g} = \frac{D_{n+1}}{K_S - g} \quad (8\text{-}7)$$

由前面的描述可知，不論投資人是否長期持有股票，股票的評價模型都是一種「股利折現模型」，但這並不代表評價模型不考慮資本利得。事實上，投資人的資本利得，與股票賣出時點的終端價格有關，而終端價格即等於股票賣出時點之所有未來預期股利的現值加總。

例 8-4

基因醫療 (Genecure Inc.) 是一家研發愛滋疫苗的新創生技公司，其所研發的一種新藥在 2016 年年底已進入臨床實驗階段。該公司在短期內因資金有限，2017、2018 兩年預計仍舊只能發放每股 $1 的股利（成長率為 0%）。接下來的兩年，也就是在 2019 年年底及 2020 年年底，股利的成長率預估將分別是 15% 及 20%；之後股利的成長率則可穩定在每年 4%。倘若投資人對基因醫療的股票要求報酬率為 12%，請問基因醫療目前的股票理論價格應是多少？

---

1. 以 2016 年年底作為評價時點，首先算出 2017、2018、2019、2020 年年底的股利金額 (D_1、D_2、D_3、D_4) 及終端價格 ($\hat{P}_4$) 如下：

   $D_1 = \$1$

   $D_2 = \$1$

   $D_3 = \$1(1 + 15\%) = \$1.15$

   $D_4 = \$1.15(1 + 20\%) = \$1.38$

   $$\hat{P}_4 = \frac{D_4(1+g)}{K_S - g} = \frac{1.38(1+4\%)}{12\% - 4\%} = \$17.94$$

2. 接著再算出股票目前（2016 年年底）的價格為：

   $$\hat{P}_0 = \frac{D_1}{(1+K_S)^1} + \frac{D_2}{(1+K_S)^2} + \frac{D_3}{(1+K_S)^3} + \frac{D_4}{(1+K_S)^4} + \frac{\hat{P}_4}{(1+K_S)^4}$$

   $$= \frac{\$1}{(1+12\%)^1} + \frac{\$1}{(1+12\%)^2} + \frac{\$1.15}{(1+12\%)^3} + \frac{\$1.38}{(1+12\%)^4} + \frac{\$17.94}{(1+12\%)^4}$$

   $$= \$14.79$$

貼心提示：運用股利折現模型進行股票評價，請參考延伸學習庫 → Excel 資料夾 → Chapter 8 → X8-A。

C 自由現金流量折現模型

市場上有些公司可能從不發放股利,或是每年雖有不錯的獲利,但僅象徵性地發放少許股利。要想以股利折現模型來評價這些公司的股價,恐有實際上的困難,而此時自由現金流量折現模型即可派上用場。

本書第四章曾指出,公司為維持正常營運活動及成長所需,必須持續地投入新的營業資金,將每期稅後營業利益扣除當期的新增營業資金後,就可得到當期之**公司自由現金流量** (Free Cash Flow to Firm, FCFF),或簡稱自由現金流量。此一金額可供公司自由運用,例如用之償還負債、發放現金股利,或納入保留盈餘供作未來運用。

將公司自由現金流量扣除公司在當期所償還的負債後,剩下的就是可歸屬於公司股東的現金流量,稱之為**權益自由現金流量** (Free Cash Flow to Equity, FCFE)。若公司每年都將全部的權益自由現金流量以現金股利方式發放給股東,則採用前述之股利折現模型,即可算出目前之每股理論價格。但若公司不發放股利,或未將全部的權益自由現金流量當作股利發放,則該如何計算每股價格?我們可以運用「現金流量折現」的概念,先針對公司未來每期的權益自由現金流量 (FCFE$_t$) 進行折現,然後再算出權益的理論價值 ($\hat{E}_0$),如下所示:

$$\hat{E}_0 = \frac{FCFE_1}{(1+K_S)^1} + \frac{FCFE_2}{(1+K_S)^2} + \cdots\cdots + \frac{FCFE_\infty}{(1+K_S)^\infty} \qquad (8\text{-}8)$$

將算得之權益價值除以該公司流通在外股數,即可得到每股股票的理論價格或預期價格 ($\hat{P}_0$)。

以 (8-8) 式估計權益價值時,式中的未來每期權益自由現金流量該如何預測?採用與股利折現模型相同的原則,我們可根據公司當期的權益自由現金流量來推測未來每期的權益自由現金流量,重點在於估計出權益自由現金流量的成長率。如同股利成長模型,我們可將權益自由現金流量的成長型態分為固定成長、零成長及非固定成長三種,以 g 代表權益自由現金流量的成長率,分別算出公司的權益(理論)價值如下:

1. FCFE 固定成長模型:

$$\hat{E}_0 = \frac{FCFE_0(1+g)^1}{K_S - g} = \frac{FCFE_1}{K_S - g} \qquad (8\text{-}9)$$

2. FCFE 零成長模型:

$$\hat{E}_0 = \frac{FCFE}{K_S} \qquad (8\text{-}10)$$

3. FCFE 非固定成長模型:

$$\hat{E}_0 = \sum_{t=1}^{n} \frac{FCFE_t}{(1+K_S)^t} + \frac{\hat{E}_n}{(1+K_S)^n} \qquad (8\text{-}11)$$

其中的 $\hat{E}_n$ 代表在非固定成長期間結束後之權益預期價格(終端價值),計算式如下:

$$\hat{E}_n = \frac{FCFE_n(1+g)}{K_S - g} = \frac{FCFE_{n+1}}{K_S - g} \qquad (8\text{-}12)$$

例 8-5

豐年食品公司的獲利多年來均維持穩定成長,但從未發放股利。該公司在 2017 年度的權益自由現金流量有 $150 萬,預估未來可維持 2% 的固定成長。假設該公司流通在外股數為 400,000 股,股東要求報酬率為 7%,請問豐年食品的每股股票價值是多少?假設該公司的權益自由現金流量成長率為零,則其每股價值又會是多少?

----

1. 固定成長率 = 2%

    運用 (8-8) 式,先算出豐年食品公司的權益理論價值如下:

$$\hat{E}_0 = \frac{FCFE_0(1+g)^1}{K_S - g}$$

$$= \frac{\$1,500,000\,(1 + 2\%)}{7\% - 2\%} = \$30,600,000$$

    將權益價值除以流通在外股數,即得到每股股票的理論價值為:

$$\hat{P}_0 = \frac{\$30,600,000}{400,000} = \$76.50$$

2. 成長率 = 0%

    運用 (8-9) 式,算出豐年食品公司的權益理論價值如下:

$$\hat{E}_0 = \frac{FCFE}{K_S}$$

$$= \frac{\$1,500,000}{7\%} = \$21,428,571$$

    將權益價值除以流通在外股數,得到每股理論價值為:

$$\hat{P}_0 = \frac{\$21,428,571}{400,000} = \$53.57$$

> **貼心提示：** 運用權益自由現金流量折現模型進行股票評價，請參考延伸學習庫 → Excel 資料夾 → Chapter 8 → X8-B。

實力秀一秀 8-3：FCFE 非固定成長公司的股票評價

順風物流是一家快速成長的公司，今年度 (2017) 開始，其權益自由現金流量 (FCFE) 由負轉正，達到 $20 萬。該公司預估今後三年的 FCFE 成長率將分別為 15%、20% 及 12%，但是從第四年起，由於市場漸趨飽和，FCFE 成長率將會趨於穩定，且每年固定成長率只有 5%。假設該公司流通在外股數為 2,500,000 股，公司之股東要求報酬率為 9%，請問順風物流的每股股票價值是多少？若第四年起的 FCFE 固定成長率只能達到 3%，則其每股價值又會是多少？

財務問題探究：股利成長率與盈餘成長率有何關係？

股利成長率與盈餘成長率的關係可以從高登成長模型來看。股利成長率在高登模型中假設為永遠固定不變；一旦我們假設股利成長率永遠固定不變時，其實即等於說盈餘成長率每年皆等於股利成長率。何以如此說？舉例來看，若某公司的股利成長率永遠都固定在 5%，但盈餘成長率卻是年年固定在 7%，如此公司每年的股利支付率（股利/盈餘）就會愈來愈小，最後趨近於零。反之，若股利成長率每年皆固定在 5%，但盈餘成長率卻是每年固定在 3%，則最後就會發生公司付不出股利的情形。以上兩種情形都不符實際，因此公司的股利成長率即使不是年年皆等於盈餘成長率，也應是長期平均股利成長率等於長期平均盈餘成長率。特別是在高登成長模型中，當股利成長率假設為固定不變時，所隱涵的就是盈餘成長率等於股利成長率。

第四節　股票評價模型的應用要領

> **本節重點提問**
> - 如何評斷非固定成長期間有多長？
> - 如何估計盈餘成長率？
> - 股利支付率與盈餘成長率有何相互變動的關係？

我們在上一節介紹了兩種股票評價模型，分別是針對公司未來的股利或權益自由現金流量 (FCFE) 進行折現。兩種評價模型皆分為三種形式，彼此的差異主要在於對股利或 FCFE 成長率的假設。固定成長模型假設股利或 FCFE 成長率每年固定不變，零成長模型假設成長率始終為零，而非固定成長模型則假設股利或 FCFE 會先經歷一段不規則的成長期間，然後逐漸穩定而保持在一個固定的水準。

在套用這些評價模型之前，我們需要作一些判斷或估計。首先，所要評價之股票是屬於哪一種成長類型？若公司獲利明顯不再成長，當然可歸類為零成長型態；但若股利或 FCFE 仍在成長狀態，則需要一些準則來幫助評斷是否適用非固定成長或固定成長模型。若成長率不為固定，則須決定此一不規律性還會持續多久？最後，我們還須估計出評價模型所要用到的折現率（股東要求報酬率）。針對這些考量，以下依序加以說明之。

成長類型的評斷

一般而言,公司的規模都是由小而大;正在急速擴張、蓬勃發展的企業,其成長速度必定高於其所在經濟體(市場)的平均成長率。換言之,若整個經濟體的成長率維持在每年 3%,那麼正在快速發展企業之成長率必然大於 3%。然而,一個企業的成長不可能永遠都勝過其所在的經濟體,否則這個企業最後就會發展成比整個經濟體還大。因此,企業通常是在發展初期會有較高的成長率,但若干年後必定會緩和下來,進而趨於穩定。

什麼樣的成長率才可看作是企業長期可維持的「固定成長率」呢?我們可以把企業所屬經濟體的長期平均成長率(例如市場無風險利率水準),當作是企業的「固定成長率」。譬如某跨國企業在全球各地的布署與營運都相當平均,那麼這家企業所屬的經濟體就是全球,因此其固定成長率應是全球的長期平均成長率。又譬如某公司的主要經濟活動都局限在本國境內,那麼其本國的長期平均成長率就可看作是該企業的「固定成長率」。一旦有了「固定成長率」的參考值,要決定企業目前是否處於固定成長期間就容易多了。

非固定成長期間的估計

非固定成長期間會持續多久?這需要評價者作一些判斷。一般可依循的評斷準則是:(1) 企業目前的成長率比「固定成長率」高出愈多,則非固定成長期間愈長;(2) 企業目前的規模愈大,則非固定成長期間愈短;(3) 企業的進入障礙愈高,競爭對手愈少,則非固定成長期間愈長。

另外一種判定準則是完全依據企業目前的成長率與「固定成長率」的差距，依此方法訂定的切割點可以隨評價者的看法設定，雖然有些主觀，但仍不失為一種既方便又清晰的評斷標準。譬如企業目前的成長率每超過「固定成長率」一個百分點，就評定非固定成長期間為一年；或依此作更保守或更樂觀的評定。

實力秀一秀 8-4：非固定成長期間與進入障礙

坤輝科技是一家製造特殊功用玻璃的公司，其技術目前在國內仍是獨當一面，無他家可在短期內跟進；廣輝是一家製造面板的公司；面板的製造雖有較高的進入障礙，但目前市場上已有多家公司共分市場配額。與相關產業的「固定成長率」作比較，這兩家廠商現階段都算處於非固定成長期間，你認為哪一家會有較長的非固定成長期間？

◎ 股利與權益自由現金流量的估計

要估計一家公司的股利有兩種方式，一是估計其股利成長率，二是估計該公司的盈餘成長率與股利支付率，如下所示：

(1) 預期股利 ＝ 前一期的股利 ×（1 ＋ 股利成長率） (8-13)

(2) 預期股利 ＝ 前一期的盈餘 ×（1 ＋ 盈餘成長率）× 股利支付率 (8-14)

由 (8-13) 式及 (8-14) 式可知，預期股利可以根據前一期的股利及股利成長率而算出，也可根據前一期的盈餘、盈餘成長率及股利支付率而算得。然而在實務上，大多數市場分析師只會對公司的盈

餘成長提供預測值，因此透過 (8-14) 式來估計預期股利相對較為方便。須注意的是，(8-14) 式中所需用到的股利支付率，通常會隨公司的股利政策而改變，同時公司現金部位的多寡也會對股利支付率產生影響。

另一個方法，就是針對權益自由現金流量 (FCFE) 進行估計。我們可採用分析師對公司未來盈餘（淨利）成長的預測，算出預期之營業淨利後，扣除新增營業資金，再減去淨負債償還金額，如下所示：

$$FCFE = 營業淨利 - 新增營業資金 - 淨負債償還金額$$

上式中的淨負債償還金額代表公司在當期之負債償還金額減去新增負債金額。由於權益自由現金流量的估計不涉及公司股利政策或現金部位的考量，因此在實務應用上，要比預測公司股利或股利支付率更為容易。

除了使用分析師對公司未來盈餘（或淨利）的預測值外，我們也可採用該公司盈餘的歷史資料，計算其盈餘的歷史成長率 (Historical Growth Rate) 來當作未來成長率的預測值。此處須注意兩個問題，一是歷史期間到底應涵蓋幾年？二年、三年，還是五年？此點或可根據公司所處產業的時空背景及成長率走勢作出判斷。二是盈餘成長是以複利而非單利的模式在進展，因此我們應採用幾何平均法，而非算數平均法來找出歷史成長率。舉例來說，若公司過去三年每年的盈餘成長率分別為 20%、40%、30%，則應用幾何平均法所算出的歷史成長率如下：

$$\sqrt[3]{(1+20\%)(1+40\%)(1+30\%)} - 1 = 29.74\%$$

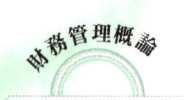

再換一個角度來看，一家公司的獲利成長前景應與其過去淨利轉投入企業之比例（亦即所謂的**盈餘保留率**）有關，也會與公司為股東賺得報酬率的能力（**股東權益報酬率**）有關。簡單來說，若公司不增加投資，而是將每期獲利全數當作股利發還股東（盈餘保留率等於零），則未來盈餘自然不會成長。同樣地，權益報酬率也會影響公司的淨利表現。因此，我們也可透過下式來估計公司的盈餘成長率，表示如下：

$$\text{盈餘成長率} = \text{盈餘保留率} \times \text{股東權益報酬率} \quad (8\text{-}15)$$

◎ 股東要求報酬率的估計

本章所介紹的股票評價模型皆是依據現金流量折現原則，因此不論是採哪一種成長模式，都有必要估計「折現率」，也就是「必要報酬率」或「股東要求報酬率」。根據本書第六章所介紹的資本資產定價模型(CAPM)，任一資產的預期報酬率（亦即股東要求報酬率）等於無風險利率加上該資產的風險溢酬，而此風險溢酬則等於市場風險溢酬乘上該公司的貝他係數；亦即：

$$\begin{aligned}\text{必要報酬率} &= \text{無風險利率} + \text{資產的風險溢酬}\\ &= \text{無風險利率} + \text{資產的貝他係數} \times \text{市場風險溢酬}\end{aligned}$$

我們可依據 CAPM 來算出股票評價模型所需之折現率，至於貝他係數的估計，在第六章已有詳細說明，此處不再重複。特別一提的是，一家公司貝他係數的高低反映其股票的報酬率與整體市場報酬率的關聯性。因此，股票在不同成長期間內的系統風險高低（貝

他係數的大小）應會有所不同。換言之，公司處於高成長期間時的貝他係數應該會比處於固定成長期間的為高，故所需採用的必要報酬率（折現率）也應大於固定成長期間所用的必要報酬率。

實力秀一秀 8-5：必要報酬率的估計

假設王統公司在非固定成長期間的貝他係數等於 1.25，而在穩定（固定）成長期間的貝他係數等於 1。若市場無風險利率為 4%，而市場風險溢酬為 5%，分別計算王統公司的股票在兩個成長期間之必要報酬率。

本章摘要

- 股份有限公司須將資本額分為股份,每股面額應相同,並依其實際需要在資本額度內分次發行。

- 股份有限公司首次發行股份所取得的資本稱之為實收資本額,或簡稱股本。

- 實收資本額達新台幣五億元以上之股份有限公司才須發行股票;未達該金額者,除非公司章程另有規定,得不發行股票。

- 我國從2006年7月開始,所有上市、上櫃及興櫃公司的首次發行及增資股票一律須以無實體發行。

- 公司不得以章程禁止或限制股東的股份轉讓,但公司發起人的股份必須在公司設立登記一年之後才能轉讓。

- 公司在發行股份(股票)後,不得將其股票收回或買回,除非是以下三種情況:(1)所發行股份為特別股;(2)買回自家股票作員工認股之用;(3)公司進行重大營運決策而影響少數股東權益時,異議股東得要求公司以公平價格買回其所持有之股份。

- 普通股股東所享有權利包括:(1)公司控制權,(2)優先認股權,(3)盈餘分配權,及(4)剩餘資產求償權。

- 優先認股權的目的有二:一是在保障現有股東的所有權比例不遭稀釋,故保障其對公司的控制權;二是在預防管理者以較低價格出售新股,而將財富從現有股東移轉至他人或管理者自己手中。

- 特別股雖與普通股一樣屬於「權益證券」,但本質上是一種固定收益的權益證券,其報酬率不因公司經營績效良好而受惠。

- 多數股東購買普通股的動機並不是為了所有權,而是為了與財富有關的兩項期待:一是公司可能會發放股利,二是股票價格可能上漲而創造資本利得。

- 股票投資人若一直持有不賣出，則投資人從該股票所預期到的報酬就是股利；在此情況下，股票的價格即等於「所有預期未來股利的現值加總」。

- 有關公司未來每年的股利成長率，基本上有三種型態：(1) 未來每年的股利成長率皆相等（股利呈固定成長）；(2) 未來每年的股利成長率皆等於零（股利零成長）；(3) 股利在最初幾年作超常成長，以後則呈固定成長。

- 企業所屬經濟體的長期平均成長率可視作企業的「固定成長率」。依據「固定成長率」的參考值，即可決定企業目前是否落於超常成長期間或是固定成長期間。

- 估計非固定成長期間可依據的評斷準則：(1) 企業目前的成長率比「固定成長率」高出得愈多，則非固定成長期間愈長；(2) 企業目前的規模愈大，則非固定成長期間愈短；(3) 企業的進入障礙愈高，競爭對手愈少，則非固定成長期間愈長。

- 股利折現模型的正確應用至少包含下列四項工作：(1) 非固定成長期間或固定成長期間的評斷；(2) 非固定成長期間的估計；(3) 預期股利的估計；(4) 股東要求報酬率的估計。

- 預期股利的估計有兩種方式：(1) 估計股利成長率；(2) 估計盈餘成長率和股利支付率。

- 估計公司盈餘成長率可採用：(1) 分析師預測值；(2) 歷史成長率；及 (3) 公司財務比率（資料盈餘保留率 × 股東權益報酬率）。

- 公司在高成長期間內的系統風險大於在其固定成長期間，因此高成長期間的貝他係數也應比在固定成長期間的為高。

本章習題

一、選擇題

1. 下列敘述何者為正確？
   (a) 固定成長模型是假設股價的成長率為固定不變
   (b) 假設公司所發放的股利每年均可維持 2% 的固定成長率；在股東要求報酬率不變的情況下，該公司的股價應該維持不變
   (c) 由於公司的股價不可能為負值，因此在固定成長模型中的股利成長率 (g) 必須要小於股東要求報酬率 (K_S)
   (d) 零成長模型比較適用於新成立、剛起步營運公司的股票評價

2. 紫薇花卉公司目前股票價格為 $30，近日發放股利 $1.5/ 股，若該公司股價符合固定成長模型，可知其股利成長率為（假設該公司股東要求報酬率為 10%）：
   (a) 3.26%   (b) 4.76%
   (c) 5.32%   (d) 6.15%

3. 聖世家電在未來兩年的股利預估分別為 $2.5/ 股及 $3.5/ 股，然後該公司的股利將會維持在 $3.5 的固定水準。若該公司的股東要求報酬率為 8%，則該公司股價應該等於：
   (a) $37.47   (b) $42.82
   (c) $44.36   (d) $47.15

4. 下列敘述何者不正確？
   (a) 股份有限公司可依實際需要，在資本額度內分次發行股份（票）
   (b) 公司發起人的認股比例不得低於第一次發行股份的半數

(c) 公司未必需要發行股票

(d) 有發行股票的公司未必需要印製實體股票

5. 下列有關公司股份的轉讓，何者有誤？

   (a) 有限公司股東的股份轉讓，須取得其他全體股東過半數之同意

   (b) 股份有限公司不得以章程禁止或限制其股東的股份轉讓

   (c) 有限公司的董事，不得轉讓其股份

   (d) 股份有限公司的發起人要在公司設立登記一年之後才能轉讓其股份

6. 下列何者不是屬於普通股股東所享有的權利？

   (a) 優先認購新發行之債券

   (b) 按照持股比例取得股利

   (c) 對公司的剩餘資產有求償權

   (d) 參加股東大會，選舉公司董事

7. 投資人李先生規劃購買 Y 公司的股票並持有兩年。李先生預期 Y 公司每年皆會支付股利 $2.5，同時他預估在收到第二年的股利後，可以用 $47 將該股票賣出，若李先生的預期投資（年）報酬率為 9%，則他應該會願意以什麼價格購入 Y 公司的股票？

   (a) $43.95　　　　　　　　　(b) $45.31

   (c) $48.17　　　　　　　　　(d) $50.75

8. 宏都電子剛剛發放了每股 $2.5 的股利，假設該公司的股利在未來兩年，每年會有 3% 的成長率，之後每年的成長率就會維持在 2% 的固定水準。若投資人要求的報酬率為 7%，該公司股票在兩年後的價格應是多少？

   (a) $45.23　　　　　　　　　(b) $50.24

   (c) $54.11　　　　　　　　　(d) $60.03

9. 延續上題，該公司目前的股價水準應是多少？
   (a) $43.02
   (b) $47.55
   (c) $49.24
   (d) $51.98

10. 育安公司一直維持著每年 2% 的固定股利成長率，該公司明年的股利預計可達 $3。假設該公司目前股價為 $45/ 股，請問該公司股東要求報酬率最接近多少？
    (a) 7.65%
    (b) 8.67%
    (c) 9.42%
    (d) 9.98%

11. 延續上題，假設市場無風險利率為 4.17%，市場風險溢酬為 9%，則育安公司的貝他係數 (Beta Coefficient) 應會在何水準？
    (a) 0.5
    (b) 0.75
    (c) 1
    (d) 1.25

12. 有群電通公司日前發放現金股利每股 $2，投資人預期該公司的股利在未來三年將呈現 10% 的成長率，之後便會維持在 5% 的固定成長率水準。若投資人要求的報酬率為 8%，則該公司的目前股價應是多少？
    (a) $71.32
    (b) $76.04
    (c) $80.19
    (d) $90.2

13. 下列有關特別股與公司債的敘述，何者不正確？
    (a) 特別股同時兼具公司債及普通股的特質
    (b) 公司債支付的是利息，特別股支付的是股利，但均屬於固定收益
    (c) 公司須按照契約指定的日期支付公司債的利息或特別股的股利，否則就有可能陷入違約破產的危機當中
    (d) 特別股股利是以公司的（稅後）淨利來支付

14. 李小姐計畫投資一家電子公司的股票,並在三年後出清持股。在此三年期間,李小姐估計每年底可收到 $2/股的現金股利,同時在第三年底應可以 $35/股的價格賣出該股票。若李小姐的預期投資報酬率為 5%,則她購買此股票的價格最高不應超過多少?

    (a) $31.32
    (b) $33.57
    (c) $35.67
    (d) $38.92

15. 富通實業目前的股價為 $35/股,同時該公司一直維持著每年 2% 的股利固定成長率。假設市場無風險利率為 3%,市場風險溢酬為 6%,且富通實業的貝他係數等於 0.8,則該公司最近所發放的股利應在何水準?

    (a) $1.45/股
    (b) $1.78/股
    (c) $1.99/股
    (d) $2.23/股

二、問答與計算

1. 股份有限公司的資本額與實收資本額有何不同?

2. 在何種情況下,公司得將其發行之股份(股票)收回或買回?

3. 公司的現有股東享有優先認股權的重要性何在?

4. 比較特別股與公司債的異同。

5. 主管機關對公司發行新股有無任何限制?

6. 簡述公開發行公司以私募方式募集股本的相關規範。

7. 何謂減資?何謂現金減資?

8. 判斷企業非固定成長期間有多長的基本原則包括哪些?

9. 請說明企業盈餘（淨利）成長率的幾種估計方法。

10. 假設凱南公司的股票價值可以用固定成長模型來估計，而該公司目前所發放今年度的股利為每股 $3.5。假設凱南公司股東要求報酬率為 9%，而其股利成長率為 4%，請問凱南公司的股票價值是多少？若該公司信用評等遭到調降，導致股東要求報酬率增加為 9.5%，則其股價會有何反應？

11. 根據友信企業的股利發放歷史資料，可估計出該企業未來兩年的股利分別為 $5 及 $5.5，相當於 10% 的高成長率，而在兩年後，友信企業的股利成長率預計將調整至 6%，並維持在該水準。假設友信企業的股東在非固定成長率期間的必要報酬率為 12%，而在固定成長期間的必要報酬率是 10%，該企業目前股價應該是在何水準？

12. 維進公司的股利一直維持零成長，而每年股利為 $2。假設該公司目前股價為 $25/股，市場無風險利率為 3%，而市場風險溢酬是 5.5%，請問維進公司的貝他係數是多少？

13. 華衛實業公司目前正處於股利非固定成長的階段，分析師預估該公司在未來的頭兩年（1～2年），股利會以每年 15% 的速度成長，而在第二個兩年（3～4年）的股利成長率將趨緩，僅會以 10% 的速度成長，而自第五年起，該公司的股利將可望維持 8% 的固定成長率。假設華衛實業公司的股東要求報酬率是固定的 12%，最近所發放的股利為 $2，計算該公司目前合理的股價水準。

14. 延續上題，當華衛實業公司的股利以每年 15% 的速度成長時，其股東要求報酬率為 13%；當股利以每年 10% 的速度成長時，必要報酬率會降至 12%；而當股利維持在 8% 的固定成長率時，必要報酬率將會是 11%。請重新計算該公司目前合理的股價水準。

15. 永富發電子公司日前發放了現金股利每股 $2.5，該公司的股利成長率是維持在固定的 5%，而公司的貝他值等於 0.8。假設永富發電子公司決定改變公司的營收結構，而使其貝他值升高至 1.15 的水準。不過如此一來，公司的股價將承受下跌的壓力。若市場無風險利率是 6%，而市場風險溢酬等於 10%，請問永富發電子公司必須將股利成長率維持在何水準才能夠維持其股價的穩定？

16. 香榭公司最近剛發放了今年的股利，為 $4/股；該公司未來每年的預期股利成長率為 6%，且此成長率預計將可繼續維持下去。香榭公司股票的貝他係數為 0.9，市場無風險利率等於 5%，市場風險溢酬為 9%。(a) 應用高登成長模型，試算出香榭公司的每股股價。(b) 若香榭公司想讓股票價格上升至 $70，在其他條件不變的情況下，請問該公司未來每年的預期股利成長率應是多少？

17. 綠風物業在 2018 年底的權益自由現金流量 (FCFE) 為 $25 萬，該公司預估從 2019 年起，每年的 FCFE 成長率將持續上升，分別為 15%、18% 及 20%，從第四年 (2022) 起，FCFE 每年的成長率將可穩定在 6%。該公司流通在外股票總數為 1,000,000 股，公司股東所要求的必要報酬率為 11%，請問：(a) 綠風物業的每股股票理論價值會是多少？(b) 若第四年起的 FCFE 固定成長率只能達到 4%，則其每股價值又會是多少？

CHAPTER 9

資金成本

> *"The difference between stupidity and genius is that genius has its limits."*
> 「愚蠢與天才的區別是天才有其極限。」
> ～ Albert Einstein 愛因斯坦 ～

　　在任何財務決策的過程裡，資金成本都是一個非常重要的概念。舉凡公司正在考慮的投資方案是否可以接受，或企業價值是否已被正確評估，甚至股利政策、營運資金管理等，在在都需要考慮資金成本這項因素，才能得到答案或順利規劃完成。資金成本最根本的功用是作為篩選門檻；企業投資方案的報酬率若能超過門檻利率，就滿足了可被接受的最基本要求。門檻利率愈低，代表公司可執行的投資計畫愈多，為股東極大化財富的能力就愈強，因此，如何有效降低資金成本，始終是企業努力的方向之一。

　　前面章節曾提及，公司經營所需的長期資金，主要分為負債資金及權益資金兩大類。負債資金是經由向銀行借款，或透過發行債券而得到；權益資金則是由保留盈餘，以及發行普通股股票來提供。另外，企業還可藉由發行特別股來取得所需資金。在資

產負債表上，特別股雖是列在權益項下，但在計算融資成本時，特別股資金成本與權益資金成本會分開計算。圖 9-1 所示為公司可選擇的各類型長期資金，而每一類型資金的取得成本是計算公司全面資金成本的主要依據。

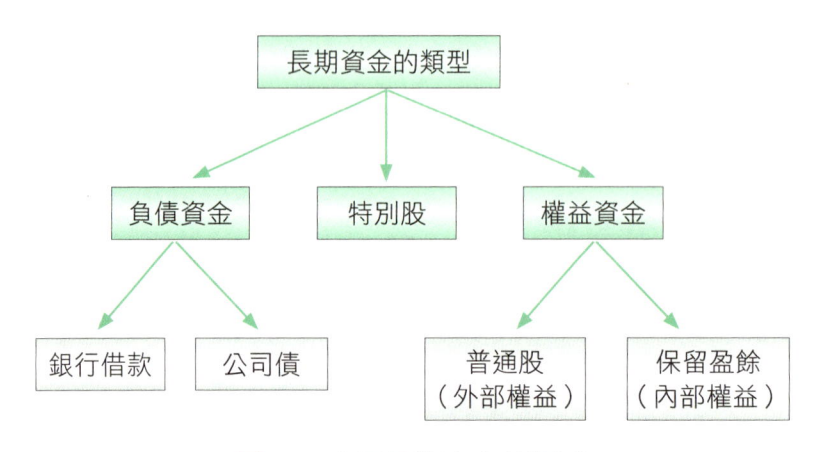

```
                    長期資金的類型
           ┌────────────┼────────────┐
        負債資金       特別股      權益資金
        ┌──┴──┐                 ┌────┴────┐
     銀行借款  公司債          普通股      保留盈餘
                            （外部權益） （內部權益）
```

圖 9-1　公司長期資金的類型

影響公司資金成本的因素頗多，有些並非企業所能控制，例如市場利率水準、政府稅賦、市場風險溢酬、法令管制等，但也有些因素是企業可以主導的，譬如所選用的資金類型、投資方案的風險層級等。要估計資金成本，首先必須釐清一些相關的基本概念，此為本章第一節所要討論的內容。其次是加權平均資金成本的計算，以及如何為風險等級不同的投資方案及新創部門找到適用的資金成本；這些將分別在第二節及第三節中討論。

CHAPTER 9 資金成本

第一節　資金成本的基本概念

本節重點提問

- 如何計算加權平均資金成本？
- 在計算資金成本時，為何應重視市場價值而非帳面價值？

　　一家公司最初的資金來源當然是股東的出資，也就是權益資金，而股東所要求的投資報酬率就是權益資金的成本。同樣地，若公司向銀行取得融資，銀行所要求的貸款利率即是該筆貸款（負債資金）的成本。假設 AKF 公司有一項投資規畫，所需投入的金額下限為 $1,200 萬，最高可至 $2,000 萬。資金來源主要是該公司目前既有資金（權益資金）$1,000 萬，不足部分則準備向銀行申請貸款。此投資計畫的預期報酬率為 8%，該公司的權益資金成本為 10%，銀行貸款利率（負債資金成本）估計為 5.5%，那麼 AKF 公司應否進行該項投資呢？

　　先前提及，資金成本最根本的功用是作為篩選門檻。若單以 AKF 公司的負債資金成本 (5.5%) 來看，由於遠低於投資計畫的 8% 預期報酬率，確實符合接受投資案的篩選標準。然而，若以權益資金成本 (10%) 來判斷，則應拒絕此投資案。到底 AKF 公司該如何作抉擇？

　　資金成本中特別重要的一個概念是**全面資金成本** (Overall Cost of Capital)，其高低反映出公司整體的風險水準。除了少數公司會發行特別股，大部分公司對於長期資金的需求主要都是依賴負債和

329

權益（普通股）兩個管道。不過，各個公司對於負債資金與權益資金的倚重會有所不同，故在計算全面資金成本時，必須依照公司的負債資金及權益資金各自所占的比重，把**負債成本**（Cost of Debt，以 K_d 表示）與**權益成本**（Cost of Equity，以 K_s 表示）作加權處理，算出一個**加權平均資金成本** (Weighted Average Cost of Capital, WACC) 來作為篩選投資計畫的門檻。市場上有些公司完全沒有負債，其全部資產都是靠發行普通股及保留盈餘而取得；計算這類純股權公司的全面資金成本不必作加權處理，其權益資金成本即為全面資金成本。

繼續前面 AKF 公司的例子，若該公司決定投資 $1,200 萬（權益資金 $1,000 萬加上銀行融資 $200 萬），則權益與負債資金所占的比重將分別為 83% 及 17%；在不考慮公司所得稅的情況下，我們可算出 AKF 的全面資金成本等於 9.25% (= 0.83×10% + 0.17×5.5%)。由於全面資金成本超過預期的投資報酬率，顯然 AKF 公司應是要拒絕此投資案。但這也未必是唯一的結果，因為公司的全面資金成本是會隨著各種資金來源的比重不同而改變的。倘若 AKF 公司最後決定投資 $2,000 萬，亦即權益資金與負債資金各占一半，其全面資金成本將可下降至 7.75% (= 0.5×10% + 0.5×5.5%)，比投資案的預期報酬率還低。如此一來，原本會被拒絕的投資案反而因可替公司創造獲利機會而轉變為應該接受！

由以上說明可知，在探討一家公司的資金成本時，除了要清楚掌握各項資金來源及其成本外，也要重視各項資金來源所占的比重，乃因其為公司全面資金成本的重要決定因素。至於各項資金所占之比重應如何計算，進一步說明如下。

C 市場價值 vs. 帳面價值

大多數公司的全面資金成本是由負債成本及權益成本兩項成員加權計算而得，此即所謂的加權平均資金成本，而所使用的權數則是負債與權益各自占公司價值的比重。要強調的是，此處所指的公司價值是市場價值 (Market Value)，而非帳面價值 (Book Value)。

公司的帳面價值，是指其財報（資產負債表）上所顯示的總資產金額。由於公司的資產多是以取得當時之成本認列，在經過一段時間後，帳面上所呈現的數值大多已無法正確反映其實際價值。譬如說，一家建設公司早期以新台幣十億元在台北市東區購入一筆土地，如今該筆土地的價值早已翻漲數倍，因此除非經過市值重估，否則該建設公司財報上所顯示的資產價值，必然遠低於其市場價值。

由於公司的帳面價值（總資產）等於其帳面負債加上帳面權益，可知公司的市場價值，亦即是負債的市場價值加上權益的市場價值。權益的市場價值，簡單來說，是公司流通在外股票的總市值。若為上市櫃公司，則只需將該公司流通在外股數乘以每股市價即可算出。至於未上市櫃或非公開發行公司，因其股票沒有流通的市場交易價格，故可利用本書第八章所介紹的股票評價模型來算出其理論價值。

公司的既有負債，不論是向金融機構取得之中長期貸款，或是對外發行之公司債，通常都不會有即時的市場價值可供採用。若要評估公司負債的市場價值，則必須先找出反映公司當時之信用風險及負債到期期限的殖利率。舉例來說，某公司的財報上列有一筆負

債,是在兩年前向銀行取得之年息 3% 的貸款,額度為新台幣五億元,剩餘到期期限為三年。假設該公司在過去兩年經營情況欠佳,風險升高,現在若向銀行融資一筆金額相同的三年期貸款,將必須支付 4.5% 的年息。該公司現有的這筆五億元負債(銀行貸款)之市場價值要如何計算? 我們可將銀行貸款當作債券來評價,由於該公司在未來三年須支付的每年貸款利息為 $1,500 萬,到期償還金額為五億元,運用本書第七章所介紹的債券評價模型〔(7-2) 式〕,並以目前的市場利率水準 (4.5%) 作為折現率,即可算出此五億元銀行貸款(負債)的市場價值如下:

$$銀行貸款市值 = \frac{\$15,000,000}{1.045^1} + \frac{\$15,000,000}{1.045^2} + \frac{\$515,000,000}{1.045^3}$$
$$= \$479,382,767$$

可以看出,因公司目前的貸款利率已上升,故其帳上五億元負債的市場價值只剩不到四億八千萬元。公司債的市場價值亦可用同樣的方式來計算,此處不再贅述。

◎ 所得稅與加權平均資金成本

公司的經營表現不論是從利潤或現金流量的角度來看,投資人最關切的都是稅後的數字,而用來計算未來現金流量現值的折現率(亦即資金成本),自然亦應採用稅後的概念。公司發行普通股(以及特別股)所招致的資金成本是股利,而股利是用稅後淨利支付,因此是屬於稅後成本。負債資金的成本是利息,在損益表中利息費用是稅前科目;為了能將利息與股利放在同等的稅後基礎上作加

CHAPTER 9 資金成本

權,我們必須計算**稅後負債成本** (After-Tax Cost of Debt),如下所示:

$$稅後負債成本 = 稅前負債成本 \times (1-公司所得稅率)$$
$$= K_d \times (1-T_C)$$

例 9-1

下列是力仁公司的(帳面價值)資產負債表:

資產	$100,000,000	負債	$40,000,000
		權益	$60,000,000
資產總計	$100,000,000	負債與權益總計	$100,000,000

公司目前有 6,000,000 股的股票流通在外,市價為 $12.5/股,而負債的市價比帳面價值少 15%;另外,假設股東要求報酬率為 15%,債券目前的殖利率為 8%,而公司今年不必繳所得稅(亦即 $T_C = 0\%$)。該公司的加權平均資金成本是多少?

---

1. 首先計算公司的市場價值

   公司的市場價值 = 負債的市場價值 (D) + 權益的市場價值 (E)
   $$= \$40,000,000 \times (1-15\%) + \$12.5 \times 6,000,000$$
   $$= \$34,000,000 + \$75,000,000$$
   $$= \$109,000,000$$

2. 接著計算加權平均資金成本

   $$加權平均資金成本 = \frac{D}{V} \times K_d(1-T_C) + \frac{E}{V} \times K_S$$
   $$= \frac{\$34,000,000}{\$109,000,000} \times 8\% + \frac{\$75,000,000}{\$109,000,000} \times 15\%$$
   $$= 12.82\%$$

例 9-2

康華公司今年的營業淨利為 $4,000 萬,利息費用為 $500 萬,無其他營業外收入或支出,而公司之所得稅率為 25%。(a) 請編列一簡略損益表顯示出公司之所得稅及淨利。(b) 假設其他條件不變,但康華公司為一純股權公司,並同樣編列一簡略損益表顯示出公司之所得稅及淨利。(c) 比較兩者,請問 $500 萬的利息費用替公司省了多少稅?(註:因利息費用而為公司節省的稅負,稱之為利息稅盾)

(a) 舉債情況下的簡略損益表:

	(單位:千元)
營業淨利	$40,000
減:利息費用	(5,000)
稅前淨利	$35,000
減:所得稅費用 (25%)	(8,750)
本期淨利	$26,250

(b) 零負債情況下的簡略損益表:

	(單位:千元)
營業淨利	$40,000
減:利息費用	0
稅前淨利	$40,000
減:所得稅費用 (25%)	(10,000)
本期淨利	$30,000

(c) 康華公司為舉債而付的利息費用雖為 $500 萬,但因利息費用有抵減所得稅的作用,故相較於零負債的情形少繳了 $125 萬的稅,因此利息稅盾是 $125 萬。換言之,稅後的負債成本(稅後利息負擔)僅是 $375 萬。

以 V 代表公司市場價值，D 與 E 分別代表公司負債及權益的市場價值，則負債成本 (K_d) 的權數可表示為 $\dfrac{D}{V}$，而權益成本 (K_S) 的權數則是 $\dfrac{E}{V}$。對於一個必須付所得稅（稅率為 T_C）且同時採用負債與權益融資的公司，其**加權平均資金成本** (WACC) 的計算可表示如下：

$$\text{WACC} = \dfrac{D}{V} \times K_d (1 - T_C) + \dfrac{E}{V} \times K_S \tag{9-1}$$

實力秀一秀 9-1：考慮公司所得稅的加權平均資金成本

假設〔例 9-1〕中的力仁公司今年的所得稅率為 25%，而其他條件不變，則其加權平均資金成本是多少？

實力秀一秀 9-2：利息稅盾的計算

假設〔例 9-2〕中的康華公司的利息費用為 $800 萬，所得稅率為 30%，而其他條件不變，則其利息費用替公司省了多少稅（亦即利息稅盾是多少）？

C 納入特別股成本的加權平均資金成本

對於發行普通股，同時也發行特別股的公司而言，其加權平均資金成本的計算必須納入**特別股成本** (Cost of Preferred Stock)，以 K_{PS} 表示。特別股成本指的是特別股股利，與普通股股利一樣都是在公司完稅後才能支付，因此不須再作稅後的處理。一家舉債公司若同時發行特別股及普通股，則其加權平均資金成本計算如下：

$$\text{WACC} = \dfrac{D}{V} \times K_d (1 - T_C) + \dfrac{PS}{V} \times K_{PS} + \dfrac{E}{V} \times K_S \tag{9-2}$$

上式中，$\dfrac{PS}{V}$ 代表特別股成本的權數，其中 PS 代表特別股的市場價值；另外，K_{PS} 代表特別股成本，其他變數的定義則與先前同。(9-2) 式可以看作是計算企業加權平均資金成本的一般化公式；若公司不發行特別股，則縮減為 (9-1) 式；若公司既不發行特別股，也未舉債，則 WACC = K_S。

財務問題探究：這些公司為什麼不借錢？

財務理論告訴我們，公司若能適度運用財務槓桿，則從負債融資得到的好處（亦即利息稅盾）總是勝過壞處（亦即破產風險），進而降低公司的全面資金成本。然而，現實世界裡有許多公司都是長期不舉債的，譬如標普 500 大公司中，微軟 (Microsoft)、谷歌 (Google)、蘋果 (Apple)、德州儀器 (Texas Instrument) 等在過去都是從不借錢，直到最近幾年才開始使用財務槓桿，而至今仍然不舉債的大公司則包括臉書 (Facebook, Inc.)、PayPal Holdings, Inc.、墨西哥燒烤快餐店 (Chipotle Mexican Grill, Inc.) 等。

從來都不借錢的公司，難道不懂得利用負債融資帶來之降低稅後資金成本的好處？還是在實務操作上，另有不為財務理論所測知的其他考量？或許資金充沛或無現金需求壓力的公司，不會太講求資金成本管理的效率性？或許擅長創造利潤及讓盈餘快速成長的公司，無必要藉進一步降低資金成本來維持股價上衝的力道？或許公司認為在現金充裕時，應儲備而不是動用借錢能量，以求在充斥著不確定性的未來仍能從容應對各種急迫狀況。

微軟、谷歌、蘋果及德州儀器已經從零負債轉變成舉債公司，這是因為他們面臨某種壓力，而開始講求資金成本管理的效率性了嗎？而臉書等仍未使用財務槓桿的公司，是不是尚未面臨此種壓力呢？或許投資人也可從公司在資金成本管理態度上的轉變，得到一些財務理論尚未清楚交代的啟示。

第二節　加權平均資金成本各項目的計算

> **本節重點提問**
> - 保留盈餘既是公司內部自創的資金，為何使用保留盈餘還須計算資金成本？
> - 運用 DDM 估計必要報酬率有哪些缺點？
> - 運用 CAPM 估計必要報酬率有什麼優點？

不論公司倚賴何種方式取得資金，其來源不外乎負債、權益及特別股，其中權益的部分又可區分為保留盈餘及普通股，以下就來詳述這些項目的成本估計方法。

負債資金成本

不論是哪一項資金來源，我們該關注的是公司在市場上融得新資金所必須支付的成本。這是因為資金成本著重「邊際」的概念，亦即投資人購買公司新發行債券或股票所願意支付的價格愈高，公司的邊際融資成本就愈低。公司欲在市場上取得新的負債資金，債權人在提供資金當時所要求的報酬率就是公司的（稅前）負債成本。

負債成本可能是公司向銀行申請新貸款的利率，也可能是新發行債券的殖利率；兩者都是金融市場上可查詢而得的資料，因此負債成本不難估計。但若公司近期並未發行新債，則須計算已流通在外債券的現行殖利率水準，此即為投資人對公司新增負債所要求的報酬率。

舉例來說,市場上甲公司目前新發行之平價債券的票面利率是10%;既是平價債券,故殖利率亦為10%,亦即甲公司的稅前負債成本 (K_d) 就是10%。另假設甲公司的所得稅率為25%,則其稅後負債成本為7.5%〔=10%×(1－25%)〕。假設市場上另有乙公司,該公司近期並未發行任何新債,但一年前發行過一檔票面利率為2.5%、每年付息的債券,距離到期期限尚有四年。我們該如何計算出乙公司目前的負債資金成本?

若乙公司的債券有在市場上買賣,我們可從債券的市場價值反推出其殖利率,此即為投資人目前對乙公司債券所要求的報酬率(負債資金成本)。若該債券沒有交易價格可用,則可參考市場上其他具有相同風險等級之公司的債券殖利率資料。假設乙公司目前所持有之四年期債券的市場價值(含息價格)是面額的93.5%,亦即為$935(假設面額為$1,000),則依債券評價模型可將此債券價值的計算式列出於下:

$$\$935 = \frac{\$25}{(1+y)^1} + \frac{\$25}{(1+y)^2} + \frac{\$25}{(1+y)^3} + \frac{\$1,025}{(1+y)^4}$$

上式中的 y 即是該債券的殖利率水準。付息債券殖利率計算過程頗為繁複,須透過**試誤法** (Trial and Error Method),反覆嘗試找出使上式等號兩邊數值相等的殖利率;結果是 y = 4.30%。換言之,乙公司的負債資金成本等於4.30%。若乙公司的所得稅率亦為25%,則其稅後負債成本為3.23%〔=4.30%×(1－25%)〕。

CHAPTER 9 資金成本

> **Excel 應用** 以 RATE ( ) 函數計算債券殖利率
>
> 假設債券價格為已知，我們可運用 Excel 試算表內建之 RATE( ) 函數來算出該債券的殖利率。使用 RATE( ) 時，依序輸入以下四個變數值：距離到期年數、每年付息金額、債券現值、債券面額。請參考延伸學習庫→ Excel 資料夾 → Chapter 9 → X9-A。

例 9-3

梨花公司的財務部門正試圖算出該公司的負債成本。梨花公司在六年前發行了一檔 15 年到期，票面利率為 6%，且每年付息一次的債券；目前該債券售價為面額的 110%，亦即為 $1,100。梨花公司的所得稅率為 17%。請問梨花公司的稅後負債成本是多少？

債券面額 = $1,000

債券現值 = $1,100

每年債息 = $60

到期年限 = 9

利用試誤法（或財務計算機、Excel 試算表），可算出此債券目前的殖利率為 4.62%。因此，梨花公司的稅後負債成本可算出如下：

$$\text{稅後負債成本} = 4.62\% \times (1 - 17\%) = 3.83\%$$

實力秀一秀 9-3：稅後負債成本的估計

威爾公司在八年前，發行了一檔 20 年到期的零息債券；目前該債券的售價為面額的 45%，亦即為 $450。威爾公司的所得稅率為 35%。請問威爾公司的稅後負債成本是多少？

◎ 保留盈餘成本

企業的權益資金來源有二：(1) 新增保留盈餘，就是當期稅後淨利扣除股利之後所保留下來的資金，此乃是由企業內部產生，故稱之為**內部權益**；(2) 發行新的普通股股票（現金增資）所取得的資金，此為**外部權益**。發行新股的成本會高於保留盈餘成本，乃因前者會招致額外的**發行成本** (Flotation Cost)。

保留盈餘既是公司內部自有而非外借的資金，為什麼還會有資金成本的問題？原因是可供作投資之用的保留盈餘，原本全歸普通股股東所有，而股東之所以願意提供資金給公司使用，乃是預期公司進行任何投資賺得的報酬率必不會低於普通股股東要求的報酬率（必要報酬率）。因此，公司若將資金保留下來進行再投資卻賺不到必要報酬率，就應將盈餘當作股利發放給股東，讓股東自己進行再投資；或可說在此情況下，股東也不願讓公司保留該筆資金。因此，公司使用保留盈餘的門檻報酬率（亦即保留盈餘成本），就是普通股股東要求的報酬率。

要如何估計普通股股東要求的報酬率呢？財務文獻上有兩個現成的模型可供利用，分別是股利折現模型 (DDM) 及資本資產定價模型 (CAPM)。

◎ 利用 DDM 估計

本書在第八章中指出，股票評價可藉由股利折現模型 (DDM) 來進行；若股利的成長率每年（期）固定不變，則股票價格即如 (8-3) 式所示，再次將之列出如下：

$$P_0 = \frac{D_0(1+g)}{K_S - g}$$

重新調整上式中的各項,並將必要報酬率 (K_S) 移至等號的左邊,即可得到保留盈餘成本之估計式如下:

$$K_S = \frac{D_0(1+g)}{P_0} + g \qquad (9\text{-}3)$$

當運用 (9-3) 式來估計股東要求報酬率時,我們須先知道上一期剛付過的股利 (D_0)、目前的股價 (P_0) 及股利成長率 (g);對於一個會支付股利的公開發行公司,D_0 和 P_0 都是直接觀察可得的資料,但 g 則必須靠估計才能得到。

有關股利成長率 (g) 該如何估計,本書第八章第四節介紹過幾種方法,此處不再贅述。要強調的是,DDM 雖然容易瞭解且方便使用,但無法應用於不付股利的公司;即使公司有付股利,但若其成長率並非固定,則 (9-3) 式亦不能適用。換言之,只有每年股利都呈現持續穩定成長的公司,運用 (9-3) 式來估計保留盈餘成本才是恰到好處。

此外,DDM 並未將風險納入考慮,而投資人在對一家公司的股票進行評估時,應將持有該股票的風險納入考量;風險愈高,所要求的報酬率自然愈高。但運用 DDM 所估計出來的 K_S,卻無從得知是否已反映了該公司的風險。

例 9-4

阿達公司今年剛付過的股利是 $1.2/股,市場預期該公司股利會持續以 10% 的速度成長;該公司目前股價為 $50。請利用 DDM 估計阿達公司的保留盈餘成本。

運用 (9-3) 式,可算出阿達公司的保留盈餘成本如下:

$$K_S = \frac{D_0(1+g)}{P_0} + g = \frac{\$1.2\,(1+10\%)}{\$50} + 10\% = 12.64\%$$

◉ 利用 CAPM 估計

我們在第八章中學到,普通股股票的必要報酬率可運用資本資產定價模型 (CAPM) 來估計。根據 CAPM,股票的貝他係數(系統風險)愈高,投資人所要求的報酬率就愈高。簡單來說,股東的必要報酬率等於無風險利率加上市場風險溢酬乘以該公司股票的貝他係數,其中的貝他係數可使用回歸模型來估計,此點在第六章中已有描述。至於無風險利率的衡量,一般的作法是採用國庫券利率來當作代理變數;而市場風險溢酬的估計,則通常是採用長期平均市場風險溢酬。所謂「**長期平均市場風險溢酬**」,指的是市場投資組合(或股價指數)的長期平均年報酬率,超出國庫券年報酬率的部分。由歷史經驗得知,長期平均市場風險溢酬大約是落在 6% ～ 8% 之間。

運用 CAPM 來估計必要報酬率的優點是此模型已將風險納入考量,而且不論公司的股利發放是否呈現穩定成長,此模型都能適用。但此模型的關鍵在於貝他係數及市場風險溢酬的估計。除了估計較

為耗時費力之外，估計值也不見得精確，主要原因是兩者的估計都須依靠歷史資料，但過去的經驗是否都能反映現況，則不無疑慮。

例 9-5

馬丁想要運用 CAPM 來重新估計〔例 9-1〕中力仁公司之股東要求報酬率；他估計出力仁公司股票的貝他係數為 1.4，長期平均市場風險溢酬為 7.5%，而目前國庫券年報酬率為 5%。(a) 請問馬丁所算出的股東要求報酬率是多少？(b) 根據馬丁的數字，請重新計算力仁公司的加權平均資金成本。

(a) 運用 CAPM 計算股東要求報酬率：

$$K_S = 5\% + 7.5\% \times 1.4 = 15.5\%$$

(b) 力仁公司的加權平均資金成本：

$$\text{加權平均資金成本} = \frac{D}{V} \times K_d(1-T_C) + \frac{E}{V} \times K_S$$

$$= \frac{\$34,000,000}{\$159,000,000} \times 8\% + \frac{\$125,000,000}{\$159,000,000} \times 15.5\%$$

$$= 13.9\%$$

實力秀一秀 9-4：保留盈餘成本的估計

波特蘭球具公司最近剛付過的股利是 $2.0/股，市場預期該公司股利會持續以 8% 的速度穩定成長；該公司目前股價為 $40。該公司股票的貝他係數為 1.3，估計市場風險溢酬為 8%，而目前國庫券利率為 3.6%。你認為波特蘭公司保留盈餘資金成本的最佳估計值是多少？

例 9-6

某分析師得到有關肯特公司的相關資料如下：貝他係數 = 0.8，D_1 = $1.2，$P_0$ = $20，$g$ = 6%；另外，從市場上得知無風險利率 = 4%，市場風險溢酬 = 10%。請問該分析師運用 DDM 及 CAPM 所算出的保留盈餘成本 (K_S) 各是多少？

----

1. 利用 DDM 估計：

$$K_S = \frac{D_1}{P_0} + g = \frac{\$1.2}{\$20} + 6\% = 12\%$$

2. 利用 CAPM 估計：

K_S = 無風險利率 + 市場風險溢酬 × 貝他係數
　　 = 4% + 10% × 0.8 = 12%

實力秀一秀 9-5：權益成本及加權平均資金成本的估計

假設下列是美國的星巴克 (Starbucks)、西南航空 (Southwest Airlines)、亞馬遜 (Amazon) 三家公司的貝他係數，以及各項資金成本相關資料：

公司名稱	貝他係數	負債成本	權益成本	負債權數	權益權數
星巴克	0.6	5.60%	?	4%	96%
西南航空	0.95	7.00%	?	12%	88%
亞馬遜	1.6	8.00%	?	5%	95%

另假設目前美國的無風險利率是 2%，市場風險溢酬是 8%。請計算三家公司的權益成本及加權平均資金成本？（公司所得稅率皆為 35%）

普通股資金成本

除了保留盈餘之外，企業取得權益資金的另一個方法是發行新股。由於發行新的普通股從定價到銷售通常會藉助於投資銀行的專業協助，而投資銀行當然會收取一筆費用，此費用分攤到每一股的股票，就變成每股的發行成本（通常是以發行價格的百分比表示）。公司的權益資金若是靠發行新普通股而取得，則其資金成本的計算可利用 DDM 模型，不過須將平均每股發行成本 (F) 納入，如下所示：

$$\text{普通股成本}(K_E) = \frac{D_1}{P_0(1-F)} + g \qquad (9\text{-}4)$$

例 9-7

坤達公司今年發放了每股 \$1.5 的股利，市場預期該公司股利每年會持續成長 5%。若坤達公司進行現金增資，預估每股發行成本是 \$0.16。假設該公司目前股價為 \$50，請利用 DDM 分別估計出坤達公司的保留盈餘成本及普通股成本。

運用 (9-3) 式，可算出坤達公司的保留盈餘成本如下：

$$K_S = \frac{D_0(1+g)}{P_0} + g = \frac{\$1.5(1+5\%)}{\$50} + 5\% = 8.15\%$$

運用 (9-4) 式，則可算出坤達公司的普通股成本為：

$$K_E = \frac{D_0(1+g)}{P_0(1-F)} + g = \frac{\$1.5(1+5\%)}{(\$50-\$0.16)} + 5\% = 8.16\%$$

◎ 特別股資金成本

特別股所付的股利每年皆為固定金額,因此可利用股票的零成長模型來估計特別股股東所要求的報酬率(此即是特別股資金成本,K_{PS}),表示如下:

$$K_{PS} = \frac{D_{PS}}{P_{PS}} \qquad (9\text{-}5)$$

財務問題探究:資金成本的管理

任何公司在股利政策與財務槓桿的運用方面,不外乎有下列四種選擇:(1) 發股利、不舉債;(2) 不發股利、不舉債;(3) 發股利、舉債;(4) 不發股利、舉債。作第 (1)、(2) 種選擇的公司,必定是資金不虞匱乏,因此即使不把降低資金成本當成首要之務,也不會陷公司於破產風險而受到市場批評。另外,發股利、不舉債公司的投資與成長機會,可能不若不發股利、不舉債的公司。而不發股利、舉債〔作第 (4) 種選擇〕的公司,則應是資金相當缺乏,有可能是新創企業面對太多的成長機會而急需現金,也可能是經營不善的企業正面臨現金緊張的狀況;公司居於這種情況之下,也只能力求改善經營效率,旁人對於其股利政策對融資政策與資金成本的影響,則沒有太多可以置喙之處。

比較受到市場關注與批判的是發股利、舉債〔作第 (3) 種選擇〕的公司(而事實上大多數公司都是歸屬到這一類),特別是加發股利是靠增加負債來達成的狀況。雖然財務理論主張舉債可以降低公司的全面資金成本,但也主張公司應有一個最適負債水準;若為了迎合投資人的期待而加發股利,但卻把負債水準拉高到超過最適水準,則反而增加債權人及股東必須承擔的風險,造成公司全面資金成本的上升,也顯現出股利與融資政策的同時失當。

上式中，D_{PS} 代表特別股的每期股利，P_{PS} 為特別股目前的股價。發行新的特別股也有（平均每股）發行成本 (F)，若將發行成本納入考慮，則特別股資金成本可計算如下：

$$K_{PS} = \frac{D_{PS}}{P_{PS}(1-F)} \qquad (9\text{-}6)$$

第三節　部門或投資方案的資金成本

本節重點提問

- 什麼樣的公司不適合將單一的加權平均資金成本，應用於所有的計畫？

　　本章第一節提到，資金成本中特別重要的一個概念是全面資金成本。若企業正在評估的投資方案，其所含市場風險與公司其他投資計畫的平均市場風險一樣，則全面資金成本無庸置疑就是適合評估該項投資計畫的門檻利率。不過，並非所有的投資方案都應以企業的全面資金成本作為評估基準。許多大型公司因為多角化經營的關係，會透過併購來增加旗下部門，最後導致各部門經營的事業體差異頗大，面對的風險自然也大不相同。舉例來說，美國的奇異公司 (General Electric Company, GE) 是一家跨國技術與服務公司，目前有電力、計算機、媒體、飛機引擎、金融服務、太陽能、醫學投影設備、火車頭、光源等等部門，各部門的投資方案風險差異頗大，因此在進行資本支出的評估時，不可能一體適用公司的全面資金成本，而必須根據各部門提出之計畫所含風險來決定適用的資金

成本，才不會作錯投資決策。

　　設想以下這樣一種狀況。有家藥品公司在傳統製藥領域已深耕多年，近期也開始切入生技製藥的領域。傳統製藥部的王經理發覺，這一兩年來該部門所提的研發案常被公司打回票，大部分經費反而是被生技製藥部取得。雖然王經理不會質疑公司高層對研發案的決策公正性，但是不解為何自己部門提案的接受度每況愈下。經過與公司高層溝通後，王經理得知董事會在審核各部門的研發案時，都是以公司的全面資金成本作為篩選標準，只要能通過篩選門檻，預期報酬率愈高的提案就會被優先接受。由於傳統製藥部提案的預期報酬率確實偏低，有些甚至低於公司的全面資金成本，反觀生技製藥部的提案，其預期報酬率大多高於公司的全面資金成本，接受率高自不意外！問題是，為何生技製藥部提案的預期報酬率多能超過傳統製藥部的呢？

　　經過進一步的探究分析，王經理瞭解到生技製藥是屬新興事業，投資風險高，預期報酬率當然也較高。反觀傳統製藥業領域已臻成熟，相關投資案的報酬率雖較低但也相對穩定，但是當公司採用全面資金成本來審核兩個部門的研發案時，傳統製藥部必然會處於不利的地位。因為如此作法其實是犧牲低風險部門來貼補高風險部門，除了可能導致資源分配效率的下降、增加公司的經營風險外，還會破壞公司部門間的和諧氣氛與合作關係。

　　事實上，只要一家公司有兩個或兩個以上的部門，就須評估是否能將單一的加權平均資金成本適用於所有的投資計畫。正確的作法是估計出符合部門或計畫風險水準的**部門資金成本** (Divisional Cost of Capital) 來作為審核或篩選標準。

估計部門資金成本

部門資金成本要如何取得呢？由於公司部門不會單獨發放股利，也沒有股票價格，因此無法使用股利折現模型 (DDM) 或資本資產定價模型 (CAPM) 來估計。實務上，一個較為簡易的作法就是以公司的全面資金成本為基準，但針對個別部門的風險高低進行加減碼調整。延續前面製藥公司的例子，假設該公司的全面資金成本為 8.75%，而兩個部門所提出之研發案的預期報酬率分別如下表所示：

提案部門	案名	預期報酬率
傳統製藥部	A	8.18%
	B	8.65%
生技製藥部	C	9.14%
	D	9.35%

若是採用單一標準（門檻利率 8.75%），則只有生技製藥部的 C、D 提案會獲得通過。基於部門風險差異的考量，該公司可將全面資金成本分別增減 0.5%，來作為兩個部門的資金成本，亦即傳統製藥部的資金成本為 8.25%，生技製藥部的資金成本則是 9.25%。如此一來，則兩部門將各有一個研發案（B 與 D）會獲得通過。當然，若要更為保守，也可採增多減少的幅度調整方式，例如高風險部門調高 0.75%，低風險部門只降低 0.25%。如此則導致四個提案中僅有傳統製藥部的提案 B 會通過篩選。

上述以全面資金成本加減碼的方式來決定部門資金成本，其優點是簡單易懂，但缺乏客觀性。類似美國奇異公司這樣大規模的多角化經營企業，在評估部門投資方案時，多會先找出與自身部門

風險性質相近之市場競爭對手,並以這些獨立公司的資金成本為依據,反推出自家部門的權益資金成本,然後再進一步算出可適用於該部門的全面資金成本。

舉例來說,洲際電腦公司在評估旗下計算機部門的投資方案時,找到了與該部門業務相近的A、B、C三家電腦公司(以下簡稱為對照組公司)。先使用這三家公司個別的貝他係數,取其平均值作為自家部門的貝他係數估計值,接著再利用CAPM算出部門的權益資金成本。另外,基於個別部門不會有獨立的融資管道,故以洲際電腦公司的負債資金成本來替代部門負債資金成本。最後,估

例 9-8

友昭資訊公司正在審核其計算機部門所提出的年度投資案,決定先行算出適合該部門風險之資金成本,以作為篩選提案之依據,並找出市場上三家與該部門業務相近的公司作為對照組。三家對照組公司的貝他係數分別為1.15、1.18、1.30,市場無風險利率與風險溢酬則分別為2.5%及6.37%。假設友昭資訊公司的負債資金成本為4.66%,(市場價值)負債比率(D/V)是0.52,所得稅率為17%,請計算友昭計算機部門的全面資金成本。

首先,依據對照組公司的貝他係數,估計計算機部門所適用的貝他係數:

$$貝他係數 = (1.15+1.18+1.30)/3 = 1.21$$

其次,運用CAPM算出部門之權益資金成本:

$$K_S = 2.5\% + 6.37\% \times 1.21 = 10.21\%$$

最後,算出該部門的全面資金成本:

$$\text{WACC} = 0.48 \times 10.21\% + 0.52 \times 4.66\% \times (1-17\%)$$
$$= 6.91\%$$

計出部門負債與權益資金占部門總資金的比重,並利用 (9-1) 式或 (9-2) 式,即可算出部門的全面資金成本。

在估計部門資金成本時,部門的風險性質能否被正確掌握,主要取決於對照組公司的選取。上述之洲際電腦公司和友昭資訊公司,都是利用對照組公司之貝他係數來算出部門之貝他係數,並進一步利用 CAPM 計算出部門之權益資金成本。然而,系統風險會因各家公司資本結構的不同而產生差異,也就是說,貝他係數會受到公司負債比率的影響。因此,適合作為對照組的公司,應是其負債比率與部門負債比率相當的公司,但這樣的公司未必存在。

為了避免增加選取對照組公司的困難,同時也排除各個公司不同的所得稅率所引起的利息稅盾效果,一個較為可行之估計部門資金成本的作法,是使用對照組公司的(無稅)全面資金成本來推估部門的(無稅)全面資金成本,然後再反推出部門權益資金成本,舉例說明如下。

假設奇異公司正在規劃設立一個新的綠能部門,由於其性質與該公司本業有相當差距,決定參考市場上其他綠能公司的資金成本,以作為該新設部門的資金成本評估依據。奇異公司將市場上現有的三家對照組公司及其他相關資料整理於下表:

部門或對照組	貝他係數	(市值)負債比	負債資金成本
綠能部門	?	0.55	4.12%
對照組 A 公司	1.02	0.41	3.50%
對照組 B 公司	1.04	0.42	3.60%
對照組 C 公司	1.13	0.52	4.16%
市場無風險利率 = 3% 市場風險溢酬 = 6.5%			

以下依序說明部門全面資金成本的計算步驟：

1. 使用 CAPM 計算對照組公司的權益資金成本 K_S 如下：

$$A 公司：K_S^A = 3\% + 6.5\% \times 1.02 = 9.63\%$$

$$B 公司：K_S^B = 3\% + 6.5\% \times 1.04 = 9.76\%$$

$$C 公司：K_S^C = 3\% + 6.5\% \times 1.13 = 10.35\%$$

2. 計算對照組公司的全面資金成本。

   由於各家公司適用的所得稅率不同，在計算全面資金成本時，暫且假設公司所得稅率皆為零，亦即計算出無稅的全面資金成本 (K_a)，如下所示：

$$A 公司：K_a^A = 0.59 \times 9.63\% + 0.41 \times 3.5\% = 7.12\%$$

$$B 公司：K_a^B = 0.58 \times 9.76\% + 0.42 \times 3.6\% = 7.17\%$$

$$C 公司：K_a^C = 0.48 \times 10.35\% + 0.52 \times 4.16\% = 7.13\%$$

3. 計算部門權益資金成本 (K_S)。

   先算出對照組公司（無稅）全面資金成本的平均值，作為部門（無稅）全面資金成本，然後反推出部門的權益資金成本如下：

$$K_a = (7.12\% + 7.17\% + 7.13\%)/3 = 7.14\%$$

$$K_a = 7.14\% = 0.45 \times K_S + 0.55 \times 4.12\%$$

$$\therefore K_S = 10.83\%$$

4. 算出部門全面資金成本。

   假設奇異公司的所得稅率為 17%，利用 (9-1) 式計算出綠能部門的（稅後）全面資金成本 (WACC) 如下：

$$\text{WACC} = 0.45 \times 10.83\% + 0.5 \times 4.12\% \times (1 - 17\%)$$
$$= 6.75\%$$

例 9-9

華瀚公司是一家傳統產業公司，目前正在研擬建立一個光電部門，專門生產數位視訊產品。華瀚公司管理階層認為新部門所面對的市場風險，與市場上其他光電公司所面對的風險相似，而一般光電廠商的稅前加權平均資金成本為 16%。假設華瀚公司針對新部門融資所採用之以市價衡量的總負債比率為 50%，負債成本為 8%，該公司所得稅率為 25%。請問：(a) 華瀚光電部門的權益資金成本 (K_S) 是多少？(b) 加權平均資金成本 (WACC) 又是多少？

(a) 使用對照組之（稅前）全面資金成本反推出光電部門的權益成本 (K_S)：

$$K_a = \frac{E}{V} \times K_S + \frac{D}{V} \times K_d$$

$$16\% = 0.5 \times K_S + 0.5 \times 8\%$$

$$K_S = 24\%$$

(b) 計算光電部門的（稅後）加權平均資金成本 (WACC)：

$$\text{WACC} = \frac{E}{V} \times K_S + \frac{D}{V} \times K_d \times (1 - T_C)$$

$$= 0.5 \times 24\% + 0.5 \times 8\% \times (1 - 25\%)$$

$$= 15\%$$

本章摘要

- 大多數公司的全面資金成本是由負債成本及權益成本兩項成員加權計算而得,此即所謂的加權平均資金成本,而所使用的權數則是負債與權益各自占公司價值的比重。

- 加權平均資金成本所用的權數,必須是根據負債的市場價值及權益的市場價值計算而得。

- 公司的經營表現不論是從利潤或現金流量的角度來看,投資人最關切的都是稅後的數字。股利是用稅後淨利支付,是屬於稅後成本;為了能將利息與股利放在同等的稅後基礎上作加權,我們必須計算稅後負債成本。

- 資金成本著重「邊際」的概念,亦即投資人購買公司新發行債券或股票所願意支付的價格愈高,公司的邊際融資成本就愈低。

- 企業的權益資金來源有二:(1) 新增保留盈餘,就是當期稅後淨利扣除股利之後所保留下來的資金,此乃是由企業內部產生,故稱之為內部權益;(2) 發行新的普通股股票(現金增資)所取得的資金,此為外部權益。

- 所謂「長期平均市場風險溢酬」,指的是市場投資組合(或股價指數)的長期平均年報酬率,超出國庫券年報酬率的部分。

- 公司的權益資金若是靠發行新普通股而取得,則其資金成本的計算可利用 DDM 模型,不過須將平均每股發行成本 (F) 納入。

- 特別股所付的股利每年皆為固定金額,因此可利用股票的零成長模型來估計。

- 只要一家公司有兩個或兩個以上的部門,就須評估是否能將單一的加權平均資金成本適用於所有的投資計畫。正確的作法是估計出符合部門或計畫風險水準的部門資金成本來作為審核或篩選標準。

CHAPTER 9 資金成本

本章習題

一、選擇題

1. 若公司的資金來源是由負債及權益資金所組成，下列敘述何者不正確？
   (a) 公司的負債成本通常低於權益成本
   (b) 若公司負債為零，則投資報酬率必須超過權益成本才能增加公司價值
   (c) 若公司的投資報酬率超過其權益成本，則公司價值會增加
   (d) 要提升公司價值，公司的投資報酬率至少不能低於其負債成本

2. 某公司欲維持其負債權益比 (D/E) 在 0.5 的目標水準。假設 WACC 為 12.6%，稅前負債成本為 9.4%，公司所得稅率為 25%，則權益成本 (K_S) 是多少？
   (a) 15.37%　　　　　　　　(b) 16.25%
   (c) 17.44%　　　　　　　　(d) 18.02%

3. 甲公司打算發行每股股利為 $4 之特別股，其每發行一股就必須負擔相當於每股市價 5% 的發行成本。目前每股市價為 $56，試問甲公司的新特別股資金成本有多高？
   (a) 7.52%　　　　　　　　(b) 8.15%
   (c) 9.34%　　　　　　　　(d) 9.98%

4. 津美是一家純股權公司，市場價值為 $90 億。公司的貝他係數為 1.2。目前市場無風險利率為 4%，市場股價指數的平均報酬率為 12%，請問津美的全面資金成本是多少？
   (a) 13%　　　　　　　　　(b) 13.6%
   (c) 14%　　　　　　　　　(d) 15.2%

5. 下列有關資金成本的敘述，何者正確？
   (a) 全面資金成本等於權益資金成本加上負債資金成本
   (b) 權益和負債資金成本應該以帳面價值計算權數
   (c) 權益和負債資金成金成本應該以市場價值計算權數
   (d) 負債資金成本應以公司所發行公司債的票面利率為準

6. 滾石企業目前流通在外債券的市場售價為面額的 105%，亦即為 $1,050。此債券的票面利率是 8%，每年付息，尚有 10 年才到期。滾石的負債資金成本 (K_d) 是多少？
   (a) 低於 8%   (b) 等於 8%
   (c) 高於 8%   (d) 無法得知

7. 某分析師蒐集了一家製造業公司的所有資料如下：

下一年的預期現金股利	$6
預期成長率	5%
普通股目前股價	$80
公司所得稅率	34%

   該公司之保留盈餘成本應是多少？
   (a) 10.12%   (b) 12.5%
   (c) 14.33%   (d) 16.92%

8. 某公司的權益帳面價值是 $10,000,000，每股帳面價值是 $10。股票市價每股 $12，權益成本是 18%。公司債券面額是 $5,000,000，市價是面額的 120%。債券的殖利率是 10%，公司稅率是 25%，則公司的 WACC 是多少？
   (a) 10.36%   (b) 12.97%
   (c) 14.5%   (d) 16.10%

9. 下列有關資金成本的敘述，何者為正確？
   (a) 保留盈餘因是內部權益資金，故公司使用保留盈餘不會產生資金成本
   (b) 權益資金成本比負債資金成本高，是因為前者是比較危險的資金來源
   (c) 若公司執行之投資案的資金全部來自於負債融資，則其資金成本即等於該公司之稅後負債資金成本
   (d) 公司的全面資金成本必定高於其負債資金成本

10. 赫頓公司剛發行了一檔 5 年到期，面額 $1,000 的零息債券；目前該債券的售價為面額的 75%，亦即為 $750。赫頓公司的稅率為 20%，請問赫頓公司的稅後負債資金成本約是多少？
    (a) 4.33%   (b) 4.74%
    (c) 5.26%   (d) 5.92%

11. 連成公司今年剛發了每股現金股利 $3，市場預期該公司未來股利應可每年穩定成長 5%；目前連成公司股票市價為 $54，其權益資金成本是多少？
    (a) 9.12%   (b) 10.83%
    (c) 11.54%   (d) 12.15%

12. 茉莉公司的負債權益比等於 0.333，負債資金成本為 9%，權益資金成本為 16%，茉莉公司的所得稅率為 17%，則該公司的 WACC 是多少？
    (a) 12.6%   (b) 13.87%
    (c) 14.45%   (d) 14.96%

13. 奇巧實業的總負債比率為 0.6，權益資金成本為 15%；若該公司希望將加權平均資金成本 (WACC) 維持在 10% 以下，則在公司所得稅率為 20% 的情況下，該公司的負債資金成本最高不能超過多少？
    (a) 9.75%   (b) 9.05%
    (c) 8.33%   (d) 7.75%

14. 計算企業的加權平均資金成本時,下列哪一項是無關的?
    (a) 企業目前發行新債的金額　　(b) 已發行債券的票面利率
    (c) 以市值計算的負債比率　　　(d) 公司目前適用的所得稅率

15. 歡麗公司正在考慮籌資增設新廠;計畫將同時發行公司債、特別股及普通股,三者之發行比率維持在 4:2:4。公司目前的所得稅率為 25%,股票貝他係數為 1.0,而市場無風險利率為 6%,市場風險溢酬為 8%。經與往來券商討論的結果,公司目前發行平價公司債的殖利率為 10%,特別股若每年給 $2.0 股利,則認購價可訂在 $40。歡麗公司之加權平均資金成本為:
    (a) 9.6%　　　　　　　　　　(b) 10.25%
    (c) 11.0%　　　　　　　　　 (d) 12.6%

二、問答與計算

1. 企業的加權平均資金成本如何計算?如何運用?

2. 南洋公司的負債權益比為 0.25,其負債資金成本 (K_d) 為 8%,權益資金成本 (K_S) 為 14%,公司所得稅率為 40%,則其加權平均資金成本 (WACC) 是多少?

3. 奧立佛公司的總市場價值為 $80,000,000,總負債市值為 $50,000,000,而公司所得稅率為 35%。該公司股票的貝他係數是 1.3,目前市場無風險利率是 3%,市場風險溢酬為 9%。請問:(a) 奧立佛公司的股東要求報酬率 (K_S) 是多少?(b) 奧立佛公司的負債資金成本 (K_d) 為 7%,則公司 S 的加權平均資金成本是多少?

4. 梅西公司在三年前發行了一檔十年到期的零息債券;目前該債券售價為面額的 68%,亦即為 $680。梅西公司的所得稅率為 25%。請問梅西公司的稅後負債資金成本是多少?

CHAPTER 9 資金成本

5. 嘉年華公司的股東權益帳面價值為 $20,000,000，每股淨值為 $20；股票市價目前為 $40/股，而權益資金成本 ($K_S$) 為 22%。目前該公司只有一種公司債流通在外，尚有十年才到期，面額為 $8,000,000，票面利率為 10%，每年付息一次，市場售價是面額的 110%。請問嘉年華公司的負債資金成本 (K_d) 是多少？

6. 延續上題，假設該公司所稅率為 25%，請問嘉年華公司的加權平均資金成本 (WACC) 是多少？

7. 若一個投資計畫的風險與公司相同，而此投資計畫本次所需的資金全是靠發行公司債籌得（其 YTM 為 7%），公司稅率為 25%；請問此投資計畫的資金成本為何？

8. 易發公司一向維持其負債權益比在 1.0；公司所得稅率為 20%，目前之加權平均資金成本 (WACC) 為 14%。目前該公司的權益資金成本 (K_S) 為 18%，其負債資金成本 (K_d) 是多少？

9. A 公司的負債及權益占公司價值的比重分別為 40% 及 60%。該公司的稅前負債成本為 12%。今知 A 公司股票的貝他係數為 1.2，市場投資組合的預期報酬率為 10%，無風險利率為 5%。此外，也得知 A 公司本年度的（稅後）淨利為 $15,000,000，所得稅為 $5,000,000（以單一稅率計算而得）。請計算 A 公司的加權平均資金成本。

10. 政大公司有 100 萬股普通股發行在外，每股市價為 $10，政大公司普通股的貝他係數為 0.8。倘若政大公司的負債/權益比為 0.2，而負債是屬無風險的，公司稅率為 40%，無風險資產報酬率為 5%，市場風險溢酬為 8%。請計算政大公司的加權平均資金成本。

11. 銘傳科技公司現有財務結構（以市值計算）如下：

應付帳款及票據	10%
長期負債	54%
普通股	18%
特別股	18%

若該公司目前的長期平均貸款利率為 10%，特別股資金成本為 8%，普通股市價為 $88，下年度預計發放 $5 的股利，且該公司的股利成長率預估將維持穩定成長，每年成長率可達 3%。若銘傳科技公司所得稅率為 25%，試計算該公司之長期負債稅後資金成本、普通股資金成本，以及加權平均資金成本。

12. 嘉華實業目前只有一檔公司債流通在外，尚有五年才到期，發行面額為 $5,000,000，票面利率為 5%，每年付息一次，目前市場殖利率為 5%。該公司剛剛發放現金股利每股 $3，未來將維持每年 6% 的股利成長率。該公司股價目前為 $20，總共有 1,000,000 股在外流通，而該公司的稅率為 25%。請計算：(a) 嘉華實業的普通股資金成本；(b) 嘉華實業的加權平均資金成本 (WACC)。

13. 延續上題，假設嘉華實業發行之公司債的市場殖利率為 4%，同時該公司未來股利將會維持零成長，請重新計算嘉華實業的普通股資金成本及加權平均資金成本 (WACC)。

CHAPTER 10

資本結構

> "Diligence is the mother of good luck."
> 「勤勉是幸運的母親。」
>
> ～Benjamin Franklin 富蘭克林～

　　企業為永續經營而須不斷地進行投資及融資，其中融資活動重視的是節流，也就是說，企業會力圖降低融資成本。企業藉舉債而得的負債資金，其成本是利息，而由發行股票而得的權益資金，其成本是股利。利息可抵減公司所得稅而股利不可；因此，從降低成本的角度考量，一般須繳稅的企業會傾向於使用負債。然而，過度使用財務槓桿會引起破產風險的增加，不但會拉高融資成本，也可能危及企業的持續經營。因此，企業在進行融資時，負債和權益資金應各占多少比例，或說「負債權益比」應是多少，乃是融資活動的首要決策，我們稱此為**資本結構決策** (Capital Structure Decision)。

　　從本書第四章的討論，我們知道除了負債權益比之外，總負債比率與權益乘數也是衡量企業資本結構的財務比率。這三個

指標均可根據財報數據而算出，但並不表示企業的資本結構必然是融資活動的事後結果。企業是否會預先規劃一個符合公司經營目標的資本結構呢？也就是說，是否存在一個**最適資本結構** (Optimal Capital Structure) 或**目標資本結構** (Target Capital Structure) 而值得企業固守？資本結構決策有無可能是牽引融資活動的主軸與命脈？不同的資本結構對公司價值及股東福祉是否挹注不一樣的效應？這是財務文獻上不斷探討的課題，也是本章所欲分析的重點。

本章第一節說明資本結構與財務槓桿的基本觀念；第二、三節則分別介紹資本結構的各種理論。

CHAPTER 10 資本結構

第一節 資本結構與財務槓桿

> **本節重點提問**
> - 在資本結構的議題上,「極大化股東財富」與「極大化公司價值」有何不同?
> - 財務槓桿的使用,對股東的獲利及損失會產生什麼作用?

資本結構決策與公司的其他決策一樣,其決策目標應是「極大化股東財富」。不過,若把「極大化公司價值」當作資本結構決策的目標可能更為適合,這是因為資本結構會影響公司的全面資金成本。本書第九章指出,全面資金成本是一種加權平均資金成本 (WACC),是由負債資金成本 (K_d) 和權益資金成本 (K_S) 加權而得,其權數即反映出公司的資本結構。全面資金成本的高低與公司價值的大小是一體的兩面,也就是說,「極小化全面資金成本」即等於「極大化公司價值」。

融資決策重視的是資金成本的降低(極小化),因此資本結構決策的目標就是「極大化公司價值」,這與「極大化股東財富」的公司經營目標有無不同?在探討資本結構決策之前,讓我們先針對這個問題進行理解。

本書第四章指出,將利息費用加回到稅前淨利上,即可得到息前稅前盈餘 (EBIT),此代表一家公司在支付利息費用與所得稅之前的營業利益。一個無負債的公司,簡稱 U 公司,其所創造的收益均是屬於該公司的股東;在公司所得稅率為零的假設下,息前稅前盈

餘 (EBIT) 即等於稅後淨利[1]。假設 U 公司每年的稅後淨利均相同，並全數發放給股東，因此盈餘與股利都是零成長，亦即股東每年均可領到金額等於 EBIT 的股利。由於 U 公司無負債，股東的**權益價值** (Equity Value, E_U) 就等於**公司價值** (Firm Value, V_U)，可利用年金評價公式計算如下：

$$E_U = \frac{\text{EBIT}}{K_{sU}} \qquad (10\text{-}1)$$

$$V_U = \frac{\text{EBIT}}{K_{aU}} \qquad (10\text{-}2)$$

其中，K_{sU} 代表 U 公司的權益資金成本，K_{aU} 則代表 U 公司的全面資金成本。基於 U 公司是一個純股權公司，$K_{sU} = K_{aU}$，因此 $V_U = E_U$。我們可下結論說，對零負債公司而言，極大化公司價值即等於極大化股東財富。

再來分析有使用負債的公司，簡稱 L 公司。假設 L 公司對外發行的債券是沒有到期期限的永續債券，面額等於 B，票面利率為 c。由於此債券每年的債息等於 $c \times B$，其市場價值 (D) 可用年金評價公式計算如下：

$$D = \frac{c \times B}{K_d} \qquad (10\text{-}3)$$

(10-3) 式中的 K_d 即為 L 公司的負債資金成本。由於須支付債息，L 公司股東每年可收到的股利將會等於 EBIT 減去債息，故 L 公司的權益價值 (E_L) 可表示為：

---

[1] 因公司無負債，故不會有利息費用。

$$E_L = \frac{\text{EBIT} - c \times B}{K_{sL}} \qquad (10\text{-}4)$$

其中，K_{sL} 代表 L 公司的權益資金成本。

由於 L 公司的價值 (V_L) 是其負債價值 (D) 和權益價值 (E_L) 的加總，亦即 $V_L = D + E_L$；當公司讓負債從 $D = 0$ 改變為 $D > 0$ 時，股東財富與公司價值會各自受到什麼影響？是否極大化公司價值仍等於極大化股東財富？我們可以藉〔例 10-1〕的說明來尋得答案。

分析至此，可以作個總結：無論是零負債公司或舉債公司，若公司稅率為零，同時每年都會將稅後淨利全數以股利發放給股東，則在資本結構的議題上，極大化股東財富與極大化公司價值並無差異。

我們從前面的 (10-2) 式可看出，當 EBIT 維持不變時，U 公司的全面資金成本與公司價值間呈現反向的關係；亦即全面資金成本愈低，公司價值就愈高。同理可知，當 EBIT 維持不變時，L 公司的全面資金成本與公司價值亦呈現反向的關係，如下所示：

$$V_L = \frac{\text{EBIT}}{K_{aL}} \qquad (10\text{-}5)$$

此外，第九章已指出，一家公司的全面資金成本是由負債資金成本及權益資金成本加權而得，換言之，L 公司的全面資金成本可表示如下：

$$K_{aL} = \frac{D}{V_L} \times K_d(1 - T_c) + \frac{E_L}{V_L} \times K_{sL}$$

其中的 $\frac{D}{V_L}$ 及 $\frac{E_L}{V_L}$ 皆反映出 L 公司的資本結構，表示資本結構確實會影響有負債公司的全面資金成本。

例 10-1

藍田公司為一純股權公司,有 50,000 股的普通股流通在外,目前每股市價為 $3,故公司價值及股東財富皆為 $150,000。假設藍田公司計劃對外舉債 $50,000,並將所得資金以股利發放給股東,也就是每股股票可配得 $1 股利。舉債 $50,000 對藍田的股東財富及公司價值會造成什麼影響?下列是可能發生的三種情境:

情境一: 每股市價跌至 $2,則股東持有一股的價值為 $3(= 股價 $2 + 股利 $1);股東財富 = $3/股 × 50,000 股 = $150,000。另外,$V_L = D + E_L =$ $50,000 + $2/股 × 50,000 股 = $150,000;舉債讓股東財富與公司價值均維持不變。

情境二: 每股市價跌至 $1,則股東持有一股的價值為 $2(= 股價 $1 + 股利 $1);股東財富 = $2/股 × 50,000 股 = $100,000。另外,公司價值 = $50,000 + $1/股 × 50,000 股 = $100,000;舉債讓股東財富與公司價值均減少 $50,000。

情境三: 每股市價跌至 $2.5,則股東持有一股的價值為 $3.5(= 股價 $2.5 + 股利 $1);股東財富 = $3.5/股 × 50,000 股 = $175,000。另外,公司價值 = $50,000 + $2.5/股 × 50,000 股 = $175,000;舉債讓股東財富與公司價值均增加 $25,000。

由以上分析得知,不論是哪一種情境發生,藍田公司對外舉債 $50,000,對股東財富及公司價值的影響效果皆相同。因此,我們可以說,若公司的資本結構能極大化公司價值,也就等於是極大化股東財富。

資本結構與財務槓桿

到目前為止,我們應已瞭解資本結構指的是公司使用負債的多寡,並可從總負債比率、負債權益比或權益乘數這些財務比率而得

知。一個舉債的公司就是一個使用**財務槓桿** (Financial leverage) 的公司，而企業在其資本結構中讓負債比重愈大，代表其使用財務槓桿的程度愈高。然而為什麼使用負債就會產生槓桿作用呢？[2] 舉例說明如下。

為簡化分析，我們暫不考慮稅的問題。假設 XYZ 長期以來是一家純股權公司，目前財務副總王查理計劃改變公司的資本結構，擬對外進行負債融資 $5,000,000，並將全部資金以市價買回流通在外的股票。王查理在評估過程中整理了一些資料，如表 10-1 所示。

表 10-1　原資本結構 vs. 新資本結構

	原資本結構	新資本結構
總資產	$10,000,000	$10,000,000
總負債	$0	$5,000,000
股東權益	$10,000,000	$5,000,000
股價	$16	$16
流通在外股數	625,000	312,500
負債權益比	0	1
利率	8%	8%

由表 10-1 可知，公司若進行 $5,000,000 的負債融資（年利率 8%），並將資金用於買回流通在外股票，則在新的資本結構之下，可買回股數（假設股價不變）為 312,500 股 (= $5,000,000/$16)，剩餘的流通在外股數也是 312,500 股。另外也可看出，舉債 $5,000,000 讓公司的負債權益比由 0 (= $0/$10,000,000) 提高至 1

---

[2] 此處所說的財務槓桿作用，指的是放大股東獲利及損失的效果。

(= $5,000,000/$5,000,000)。

接下來說明使用負債對股東獲利及損失的放大效果，此即為運用財務槓桿所發揮的作用。表 10-2 列出 (1) 負債 = $0，(2) 負債 = $5,000,000 兩種資本結構，可以看出，當企業的獲利能力改變時，使用負債與否確實會產生放大獲利或損失的效果。譬如在非常景氣的時候，XYZ 公司的獲利 (EBIT) 為 $6,000,000，在零負債的情況下，每股盈餘 (EPS) 是 $9.6；若該公司有舉債 $5,000,000，在相同的獲利水準下，EPS 可以提高至 $17.92；可見運用財務槓桿有

表 10-2　使用負債對股東獲利及損失的放大效果

1. 負債 = $0

	非常景氣	普通	非常不景氣
息前稅前盈餘 (EBIT)	$6,000,000	$2,000,000	$-2,000,000
減：利息	0	0	0
淨利	$6,000,000	$2,000,000	$-2,000,000
每股盈餘 (EPS)	$9.60	$3.20	$-3.20
權益報酬率 (ROE)	$0.60	$0.20	$-0.20

2. 負債 = $5,000,000

	非常景氣	普通	非常不景氣
息前稅前盈餘 (EBIT)	$6,000,000	$2,000,000	$-2,000,000
減：利息	(400,000)	(400,000)	(400,000)
淨利	$5,600,000	$1,600,000	$-2,400,000
每股盈餘 (EPS)	$17.92	$5.12	$-7.68
權益報酬率 (ROE)	$1.12	$0.32	$-0.48

放大 EPS 的效果。反之,在非常不景氣的狀況下,XYZ 公司產生 $2,000,000 的損失,在此情況下,公司若無舉債,EPS 為 -$3.2;使用負債後,EPS 變成 -$7.68,可知運用財務槓桿也有放大損失的效果。

同樣的結論也可由觀察權益報酬率 (ROE) 的變化而得到。表 10-2 顯示,在非常景氣時,零負債狀態下的 ROE 為 0.6 (=$6,000,000/$10,000,000),而使用負債後的 ROE 可提高至 1.12;顯見運用財務槓桿讓股東權益報酬率幾乎增加一倍。而在非常不景氣的情況下,零負債的 ROE 為 -0.2,舉債後的 ROE 則為 -0.48;可見財務槓桿的使用,也會讓股東權益報酬率產生放大效果。

第二節　M&M 資本結構理論

本節重點提問

- M&M 提出的兩個資本結構理論,其基本假設與主張有何不同?

依據前面的討論,我們已知企業資本結構的決策目標是極小化全面資金成本或極大化公司價值。然而,如此的決策目標是否代表財務文獻對於企業應否有一個「最適資本結構」具一致性的看法?事實上,資本結構理論發展至今,各個學派依據不一樣的假設條件,而針對此問題立下不同的結論。回顧理論,可以讓我們從中擷取不同的見地,強化對資本結構議題的理解。

資本結構理論主要包括 M&M 的資本結構理論(無關論 vs. 有

關論)、最適資本結構模型及融資順位理論等[3]。這些理論從利息稅盾、破產成本及實務作業各方面進行考量，然後對融資結構立下不同的結語。本節先討論 M&M 的兩個理論模型，其餘則留待下節說明。

◎ M&M 無關論

最石破天驚也最具劃時代意義的資本結構理論，當非**資本結構無關論** (Capital Structure Irrelevance Theory) 莫屬。此理論是墨迪格理阿尼 (Franco Modigliani) 和米勒 (Merton Miller) 在 1958 年所提出。由於兩位教授的姓氏皆以 M 字母開頭，故亦稱作「**M&M 無關論**」。此理論不但開啟了「現代財務管理」的新頁，也激發出後世更多財務方面革新的思維與創見。

為了便於分析且深入瞭解資本結構對公司價值與資金成本的影響，M&M 兩位學者假設了一個理想化（但未必符合真實世界貌象）的市場環境；市場中的投資人對每家公司未來的獲利能力有齊一的資訊與預期，所有負債均無風險，公司無須支付所得稅，也沒有破產成本或代理成本，公司每年的 EBIT 維持不變且全部發放給股東（因此股票是零成長）等。在這些假設條件都成立的前提下，M&M 證明了兩個著名的定理，分別稱作 **M&M 定理一** (Proposition I) 及 **M&M 定理二** (Proposition II)；定理一說明公司價值與資本結構的關係，定理二則描述權益資金成本與資本結構的關係。

---

[3] 資本結構理論也包含米勒模型，不過本書未將之納入分析；讀者可參考劉亞秋、薛立言合著之《財務管理》二版，華泰文化出版。

無關論定理一

在公司所得稅率為零的情況下，M&M 無關論定理一主張：「公司價值與其資本結構無關」。此定理說明公司的價值決定於它的實質獲利能力，而非如何調整其資本結構。因此，兩家公司若有相同的息前稅前盈餘，則雖然一家是舉債公司（L 公司），而另一家是零負債公司（U 公司），但兩者的公司價值依然會相等，亦即：

$$V_L = \frac{EBIT}{K_{aL}} = V_U = \frac{EBIT}{K_{aU}} \tag{10-6}$$

無關論定理二

M&M 無關論定理二主張：「公司的權益資金成本，會隨著財務槓桿使用程度的增加而上升」。此定理說明，公司負債的增加會使得權益風險提高，進而導致權益資金成本的上升。因此，舉債公司的權益資金成本 (K_{sL}) 等於零負債公司的權益資金成本 (K_{sU}) 加上一個風險溢酬，如下所示：

$$K_{sL} = K_{sU} + 風險溢酬$$

$$= K_{sU} + (K_{sU} - K_d) \times \frac{D}{E_L} \tag{10-7}$$

其中，K_d 是 L 公司的負債成本，而 $\frac{D}{E_L}$ 是 L 公司的負債權益比。由於 U 公司的全面資金成本等於其權益資金成本 ($K_{aU} = K_{sU}$)，故 (10-7) 式亦可表示如下：

$$K_{sL} = K_{aU} + (K_{aU} - K_d) \times \frac{D}{E_L} \tag{10-8}$$

(10-8) 式隱含的意義是，U 公司的全面資金成本 (K_{aU}) 大於 L 公司的負債資金成本 (K_d)，但小於 L 公司的權益資金成本 (K_{sL})，亦即：

$$K_d < K_{aU} < K_{sL} \qquad (10\text{-}9)$$

另外，由於 L 公司的全面資金成本 (K_{aL}) 等於其負債資金成本 (K_d) 和權益資金成本 (K_{sL}) 的加權平均，可推知 K_{aL} 必定是介於 K_d 和 K_{sL} 之間：

$$K_d < K_{aL} < K_{sL} \qquad (10\text{-}10)$$

我們可以將「M&M 無關論」的定理一及定理二用圖形來表示，如圖 10-1 所示。

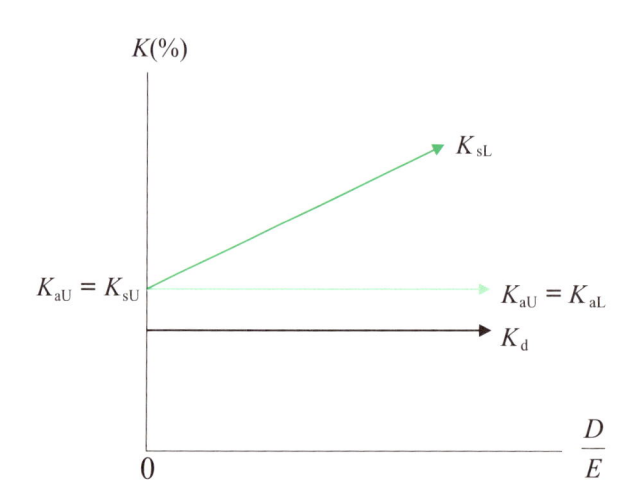

圖 10-1 「M&M 無關論」定理一及定理二

觀察圖 10-1 可知，零負債公司的全面資金成本 (K_{aU}) 與舉債公司的全面資金成本 (K_{aL}) 完全相等，代表公司的全面資金成本並不會因使用負債的多寡而改變，也就是說，公司價值不會受到資本結構的影響。此外，當公司開始舉債時，舉債公司的權益資金成本

(K_{sL}) 會逐漸隨著負債權益比的上升而增加。

例 10-2

橙碇實業為一家純股權公司,每年可穩定創造 $2,000,000 的息前稅前盈餘。橙碇實業每年都將盈餘以股利形式全數發給股東,因此是一個零成長的公司。橙碇實業若須發行債券,會發行永續債券,且其負債資金成本將會是 8%。假設橙碇實業的權益資金成本為 10%,且該公司所得稅率為零,請問:(a) 橙碇實業的公司價值是多少? (b) 若橙碇實業決定發行總值 $8,000,000 的永續債券,並用來買回部分流通在外的股票,則依據「M&M 無關論」所算出之橙碇實業的全面資金成本是多少?

(a) 橙碇實業每年之 EBIT 為 $2,000,000,權益資金成本為 10%,因此公司價值為:

$$V_U = \frac{\text{EBIT}}{K_{sU}} = \frac{\$2,000,000}{10\%} = \$20,000,000$$

(b) 依據「M&M 無關論」定理一:公司價值與其資本結構無關。由於橙碇實業發行債券所取得的資金將用於買回部分流通在外股票,因此在發行 $8,000,000 債券後,其權益價值將是 $12,000,000。利用 (10-7) 式,可算出舉債後橙碇實業之權益資金成本為:

$$K_{sL} = K_{sU} + (K_{sU} - K_d) \times \frac{D}{E_L}$$
$$= 0.10 + (0.1 - 0.08) \times \frac{\$8,000,000}{\$12,000,000}$$
$$= 0.1133 = 11.33\%$$

然後,可再計算橙碇實業的全面資金成本如下:

然後，可再計算橙碇實業的全面資金成本如下：

$$K_{aL} = WACC = \frac{D}{V_L} \times K_d + \frac{E_L}{V_L} \times K_{sL}$$

$$= \frac{\$8,000,000}{\$20,000,000} \times 0.08 + \frac{\$12,000,000}{\$20,000,000} \times 0.1133$$

$$= 0.1 = 10\%$$

由上述可以看出，橙碇實業公司在舉債後的全面資金成本，仍然等於舉債前的全面資金成本 ($K_{aL} = K_{aU} = K_{sU} = 10\%$)，表示公司的全面資金成本不因舉債而有所改變。

實力秀一秀 10-1：「M&M 無關論」定理二

依據「M&M 無關論」定理二，舉債公司的權益資金成本 (K_{sL}) 決定於哪三項因素？

我們也可將以上有關資本結構的討論，用**派餅模型** (Pie Model) 來說明。若以派餅的大小代表公司價值的高低，則「M&M 無關論」透露的重要訊息是，在沒有公司所得稅的市場中，公司若想提高其價值，只能想辦法把派餅做大（亦即提升獲利），單單改變切餅的方式（亦即改變資本結構）並無助於公司價值的增加。**圖 10-2** 所示為資本結構的兩個派餅：左圖的切餅方式是債券多、股票少；而右圖的切餅方式則是債券少、股票多。兩個派餅的大小是一樣的，代表兩家公司有同樣的獲利能力，其價值不會因為切餅的方式而造成差異。

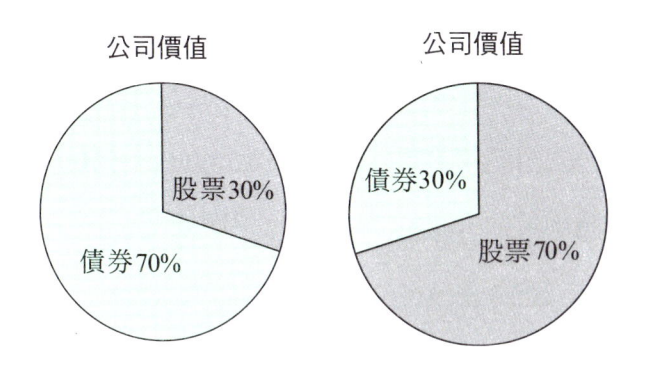

圖 10-2　不同資本結構的兩個派餅

◎ M&M 有關論

為了能更貼近真實世界中大多數公司的狀況，M&M 在 1963 年將「無關論」模型所設立的假設條件略為放寬，讓公司的所得稅率不再為零。為區別起見，一般都將 M&M 在 1958 年所提出的「無關論」稱作無稅模型，而 1963 年所提出的模型則稱作 M&M 有稅模型。「M&M 無稅模型」指出資本結構不會對公司價值造成影響，那麼「M&M 有稅模型」又得到什麼結論呢？

◎ 利息稅盾

當公司的所得稅率不為零時，因舉債而付出的利息會創造**利息稅盾** (Interest Tax Shield)，這是因利息費用可以抵減所得稅，故為公司創造價值。為具體瞭解利息稅盾，讓我們舉一簡例說明之。假設市場上有兩家公司，一家為零負債公司（U 公司），另一家為舉債公司（L 公司）。兩家公司都是呈現零成長，每年的息前稅前盈餘 (EBIT) 皆固定為 $6,000；公司稅率 ($T_C$) 都是 25%，而淨利全都作為股利發放。兩家公司在各方面幾乎完全一樣，唯一差異就是資

本結構。L 公司的負債為其所發行的永續債券，面額為 $5,000，票面利率為 6%，因此每年債息為 $300。另假設市場利率維持在 6% 不變，因此，L 公司的債券價值始終為 $5,000 (= $300/0.06)。[4]

首先，將兩家公司簡化的損益表列出如下：

	U 公司	L 公司
息前稅前盈餘 (EBIT)	$6,000	$6,000
減：利息	0	(300)
應稅所得	$6,000	$5,700
減：所得稅 (25%)	(1,500)	(1,425)
淨利	$4,500	$4,275

從損益表可以看出，兩家公司的獲利能力 (EBIT) 相同，但 L 公司繳的所得稅為 $1,425，比 U 公司的 $1,500 少了 $75。此 $75 即為利息稅盾，相當於利息金額與公司稅率的乘積，如下所示：

$$利息稅盾 = 利息 \times 公司稅率\,(T_C) \qquad (10\text{-}11)$$

利息稅盾讓 L 公司整體的現金流量，比 U 公司多出了 $75，此點可由下表看出：

公司每年現金流量	U 公司	L 公司
屬於股東	$4,500	$4,275
屬於債權人	0	300
合計	$4,500	$4,575

---

[4] 由於 L 公司發行的債券為永續債券，因此債券現值 = 每年債息 / 折現率。

有關論定理一

　　M&M 有稅模型假設公司的 EBIT 每年皆為固定，因此具有永續年金的性質。在公司稅率及各種資金成本每年也都不變的假設下，淨利及股利亦具有永續年金的性質。依據前述計算利息稅盾的簡化損益表，假設 U 公司的全面資金成本為 10%，則 U 公司的價值為每年屬於股東的現金流量除以全面資金成本，如下所示：

$$V_U = \frac{\text{EBIT} \times (1-T_C)}{K_{aU}} = \frac{\$6,000 \times (1-25\%)}{10\%} = \$45,000$$

　　從前面的描述，已知 L 公司比 U 公司每年多出 $75 的現金流量，此筆永續年金型態的現金流量是由利息稅盾所貢獻，其價值（或現值）計算如下：

$$利息稅盾現值 = \frac{利息稅盾}{折現率}$$

$$= \frac{\$75}{6\%} = \$1,250 \qquad (10\text{-}12)$$

上式中，由於利息稅盾是因債券付息而產生，故以債券殖利率 6% 作為折現率乃為合理。利息稅盾的現值等於 L 公司價值 (V_L) 與 U 公司價值 (V_U) 的差異，如下所示：

$$V_L = V_U + 利息稅盾現值 \qquad (10\text{-}13)$$

利息稅盾現值也可看作是債券價值與公司稅率的乘積，此點由 (10-11) 式及 (10-12) 式即可推算出：

$$利息稅盾現值 = \frac{利息稅盾}{折現率} = \frac{利息 \times 公司稅率}{折現率}$$

$$= \frac{\text{利息}}{\text{折現率}} \times \text{公司稅率}$$

$$= \text{債券價值} \times \text{公司稅率}$$

$$= D \times T_C$$

因此,代表 L 公司價值 (V_L) 的 (10-13) 式亦等於下式:

$$V_L = V_U + D \times T_C \qquad (10\text{-}14)$$

(10-14) 式說明了負債會影響公司價值;資本結構中的負債愈多,公司價值就愈高。換言之,為了讓公司價值極大化,企業應該採用 100% 負債的資本結構,此即是著名的「M&M 有關論」,而 (10-14) 式即是**「有關論」定理一** (Proposition I)。

根據「有關論」定理一,我們可算出前面提到之 L 公司的價值 (V_L) 為:

$$V_L = V_U + D \times T_C$$
$$= \$45{,}000 + \$5{,}000 \times 25\%$$
$$= \$46{,}250$$

因此,也可算出 L 公司的權益價值 (E_L) 為:

$$E_L = V_L - D = \$46{,}250 - \$5{,}000 = \$41{,}250$$

◎ 有關論定理二

「M&M 有關論」主張,L 公司的權益資金成本 (K_{sL}) 仍舊等於 U 公司的權益資金成本 (K_{sU}) 加上一個風險溢酬,不過此風險溢酬會因為公司稅率的存在而縮小,如下所示:

$$K_{sL} = K_{sU} + (K_{sU} - K_d) \times \frac{D}{E_L} \times (1 - T_C) \quad (10\text{-}15)$$

此即是著名的**「M&M 有關論」定理二** (Proposition II)。(10-15) 式顯示,在 $T_C > 0$ 的情況下,舉債公司的權益資金成本會隨著負債增加而上升,但是上升的速度會比 $T_C = 0$ 的情況為緩慢〔可與 (10-7) 式作比較〕。

另外,根據「M&M 有關論」定理一,利息稅盾的存在會使得舉債公司的價值大於無負債公司,也就是 $V_L > V_U$;由此可推知,L 公司的全面資金成本必定小於 U 公司的全面資金成本,也就是 $K_{aL} < K_{aU}$。在公司稅率不為零 ($T_C \neq 0$) 的情況下,舉債公司的全面資金成本 (K_{aL}) 可表示如下:

$$K_{aL} = \frac{D}{V_L} \times K_d \times (1 - T_C) + \frac{E_L}{V_L} \times K_{sL} \quad (10\text{-}16)$$

可以看出,因為 $T_C > 0$ 而產生的利息稅盾,使得 L 公司的稅後負債資金成本從 K_d 降為 $K_d \times (1 - T_C)$,其全面資金成本則會隨著負債比率的增高而下降。

總而言之,當公司的所得稅率大於零時,其負債資金成本會因利息稅盾而降低,而權益資金成本的增加速度則會減緩,使得全面資金成本得以下降,公司價值提升。

延續先前的例子,已知 $K_{aU} = 10\%$,$K_d = 6\%$,D/E_L = \$5,000/\$41,250,$T_C = 25\%$;將這些數值代入 (10-15) 式,即可算出 L 公司的權益資金成本 (K_{sL}) 如下:

$$K_{sL} = 10\% + (10\% - 6\%) \times \frac{\$5,000}{\$41,250} \times (1 - 25\%) = 10.36\%$$

既得到 K_{sL} 的值，便可利用 (10-16) 式算出 K_{aL} 為：

$$K_{aL} = \frac{\$5,000}{\$46,250} \times 6\% \times (1-25\%) + \frac{\$41,250}{\$46,250} \times 10.36\% = 9.73\%$$

零負債公司（U 公司）的全面資金成本為 10%，而舉債公司（L 公司）的全面資金成本為 9.73%，此即為 M&M 有稅模型所透露的訊息，亦即公司的全面資金成本會隨負債的增加而下降，公司價值會隨負債的增加而上升。「M&M 有關論」定理一及定理二亦可用圖形來表示，如圖 10-3 所示：

觀察圖 10-3 中的 (a) 圖可知，公司的價值會隨著負債的增加而上升，故舉債公司的價值 (V_L) 必定高於零負債公司的價值 (V_U)，兩者差異等於利息稅盾價值 ($D \times T_C$)；另外，也可見利息稅盾價值會隨著負債 (D) 的增加而擴大。因此，公司的負債愈多，價值愈高，故最好是採用 100% 負債的資本結構，此為 M&M 有關論定理一隱含的意義。

圖 10-3 中的 (b) 圖顯示，舉債公司的全面資金成本 (K_{aL}) 會隨著負債權益比的上升而下降，代表公司舉債愈多，其全面資金成本愈小（反映公司價值愈大），也可知 K_{aL} 與 K_{aU} 兩者的差異，即是利息稅盾的貢獻。另由 (b) 圖也可看出，舉債公司的權益資金成本 (K_{sL}) 會隨著負債權益比的上升而增加，與 M&M 無稅模型的結論相同。不過，相較於圖 10-1 中的 K_{sL}，在公司稅率大於零的情況下，由於有利息稅盾效果的存在，權益資金成本隨負債增加而上升的幅度會比較緩慢。

CHAPTER 10 資本結構

(a) 定理一：$V_L = V_U + D \times T_C$

(b) 定理二：$K_{sL} = K_{sU} + (K_{sU} - K_d) \times \dfrac{D}{E_L} \times (1 - T_C)$

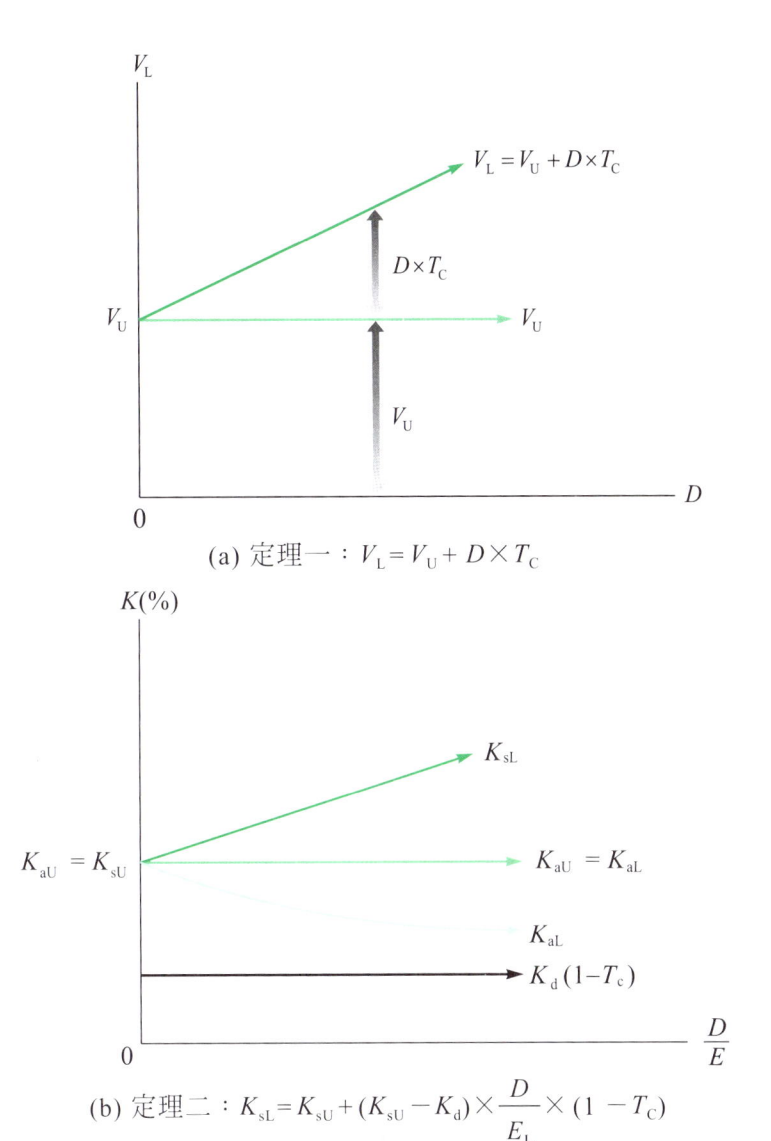

圖 10-3 M&M 有關論的定理一及定理二

例 10-3

延續〔例 10-2〕，假設橙碇實業的公司所得稅率為 17%，但其他條件不變；請問：(a) 橙碇實業的公司價值是多少？(b) 若橙碇實業決定發行總值 $8,000,000 的永續債券，並用來買回部分流通在外的股票，則依據「M&M 有關論」計算之橙碇實業的全面資金成本是多少？

(a) 橙碇實業每年 EBIT 為 $2,000,000,稅後盈餘為 $1,660,000 = $2,000,000 × (1 − 17%),因此其公司價值計算如下:

$$V_U = \frac{\text{EBIT}(1 - T_C)}{K_{sU}} = \frac{\$1,660,000}{10\%} = \$16,600,000$$

(b) 橙碇公司發行總值 $8,000,000 的永續債券,並用來買回部分流通在外股票。我們先運用 (10-14) 式算出公司舉債後之價值如下:

$$\begin{aligned} V_L &= V_U + D \times T_C \\ &= \$16,600,000 + \$8,000,000 \times 0.17 \\ &= \$17,960,000 \end{aligned}$$

將公司價值扣除永續債券的價值 $8,000,000,得到橙碇公司在舉債後的權益價值 (E_L) 為 $9,960,000。然後依據「M&M 有關論」定理二,利用 (10-15) 式算出橙碇公司在舉債後的權益資金成本如下:

$$\begin{aligned} K_{sL} &= K_{sU} + (K_{sU} - K_d) \times \frac{D}{E_L} \times (1 - T_C) \\ &= 0.10 + (0.1 - 0.08) \times \frac{\$8,000,000}{\$9,960,000} \times (1 - 0.17) \\ &= 0.1133 = 11.33\% \end{aligned}$$

最後,利用 (10-16) 式算出橙碇實業在舉債後的全面資金成本如下:

$$\begin{aligned} K_{aL} &= \text{WACC} = \frac{D}{V_L} \times K_d \times (1 - T_C) + \frac{E_L}{V_L} \times K_{sL} \\ &= \frac{\$8,000,000}{\$17,960,000} \times 0.08 \times 0.83 + \frac{\$9,960,000}{\$17,960,000} \times 0.1133 \\ &= 0.0924 = 9.24\% \end{aligned}$$

由上述可以看出,橙碇實業公司在舉債之後的全面資金成本 (K_{aL} = 9.24%) 要比舉債前 ($K_{aU} = K_{sU}$ = 10%) 低,可知在公司稅率大於零的情況下,稅盾效果會導致公司全面資金成本的下降。

第三節　最適資本結構與融資順位理論

> **本節重點提問**
> - 比較「權衡模型」與「M&M 有關論」，兩者的假設與結論有何不同？
> - 「融資順位理論」主張企業對融資工具有什麼樣的順位安排？

最適資本結構模型

依據 M&M 有關論的推理，公司的負債愈多，價值愈高，故採用 100% 負債的資本結構最符合股東利益。事實上，公司不可能無限制地舉債，因為不會有人願意無止盡地提供資金而承擔愈來愈高的風險。因此，**最適資本結構模型**，亦稱作**抵換模型**或**權衡模型**(Trade-Off Model)，針對負債資金的限制而對 M&M 有關論提出了修正。權衡模型不僅重視使用負債帶來的利息稅盾，同時也考慮到負債增加可能招致的破產成本，更強調兩者互抵之後對公司價值創造的淨效果。當公司的負債比率維持在較低水準時，使用負債的稅盾利益會大於破產成本；而在較高的負債比率時，破產成本的增加則會快速侵蝕利息稅盾；因此，必定會有一個資本結構可讓使用負債的淨利益達到最大，此即為「最適資本結構」。「資本結構的權衡理論」主張公司都有其各自的最適資本結構，而公司應該要依照其最適資本結構來舉債，如此才能達到公司價值極大化。

破產成本

負債會帶來稅盾利益，但過度舉債也會增加公司的經營成本，其中最重要的一項成本是**破產成本** (Bankruptcy Cost)。由先前的說明，我們已瞭解何謂稅盾利益，此處就來討論破產成本。公司如何才會破產？當公司資產價值等於或小於負債價值時，公司實質上就已破產。另外，即使公司的資產價值仍大於負債價值，但資產無法變現，以致於到期的負債義務（利息及本金的償還）無法履行，也會導致公司瀕臨破產。

公司一旦走到破產的地步，所有資產的移轉必須經由法律程序來完成。值得注意的是，破產的法律程序不但漫長而且昂貴，在過程中公司須不斷付出各種費用，包括訴訟費、律師費、會計師費、管理費等，另外資產也可能因擱置過久而陳廢折價。當破產程序終於走完之時，公司價值可能已耗損掉一大部分，導致債權人實際領回的遠比應領回的少。因此，公司破產是債權人的夢魘；在破產的法律過程中所消耗的資源是破產的直接成本，這些資源本應屬於債權人，卻在破產案的處理過程中蒸發掉。

除了直接成本，破產還有間接成本，這是指公司在正式向法院申請破產之前所耗掉的本身資源。當公司開始有履行負債義務的困難時，我們說它已陷入**財務困境** (Financial Distress) 之中，舉債愈多的公司自然有較高的財務危機風險。財務狀況頻現困頓的公司通常會竭盡所能地避免走到破產的地步，此乃因管理階層和（大）股東仍可從苟延殘喘的公司擠壓出一些利益，若公司真的破產，股票就完全變成廢紙。然而，償債能力窘態畢露的公司雖未正式破產，

公司價值卻已在逐漸流失之中。首先，管理者為了保留現金，極可能放棄可以增加公司價值的投資機會，而能力強的員工也紛紛另覓他職。其次，顧客為了怕日後得不到售後服務或產品維修的保證而陸續出走，銷售額因此一路下滑。另外，公司愈是周轉不靈而需籌措資金，就會發現融資成本愈發走高，而銀行也常會在雨天收傘。這些都是因破產危機而引發的額外成本，可以看作是破產的間接成本。

由以上的描述可知，公司在其資本結構中增加負債的使用雖可提高稅盾利益，但也會因財務危機的風險增高而導致潛在破產成本的上升。本質上，同時考慮舉債之正、負效果的「權衡模型」，將「有關論」的定理一作了如下的修正：

$$V_L = V_U + （利息稅盾的現值 - 破產成本的現值）$$

$$= V_U + 使用負債的淨利益 \qquad (10\text{-}17)$$

「權衡模型」主張，公司會試圖找到一個最佳的負債比率來作為它的目標資本結構。「權衡模型」也預測獲利穩定、有形資產多的公司，因較容易獲得債權人的信賴，故傾向於有較高的負債比率；反之，獲利不穩定、無形資產多的公司，則因倒閉風險較高而不易對外舉債，故傾向於有較低的負債權益比。我們也可以把 (10-17) 式所傳達的概念以圖形表示出來，如**圖 10-4** 所示：

觀察**圖 10-4** 中的 (a) 圖可知，舉債公司價值 (V_L) 與零負債公司價值 (V_U) 兩者的差異，是由利息稅盾現值與破產成本現值共同構成。當負債金額愈來愈高時，破產成本現值增加得愈來愈快，而抵銷掉大部分的稅盾利益。因此，公司可以找到一個最適的負債比

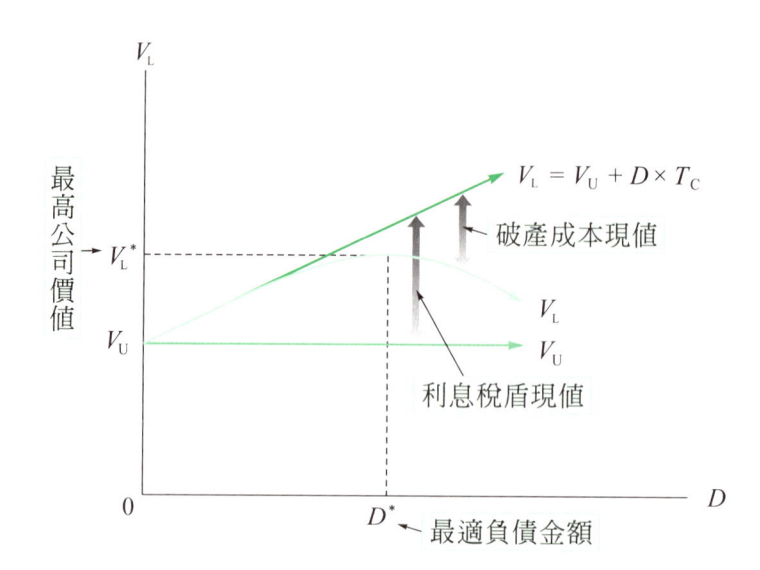

(a) 最適資本結構使公司價值達到最高

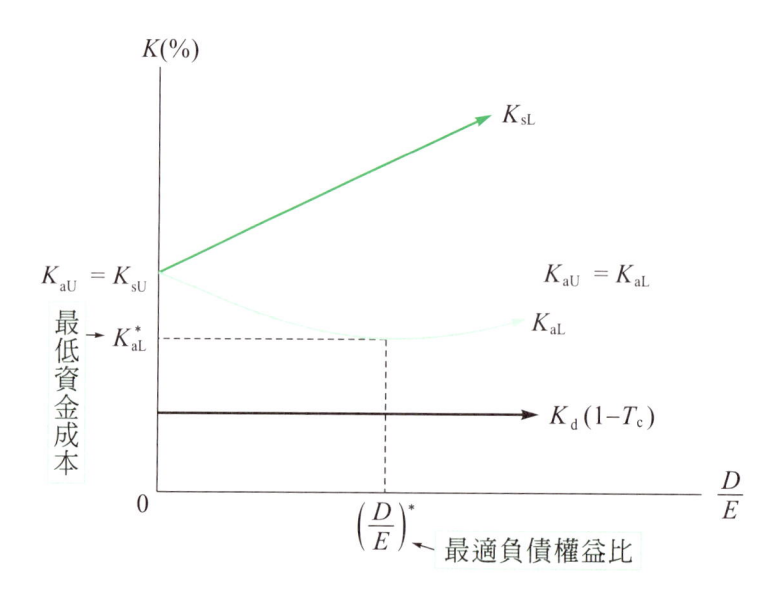

(b) 最適資本結構使全面資金成本降至最低

圖 10-4　權衡模型

率，讓稅盾利益現值扣除破產成本現值後的金額為最大（也就是淨稅盾利益達到最大），而使公司價值為最高。圖 10-4 中的 (b) 圖

也顯示出公司有一個最適資本結構，可使其全面資金成本降至最低（亦即公司價值達到最高）。

C 融資順位理論

到目前為止，我們已討論過三個資本結構模型，彼此互有關聯性。從「M&M無關論」開始，每放鬆一個假設，所得到的修正模型就更貼近真實世界的現象。相對而言，限制條件最少也最為大家所接受的是「權衡模型」。實務上，公司是否真的有一個目標資本結構，並據之進行融資？獲利穩定良好、有形資產多的公司是否真如「權衡模型」所說，確有較高的負債比率？

一些學者觀察到，市場上獲利持續豐厚的公司其實負債比率多偏低，有些甚至完全不對外舉債，反而是獲利較差的公司才有較高的負債比率；此現象剛好與「權衡模型」所建議的相反。學者因此認為，企業在有資金需求時，其實是會依照一定的順位來進行融資。首先，是依靠內部自有資金（保留盈餘），自有資金不敷使用時才進行外部融資，而外部融資也會從發行新債開始，最後才是發行新股，這就是所謂的融資順位理論 (Pecking Order Theory)。依照融資順位理論，企業在融資路徑上會遵循「自有資金 → 發行新債 → 發行新股」的順序，而獲利豐厚的公司既有充沛的內部資金，當然就會有比較低的負債比率。

融資順位理論的提出，主要是依據「資訊不對稱」的觀察。資訊不對稱是指公司的經理人比一般投資人更瞭解公司的狀況；當公司股價被低估時，經理人不會樂意在該時點發行新股籌資，因為如

此做會損害既有股東的利益，而便宜了新股東；當公司股價被高估時，經理人則較有意願在此時發行新股。投資人因資訊不對稱而無法得知公司經營的實況，也不知股票市價到底是被高估還是低估，但是卻瞭解公司會有動機在股價高估時才發行新股；因此，每當公司決定發行新股時，市場的解讀就是股價必定是高估了。換句話說，每次公司宣告發行新股時，市場力量就會讓股價向下修正。

因發行新股而導致股價下跌，當然是經理人及現有股東所不樂見之事；若可用內部資金來因應投資需求，就不會對股價造成衝擊；若勢必要對外融資，則舉債對現行股價的衝擊也會比發行新股小。因此，除非公司已用盡內部資金，並讓負債能量瀕臨枯竭，否則是不會輕易採取發行新股的方式來融資。融資順位理論雖然也不否認稅盾及破產成本的考量會影響公司對於負債權益比的選擇，但卻不

財務問題探究：權衡理論 vs. 融資順位理論

依據資本結構的「權衡理論」，公司在衡量過增加負債所帶來的利息稅盾及可能招致的破產成本之後，會找到一個最佳的負債比率作為其目標資本結構；此理論隱含獲利良好的公司會有較高的負債比率。但「融資順位理論」主張，決定如何融資的最關鍵因素是「資訊不對稱」，因而公司會遵循「自有資金→發行新債→發行新股」的順序來融資。兩理論之間是否有相通之處？或許可以針對下列問題透過實證研究來找到答案。由於市場上的新公司及小公司（相較於大公司）會有比較嚴重的資訊不對稱情況，因此即使獲利良好，仍然可能會有偏低（相較於大公司）的負債比率。但是，當資訊不對稱的情況隨公司之成長壯大而逐漸淡化，這些較大公司的獲利狀況與負債比率之間的關係，是否就會比較符合權衡模型所預測的呢？

認為這些是最重要的因素;此理論主張,決定如何融資的最關鍵因素是「資訊不對稱」,其存在造成發行新股對股價產生負面衝擊,因而形成融資工具有一定的排序順位。

財經訊息剪輯

上市食品公司的平均總負債比率

　　媒體報導上市公司味全(代號:1201)的總負債比率高達 **79.1%**,財務壓力沉重。味全總經理指出:目前資本結構依舊嚴峻,以上市公司來說,負債比過高,將持續改善財務結構,希望未來能降至 60%。上市食品公司在 2017 年第三季結束時的平均總負債比率到底是多少呢?依據下表提供的數據就可以算出來了;由此表也可看出味全公司的總負債比率確實是高居上市食品公司之首。負債比率過高,會使債權人擔心,一旦公司獲利下滑,就可能會付不出債息,因而債權人會要求較高的報酬率,造成公司負債資金成本以及加權平均資金成本的上升。

公司名稱	代號	總負債比率	公司名稱	代號	總負債比率
味全	1201	79.1%	宏亞	1236	39.9%
南僑	1702	75.5%	味王	1203	39.6%
統一	1216	57.0%	佳格	1227	31.4%
聯華食	1231	53.7%	天仁	1233	27.9%
福壽	1219	53.3%	興泰	1235	27.3%
愛之味	1217	52.2%	大統益	1232	26.2%
泰山	1218	51.4%	黑松	1234	25.2%
卜蜂	1215	49.0%	大飲	1213	23.7%
大成	1210	46.1%	台榮	1220	19.2%
鮮活果汁-KY	1256	45.6%	台鹽	1737	15.5%
福懋油	1225	44.3%	聯華	1229	14.4%

資料來源:公開資訊觀測站;2017 年第 3 季。

本章摘要

- 資本結構會影響公司的全面資金成本；全面資金成本是一種加權平均資金成本，是由負債資金成本和權益資金成本加權而得，而權數即反映出公司的資本結構。
- 全面資金成本的高低與公司價值的大小是一體的兩面，也就是說，「極小化全面資金成本」等於「極大化公司價值」。
- 零負債公司是「純股權公司」，其股票價值等於公司價值，而權益資金成本也等於全面資金成本。
- 無論是零負債公司或舉債公司，在資本結構的議題上，極大化股東財富與極大化公司價值並無差異。
- 企業在它的資本結構中所用的負債愈多，代表其財務槓桿的使用程度愈高；財務上的槓桿作用，指的是放大股東獲利或損失的效果。
- 四大資本結構理論是 M&M 無關論、M&M 有關論、最適資本結構模型及融資順位理論。
- M&M 無關論定理一主張：「公司價值與其資本結構無關」。此定理說明公司的價值決定於它的實質獲利能力，而不是如何調整它的資本結構。
- M&M 無關論定理二主張：「公司的權益資金成本，會隨著財務槓桿使用程度的增加而上升」，此定理說明，公司的負債增加會使權益的風險提高，進而導致權益資金成本的上升。
- 利息稅盾是指利息因抵減所得稅，而為公司創造的額外價值。
- M&M 有關論定理一主張：舉債公司的價值＝零負債公司的價值＋利息稅盾的現值。

- M&M 有關論定理二主張:「舉債公司的權益資金成本 (K_{sL}) 會隨著負債權益比的上升而增加」。與 M&M 無關論定理二的主張相同。不過,在公司稅率大於零的情況下,由於有利息稅盾效果的存在,權益資金成本隨負債增加而上升的幅度會比較緩慢。
- 「權衡模型」主張,公司必然會找到一個最佳的負債比率來作為它的目標資本結構。「權衡模型」也預測獲利穩定、有形資產多的公司,因較容易獲得債權人的信賴,故傾向於有較高的負債比率;反之,獲利不穩定、無形資產多的公司,則因倒閉風險較高而不易對外舉債,故傾向於有較低的負債權益比。
- 「融資順位理論」說明企業在融資路徑上,是遵循(自有資金→發行新債→發行新股)這樣的順位。

本章習題

一、選擇題

1. 下列有關資本結構理論的敘述何者為真？
   (a) 在 M&M 理論不考慮稅的情況下，公司之權益資金成本不會因舉債程度不同而改變
   (b) 在 M&M 理論不考慮稅的情況下，舉債公司之負債資金成本比考慮稅時的負債資金成本為低
   (c) 在 M&M 理論考慮稅的情況下，公司之加權平均資金成本不會因舉債程度不同而改變
   (d) 在 M&M 理論不考慮稅的情況下，公司之價值不會因舉債程度不同而改變

2. A 公司是一家無負債公司，其 EBIT 為 $1,000,000，公司所得稅率為 25%，而權益資金成本為 9%。根據 M&M 理論，若公司發行面額 $12,000,000、票息為 6% 的永續（平價）債券，則公司之市場價值是多少？
   (a) $10,875,870　　　　　　(b) $11,333,333
   (c) $12,340,000　　　　　　(d) $15,065,142

3. 下列哪一個定理主張不舉債公司的價值等於舉債公司的價值？
   (a) M&M 有稅模型定理一　　(b) M&M 有稅模型定理二
   (c) M&M 無稅模型定理一　　(d) M&M 無稅模型定理二

4. 畢格公司目前的稅前負債成本為 7%，權益資金成本為 13%。畢格公司未舉債之時的全面資金成本為 10%。根據 M&M 無稅模型定理二，畢格公司的負債權益比是多少？

(a) 0.9   (b) 1.0

(c) 1.1   (d) 1.2

5. L 公司發行之永續債券目前市價為 $5,000,000，票面利率為 6%；該公司目前稅率為 25%。請問 L 公司之利息稅盾現值是多少？

   (a) $75,000   (b) $300,000

   (c) $1,250,000   (d) $2,500,000

6. 朝陽公司若不舉債的資金成本為 10%；目前的預期 EBIT 為 $3,000，所發行債券的面額及市值皆為 $4,000，每年債息為 6%，而公司所得稅率為 30%。請問公司價值是多少？

   (a) $22,200   (b) $11,100

   (c) $12,450   (d) $24,900

7. 假設一家公司的所得稅率為 30%，負債資金成本為 6%，若該公司的利息稅盾等於 $50,000，則其流通在外負債金額為：

   (a) $1,865,897   (b) $2,777,778

   (c) $986,350   (d) $889,326

8. 挪威公司是一家純股權公司，其權益資金成本為 12%，目前股東權益的市場價值為 $30,000，若公司的所得稅率為 0%，則公司的 EBIT 是多少？（假設公司的 EBIT 每年皆維持不變）

   (a) $1,800   (b) $3,600

   (c) $5,400   (d) $7,200

9. 延續上題，若挪威公司的所得稅率為 25%，則該公司的 EBIT 是多少？

   (a) $2,400   (b) $3,600

   (c) $4,800   (d) $7,200

10. 下列敘述何者是正確的？

    (a) 公司的資本結構指的是負債資金到期期限的長短

    (b) M&M 無關論定理一主張：「公司舉債愈多，價值愈高」

    (c) M&M 無關論定理二主張：「公司舉債愈多，其權益資金成本愈高」

    (d) 舉債所創造的稅盾利益是由債權人享有

11. 下列有關資本結構理論的敘述，何者是錯誤的？

    (a)「權衡模型」主張公司應有其各自的最適資本結構

    (b) M&M 資本結構理論在將公司所得稅納入考慮之後，得到的結論是公司應該盡量使用負債

    (c) M&M 有關論定理二主張：「公司的全面資金成本會隨負債增加而下降」

    (d) 依據融資順位理論，企業有資金需求時，會先考慮發行股票來取得資金

12. 下列何種措施最有可能改變企業的資本結構？

    (a) 增加現金股利的發放　　(b) 純股權公司發行新股

    (c) 改選董事會成員　　　　(d) 純股權公司開始舉債

13. 皇朝公司的息前稅前盈餘 (EBIT) 為 $800,000，利息費用為 $200,000。在該公司稅率為零的情況下，其每股盈餘 (EPS) 等於 $2。若該公司的 EBIT 增加為 $1,500,000，而其他條件不變，則其 EPS 會是多少？

    (a) $3.85　　　　　　　　(b) $4.33

    (c) $4.57　　　　　　　　(d) $4.89

14. M&M 理論主張，在有公司所得稅的情況下，隨著負債比率的上升，企業的價值會_____，同時其全面資金成本會_____。

    (a) 減少；下降　　　　　　(b) 增加；上升

    (c) 增加；下降　　　　　　(d) 減少；上升

15. 下列哪一項敘述是正確的？

    (a) 根據「權衡模型」，獲利較差的公司傾向於有較高的負債比率

    (b) 「融資順位理論」認為資訊不對稱是造成融資順位產生的最關鍵因素

    (c) 「M&M 無關論」主張權益資金成本的高低與資本結構無關

    (d) 「M&M 有關論」主張獲利高低與資本結構有關

二、問答與計算

1. 全面資金成本與公司價值有何關係？

2. 哪些財務比率可以代表公司的資本結構？你可知這些比率之間如何互相換算？

3. 比較「M&M 無關論」與「M&M 有關論」的定理一，兩者的基本假設與主張有何不同？

4. 何謂「利息稅盾」？根據「M&M 有公司稅模型」，舉債公司與零負債公司價值的差異是不是即等於利息稅盾？

5. 何謂最適資本結構？

6. 根據「M&M 有公司稅模型」，公司的全面資金成本隨著負債使用的增加而下降，但權益資金成本則是隨負債比率的上升而增高，此兩者有無矛盾？

7. 「權衡模型」對於公司的資本結構決策有何建議或涵義？「融資順位理論」如何解釋企業的融資行為？哪一個理論可以解釋為何資金雄厚的公司不願在市場發行新股？

8. 速傑傳播公司沒有任何負債，每年的息前稅前盈餘 (EBIT) 均維持在 $500,000，公司所得稅率為 17%，所有淨利均以股利發放（零成長），股東

要求報酬率為 9%。(a) 根據 M&M 資本結構理論，請計算速傑傳播的公司價值與權益價值；(b) 若該公司決定發行面額 $3,000,000 的永續（平價）債券，每年票息 5.5%，並將資金用以買回等值的股權，若每年的 EBIT 與股東要求報酬率均維持不變，請計算速傑傳播的公司價值與權益價值。

9. 寰宇傳播公司沒有任何負債，每年的息前稅前盈餘 (EBIT) 均維持在 $500,000，公司所得稅率為 17%，所有淨利均以股利發放（零成長），股東要求的報酬率為 9%。若該公司決定擴大營業，計劃發行面額 $3,000,000 的永續（平價）債券，每年票息 5.5%，預估每年的 EBIT 將可提升至 $850,000。在新增負債的情況下，寰宇傳播預估權益資金成本將增加到 10.63%，請計算：(a) 寰宇傳播公司的權益價值；(b) 公司價值；(c) 全面資金成本。

10. 多瑙河公司的 EBIT 每年都維持在 $100,000 的水準；目前該公司沒有舉債，而權益資金成本 (K_{sU}) 為 20%；所得稅率為 25%。請問：(a) 公司價值是多少？(b) 若多瑙河公司開始舉債，負債金額為 $50,000 並全數用來贖回一些股票；估計負債資金成本為 12%，此情況下之公司價值是多少？(c) 在舉債的情況下，多瑙河公司的權益市場價值是多少？權益資金成本是多少？加權平均資金成本 (WACC) 又是多少？

CHAPTER 11 資本預算決策與評量

> "I have not failed,
> I've just found 10,000 ways that won't work."
> 「我並沒有失敗,
> 我只是找到了一萬個不會成功的方法。」
> ～Thomas Alva Edison 愛迪生～

投資與融資是公司的兩大重要決策;投資的主要任務是開源,融資則重於節流。若從極大化股東財富的角度來看,完美的投資決策自是比融資決策更容易讓股東富有。換言之,在公司經營的目標之下,正確精準的投資無疑是積極致富的不二法門。

公司所進行的投資主要包括證券及固定資產兩類;證券投資指的是購買國庫券、商業本票、股票、債券等金融資產(Financial Assets),而固定資產的投資則是指購置土地、廠房與機器設備等實質資產(Real Assets)。固定資產既是耐久財又具有實質生產力,故能長期為公司創造價值。任何一項固定資產的投資牽涉的金額都相當龐大,而且經常跨越許多個年度,一旦投入資金就難以逆轉,不似證券有活絡的次級市場可以隨時買賣。因

此，固定資產的投資成果對公司有極為深遠的影響；決策正確可以大幅提升公司的價值與競爭力，而決策錯誤則不但無法增加股東財富，還可能形成尾大不掉的局面，對企業的成長與發展將造成阻礙。

有關固定資產購置的考量是屬於長期投資方案分析；公司對於長期投資所作的決定，稱作資本預算決策，**資本預算** (Capital Budgeting) 則是指評量長期投資方案應否被接受，以及資金如何分配的決策過程。長期投資方案的審核有賴不同評量方法的應用，財務經理人根據這些評量準則，檢驗各個方案的可行性並排出優先順位，然後在資金成本的考量下，決定出最適合公司的預算金額，並核定可以付諸執行的方案名單。

本章第一節敘述資本預算所分析的方案類型、應納入考慮的現金流量，以及現金流量的估計過程；第二節討論資本預算的各種評量方法；第三節說明並比較各種評量方法的優缺點；第四節描述修正的內部報酬率法。

CHAPTER 11 資本預算決策與評量

第一節　投資方案類型及新增現金流量

> **本節重點提問**
> - 投資方案依執行目的來區分有哪些類型？
> - 在評估方案時容易誤判而未能正確處理的現金流量包括哪些？

企業為營運需求而彙集之諸多待審方案，可能具有不同的執行目的，譬如有些是為了配合銷售額成長率的提升，有些則是為了維持正常營運而進行設備的汰舊換新，另有些是為了降低生產成本與費用，當然也有些是為了符合政府法令的管制或樹立企業良好的形象。除了執行目的之外，投資方案的分類也可從方案的接受係屬於獨立或互斥事件的角度來看。以下就讓我們先來瞭解投資方案的類型，再來探討方案所創造的新增現金流量。

投資方案的類型

投資方案依執行目的來區分，有重置型、擴充型及其他型三類。

重置型

重置型方案 (Replacement Project) 是為了達成下列兩個目的之一：(1) 讓目前的正常營運可以繼續維持下去；(2) 降低生產成本與營業費用。關於第一點，法令允許企業針對生產設備的購置成本提列折舊費用，因為固定資產經逐年正常的使用必然會發生耗損，最

終一定需要更換（重置）才能讓現有營運繼續維持。因此，企業為生產設備的使用年限面臨屆滿而著手汰舊換新的方案，即屬重置型計畫方案。

當然，並非所有的生產設備都需等到報廢的階段才會進行更換；如果有更高營運效率的新型設備可以取代原有的裝備而達到降低成本與費用的目的，則企業也可能會將尚具利用價值的舊設備提早更換掉。

擴充型

企業在經營過程中，會不斷評估產品近期與遠期的銷售額成長狀況及市場競爭情勢；若產品需求正在快速增加而可預見增添生產設備勢在必行，擴充型方案 (Expansion Project) 就會適時提出。除了因市占率上升而須為現有產品另增生產線外，擴充型方案也可能是為了準備推出新產品或是迎合即將來臨的新需求，而進行新廠房設備的布署規畫。

其他型

投資方案的執行除了是為重置或擴充生產設備外，也可能基於一些其他的考量。舉例來說，企業為樹立良好形象而使用成本較高的環保包裝；為使員工無後顧之憂而附設育嬰房及托兒所等。這些可歸類為其他型的投資方案，其投資收益可能不易量化，評估過程不似重置型或擴充型那般嚴謹，管理階層有時須憑主觀判斷來決定是否要執行，因而未必受限於資本預算的各種評量方法與準則。

投資方案若從彼此間是否有連帶關係來看，可以歸類為獨立型、互斥型及條件型三者。

獨立型

投資方案若是屬於獨立型，則不論採用何種評量方法，所得到之結果都不必再與其他的方案作比較；也就是說，諸多獨立型方案 (Independent Project) 有可能各自皆被接受，也可能各自皆被拒絕，方案的接受與否，完全是從方案本身的角度來考量，不受其他方案是否被接受的影響。

互斥型

互斥型方案 (Mutually Exclusive Project) 是指在一組投資方案中，若其中之一被接受，其他的就自然會被拒絕。譬如企業有一千坪閒置多年的用地，打算趁著房地產熱銷而積極處理；管理階層正在考慮三個方案，甲案是直接將用地出售，乙案是建造大廈再按戶出售，丙案則是蓋加油站來生財。只要其中一案被接受，另兩案必然會被拒絕，因此甲、乙、丙三案彼此形成互斥方案。

條件型

有些投資方案是否會被採行，是以其他方案的執行成果為前提。譬如生物科技公司研發新藥，第一階段（動物試驗）成功之後才可能有第二階段（自製疫苗作臨床試驗）的投資，因此雖是屬於同一概念的投資，但在規畫上有因果關係。

新增現金流量

針對一項投資方案進行資本預算評估時，其為公司創造的新增現金流量 (Incremental Cash Flows)，不論是現金流入或流出，皆須

全部納入考慮。譬如說,新固定資產的購置與安裝必然會引起額外的支出,而新設備的導入營運自然也會帶來額外收入;這些對公司而言都是新增現金流量,也就是在評估方案時須納入考慮的現金流量。須注意的是,並非所有似與方案有關的現金流量都是「新增現金流量」,有些情況會讓我們不易判斷何者才是真正影響決策的相關現金流量。以下就來談談這些在評估方案時容易誤判而未能正確處理的現金流量。

機會成本

機會成本 (Opportunity Cost) 雖然名為成本,但並非真有現金流出;機會成本指的是因方案執行而須放棄的利益。引用先前企業處理閒置土地的例子,並進一步作如下的假設:甲案直接將閒置用地出售,估計售價為 3 億元;乙案將用地改建成大廈出售,估計淨賺 5 億元;丙案蓋加油站估計未來所有現金流量的現值為 4 億元。公司若接受乙案,則機會成本為 4 億元,此為執行乙案所放棄他案的最高價值。由此可知,任何一項投資計畫若用到公司原本就擁有的資產而使其無法再供作其他用途,則該資產所有其他用途能夠創造的最高價值就是投資計畫應納入考慮的機會成本。

沒入成本

沒入成本 (Sunk Cost) 是指與投資方案的接受與否不相關的成本;因此,在評估計畫方案時,沒入成本不應該納入考慮。再次引用前例,假設該閒置用地當初的購買價格為 9 千萬元,則企業即使拒絕甲、乙、丙三案,此 9 千萬元的成本已經發生,不會因方案不

採行而省下來,因此是一種沒入成本,是評估方案時不應納入考慮的現金流量。

副作用

擴充型計畫雖然會為企業創造額外的現金流量,但也可能對既有產品的銷售帶來負面的衝擊。舉例來說,跨國企業到海外直接設廠製造產品,雖然有助於擴增銷售額,但原本透過輸出所創造的現金流量必然會受到侵蝕;因此,在評估海外建廠計畫時,應將方案執行所侵蝕的既存現金流量從「新增現金流量」中扣除。另外,企業所推出的新產品難免與現有產品之間存在著一些替代性,當消費者被吸引去使用新產品時,舊產品所創造的現金流量也會受到侵蝕。因此,執行新方案所產生的**副作用**(Side Effect)在評估時,不應將之忽略。

實力秀一秀 11-1:機會成本與沒入成本

章先生十年前以 $5,000,000 買了一塊地並劃分成停車格出租,現在該塊地已有開發商出價 $12,000,000 購買。眼看目前房地產市場熱絡,章先生興起將該塊空地蓋成公寓出售的念頭,請問此一蓋公寓計畫案的機會成本是多少?沒入成本是多少?

淨營運資金的變化

企業在執行新的投資方案時,有可能會牽動到現有的營運活動,導致公司營運資金出現變化。就擴充型方案而言,銷售額的增加會引起現金、應收帳款、存貨等跟著增加,故淨營運資金通常會

有正向的變化;重置型方案的執行雖不會對銷售額產生影響,但通常會降低生產成本與費用,故積欠供應商的金額(應付帳款)會跟著下降,公司所須保留的現金餘額也會跟著減少。因此,若投資方案的執行確實會引起淨營運資金產生變動,那麼在進行評估時,就必須將這些現金流量的變動也納入考量。

新增現金流量分屬三階段

資本預算最重要的工作就是估計各方案所創造的各種新增現金流量,而這也是資本預算最困難的一部分;一旦估計出所有相關現金流量的數值,我們就可運用資本預算評量方法來幫助決定方案是否應被接受。投資方案的各種新增現金流量可依其發生的時點而歸屬至三個階段,包括期初的資本支出、執行期間每年新增營業現金流量,以及方案結束時一些須特別考量的現金流量。此外,不論新增現金流量歸屬到哪一階段,其所衍生的稅盾或稅負也都要納入分析之中。以下依序說明之。

期初現金流量

對擴充型計畫而言,期初現金流量包含兩個主要的項目,首先是新增生產設備的成本(包括安裝及測試費用),其次是方案執行所引起的淨營運資金變化。重置型方案則除了前兩項,另外還包括舊有設備出售所得之現金,以及舊有設備實際售價與帳面價值的差異所衍生出來的稅賦效果。

例 11-1

海灣國際正在考慮一項機器重置計畫,相關部門提出的資料如下表所示:

項目	金額
新設備購入價格	$ 10,000,000
新設備安裝及測試費用	170,000
舊設備帳面價值	10,000
舊設備市場價值	50,000
存貨增加金額	200,000
應付帳款增加金額	150,000
公司所得稅率	17%

請依上表資料計算此重置計畫的期初現金流量。

期初現金流量 = 新設備購入價格 + 新設備安裝及測試費用
　　　　　　－ 舊設備市場價值 + 舊設備資本利得稅
　　　　　　+ 新增淨營運資金
　　　　　 = $10,000,000 + $170,000 － $50,000
　　　　　　+ ($50,000 － $10,000) × 0.17 + ($200,000 － $150,000)
　　　　　 = $10,176,800

每年新增營業現金流量

營業現金流量 (Operating Cash Flow, OCF) 是投資方案為企業創造價值的重點,代表在整個方案執行期間,因銷售額的增加或成本的減低,為企業新增的現金流量。本書在第四章中將營業現金流量定義為企業的營業淨利(稅後營業利益)加上折舊費用。若一家

公司除了利息費用外,並無其他營業外收入或費用,則其營業利益就等於息前稅前盈餘 (EBIT)。以 T 代表公司所得稅率,則營業現金流量亦可由下式計算而得:

$$營業現金流量 = EBIT \times (1-T) + 折舊費用 \qquad (11\text{-}1)$$

◎ 期末現金流量

不論是擴充型或重置型方案,在資產使用年限結束時點的一些特殊現金流量,也要在評估時納入考量;這些包括淨營運資金的變化(回復至方案執行前的水準),資產處分的現金收入,以及資產實際售價與帳面價值的差異衍生的所得稅效果。

◎ 折舊費用的計算

本書第三章曾指出,公司的折舊費用屬於非現金費用,因為企業並未真正將該筆費用付出,故其對現金流量的影響其實是讓企業多了一筆可用資金。另外,折舊既然是費用項目,自然有助於降低稅前淨利,也就是會讓公司少繳一些稅。每年折舊費用替公司節省的稅負稱作**折舊稅盾** (Depreciation Tax Shield);折舊費用愈高時,其所創造的稅盾效果就愈大。

企業每年可申報的折舊費用受到稅法的規範,一般國家均認可兩種折舊方式:**直線法** (Straight Line Method) 與**加速折舊法** (Accelerated Depreciation Method),說明如下:

直線法

在我國，大多數的企業都喜歡採用直線法來計算折舊費用，主要因為此方法易於瞭解且計算簡便。依據直線法，每年的折舊費用計算如下：

$$每年折舊費用 = \frac{成本 - 殘值}{估計耐用年限} \qquad (11\text{-}2)$$

上式中，成本指的是**生產設備的成本**（包括安裝及測試費用），**殘值** (Residual Value or Salvage Value) 則是指設備在估計耐用年限結束後的預估市場價值。

加速折舊法

加速折舊法是讓企業在生產設備使用的前幾年享有較高的稅盾利益。加速折舊法的加速方式不一，以下僅介紹**年數合計法** (Sum of the Years' Digits Method)，其他方法可參考「會計學」書籍。

依據年數合計法，每年折舊費用的計算公式如下：

$$每年折舊費用 = (成本 - 殘值) \times \frac{剩餘之耐用年數}{耐用年數合計數} \qquad (11\text{-}3)$$

舉例來說，若設備的耐用年限為 3 年，則耐用年數合計數為 3 + 2 + 1 = 6；第 1 年初剩餘之耐用年數為 3，第 2 年初剩餘之耐用年數為 2，而第 3 年初剩餘之耐用年數為 1。因此，每年可提列的折舊配額如下：

年	可提列折舊配額
1	3/6
2	2/6
3	1/6

例 11-2

艾伯特保險公司新添購一台事務機,包含運送安裝的總成本為 $1,200,000。該台機具的耐用年限為四年,四年後預估殘值為 $80,000。請分別依直線法及年數合計法,計算艾伯特公司在未來兩年可提列的折舊費用。

----

1. 根據直線法

   採用 (11-2) 式,計算每年折舊金額如下:

   $$折舊費用 = \frac{成本-殘值}{估計耐用年限} = \frac{\$1,200,000 - \$80,000}{4}$$
   $$= \$280,000$$

   因此,第一年與第二年的折舊金額皆為 $280,000。

2. 根據年數合計法

   採用 (11-3) 式,計算每年折舊金額如下:

   $$第一年折舊費用 = (成本-殘值) \times \frac{剩餘之耐用年數}{耐用年數合計數}$$
   $$= (\$1,200,000 - \$80,000) \times \frac{4}{(4+3+2+1)}$$
   $$= \$448,000$$

   $$第二年折舊費用 = (\$1,200,000 - \$80,000) \times \frac{3}{(4+3+2+1)}$$
   $$= \$336,000$$

此外,主管機關也會制定一些加速折舊規範來方便企業計算折舊費用,例如美國的**修正版加速成本回收制** (Modified Accelerated Cost Recovery System, MACRS),就是多數企業目前所依據的準則。採用 MACRS 計算折舊費用時,須先將資產歸類至適當的耐用年限,然後再根據各級耐用年限每年可提列的百分比算出折舊費用。表

11-1 所示為 MACRS 依資產耐用年限所訂定之每年可提列折舊百分比。由於 MACRS 假設所有資產皆是於年中購入（此慣例稱作 Half-Year Convention），故耐用年限為 3 年的資產可分 4 年折舊，耐用年限為 5 年的資產可分 6 年折舊，依此類推。

表 11-1　MACRS 依資產類別准用的折舊比例

年	資產耐用年限		
	三年	五年	七年
1	33.33%	20.00%	14.29%
2	44.45%	32.00%	24.49%
3	14.81%	19.20%	17.49%
4	7.41%	11.52%	12.49%
5		11.52%	8.93%
6		5.76%	8.93%
7			8.93%
8			4.45%

C 各階段現金流量的估計

以下就舉例說明各階段現金流量的估計過程。假設擎天生技公司正在評估將藍莓 (Blueberries) 磨粉製成膠囊來作為保健食品的方案；此項新產品若成功推出，每瓶可售 $900，而原料成本大約為每瓶 $600。公司估計此項產品可在市場中熱賣三年，每年維持 100,000 瓶的銷售量，然後因其他保健食品的誕生而完全被取代。

為了生產此項新產品，擎天生技公司每年承租廠房的固定成本估計為 $8,000,000，購置機器設備成本則為 $12,000,000；機器

設備的耐用年限為 3 年，採直線法計算折舊費用，3 年後預估無任何市場價值。擎天生技公司針對此專案須投入淨營運資金 (NWC) $6,000,000；公司稅率為 25%，加權平均資金成本為 22%。

◉ 期初現金流量

根據前述資料，我們可算出擎天生技公司之期初現金流量如下表所示：

新增固定資產	$12,000,000
新增淨營運資金	6,000,000
總計	$18,000,000

◉ 每年營業現金流量

根據前述資料，擎天生技公司的藍莓保健食品每瓶利潤 $300 (= $900 － $600)，每年可創造毛利 $30,000,000 (= $300×100,000)。本投資案的相關費用包括廠房租金每年 $8,000,000，以及折舊費用每年 $4,000,000 (= $12,000,000/3)。扣除這些費用後，預計每年之新增息前稅前盈餘為 $18,000,000。

依據 (11-1) 式，可計算出本案每年的新增營業現金流量為：

$$\begin{aligned}營業現金流量 &= 息前稅前盈餘 \times (1-T) + 折舊費用 \\ &= \$18,000,000 \times (1-25\%) + \$4,000,000 \\ &= \$17,500,000\end{aligned}$$

期末現金流量

擎天生技公司所購置的固定資產預估在三年後並無任何市場價值,因此不會有資產處分的現金收入。但本案結束後,期初所投入的新增營運資金將可全數回收,故期末現金流量僅有回收淨營運資金共計 $6,000,000。表 11-2 將擎天生技公司藍莓保健食品投資案的各期現金流量列出如下:

表 11-2　擎天生技公司投資案的各期現金流量

年度	現金流量
0	($18,000,000)
1	17,500,000
2	17,500,000
3	23,500,000

實力秀一秀 11-2:售出舊機器設備的所得稅問題

沿用〔例 11-1〕的資料,若舊設備仍有 $120,000 的帳面價值,而其他情況維持不變,則所估計之期初現金流量將會如何改變?

第二節　資本預算評量方法

本節重點提問

- 一般常用的長期投資方案評量方法有哪幾種?
- 為什麼依據 NPV 及 IRR 準則來評量互斥型方案,所導出的決策結果有可能會不一致?

衡量一項投資方案是否值得採用，基本上要看它是否能替企業創造價值，也就是要評估其所創造的收入現值是否超越所招致的成本現值。由於投資方案主要的資本支出多是發生在期初，因此企業在執行投資方案時，通常在期初會有淨現金流出（成本），之後則會有淨現金流入（收入），這種具有先出後入現金流量型態的投資方案，一般稱作「正常方案」。相對而言，「非正常方案」則是指在執行的後期仍會有淨現金流出的情形。

市場上常用的資本預算評估方法包括：淨現值法、內部報酬率法、還本期間法及獲利指數法，以下依序加以說明。為了方便後續討論，我們假設一家名為愛力達的公司正在考慮 A、B、C 三個投資方案；其中 A 方案是獨立計畫，而 B 和 C 則是互斥方案。愛力達公司的全面資金成本為 10%，而 A、B、C 三方案的現金流量如表 11-3 所示：

表 11-3　愛力達公司的投資方案現金流量

年	獨立方案 方案 A	互斥方案 方案 B	互斥方案 方案 C
0	($4,000)	($6,000)	($6,000)
1	1,000	2,000	4,000
2	3,000	2,000	3,300
3	2,000	5,000	1,000

CHAPTER 11 資本預算決策與評量

◯ 淨現值法

投資方案的**淨現值** (Net Present Value, NPV) 等於該計畫方案未來所有現金流入 (CF_t) 的現值總和,減去期初的資本支出 (CF_0);可用數學式表示如下:

$$NPV = \frac{CF_1}{(1+K)^1} + \frac{CF_2}{(1+K)^2} + \cdots\cdots + \frac{CF_N}{(1+K)^N} - CF_0 \qquad (11\text{-}4)$$

上式中的 K 是計算現值所用的折現率,通常即是公司的全面資金成本。若同一家公司所從事之各項投資的風險差距不大,則全面資金成本是評量計畫適用的折現率;若某投資方案明顯有不一樣的風險等級,則須針對折現率進行調整。

依據 NPV 評量準則,針對獨立型投資方案,只要其 NPV 大於 0 就可被接受。至於互斥型方案,亦即一組方案中僅有一案可被接受的情況,則除了 NPV 大於 0 為其先決條件外,被接受的方案應是具有最高 NPV 值的一案。

以下討論利用 NPV 法來評估愛力達公司所考慮之各投資方案。先來看方案 A,其 NPV 計算如下[1]:

$$NPV_A = \frac{\$1{,}000}{(1+10\%)^1} + \frac{\$3{,}000}{(1+10\%)^2} + \frac{\$2{,}000}{(1+10\%)^3} - \$4{,}000$$
$$= \$891 > 0$$

由於方案 A 為獨立型,且其 NPV 為正值,因此是可行方案(可被接受)。接下來評估 B、C 兩方案,兩者的 NPV 計算如下:

---

[1] 請參考延伸學習庫 → Excel 資料夾 → Chapter 11 → X11-A。

$$NPV_B = \frac{\$2,000}{(1+10\%)^1} + \frac{\$2,000}{(1+10\%)^2} + \frac{\$5,000}{(1+10\%)^3} - \$6,000$$
$$= \$1,228 > 0$$

$$NPV_C = \frac{\$4,000}{(1+10\%)^1} + \frac{\$3,300}{(1+10\%)^2} + \frac{\$1,000}{(1+10\%)^3} - \$6,000$$
$$= \$1,115 > 0$$

財務問題探究：運用蒙地卡羅模擬法計算 NPV 期望值

在資本預算決策過程中最困難的一項工作，乃是受評量之投資計畫未來各期現金流量的估計；若分析者用對了評量方法，但錯估了現金流量，則可能導致實現結果與估計之 NPV 差距太大，而讓公司遭受損失。

採用唯一的 NPV 值，讓公司因估計誤差而實際受損的機率頗大，**情境分析法**可以降低此機率；基本上就是設定幾個可能出現的情境，通常是**基礎情境 (Base-Case Scenario)**、**最佳情境 (Best-Case Scenario)**、**最劣情境 (Worst-Case Scenario)** 三者，並為每一情境設定一個機率值，譬如設定基礎情境出現的機率為 50%、最佳情境與最劣情境分別為 25%，然後計算在每一情境之下的 NPV 值，最後算出這些 NPV 估計值的期望值。但情境分析法也有其限制，亦即只能考慮少數幾個情境而非無數個不同的情境。

蒙地卡羅模擬法又進一步克服情境分析法的缺點。基本上是透過電腦的協助，針對每一個投入變數隨機選取一個估計值，待所有的投入變數都有一個隨機選好的估計值後，就可以據而計算出一個 NPV 值，並存放在電腦的記憶裡。接著再針對所有投入變數另外隨機選取一組估計值，同時算出另一個 NPV 值。如此過程可以不斷重複，因而計算出無限多個情境的 NPV 值。經由蒙地卡羅模擬法所找到的 NPV 期望值以及標準差、變異係數，自然會是更好的依據而讓決策結果符合公司之利益。

雖然兩方案的 NPV 值均大於 0，但由於兩者為互斥方案，因此只能接受 NPV 較高的 B 方案。

◯ 內部報酬率法

一個投資方案的**內部報酬率** (Internal Rate of Return, IRR) 是讓其 NPV 值等於 0 的折現率。換句話說，如果我們讓 (11-1) 式中的 NPV 值等於 0，然後求解方程式中的折現率，所得之結果就是該方案的內部報酬率，如 (11-5) 式所示[2]：

$$0 = \frac{CF_1}{(1+IRR)^1} + \frac{CF_2}{(1+IRR)^2} + \cdots\cdots + \frac{CF_N}{(1+IRR)^N} - CF_0 \quad (11\text{-}5)$$

依據 IRR 評估原則，對於獨立型方案，只要 IRR 大於資金成本就屬可行。至於互斥型方案，則除了 IRR > K 的前提須成立外，具有最高 IRR 的一案應被接受。以愛力達公司的 A 方案為例，其 IRR 計算如下：

$$0 = \frac{\$1{,}000}{(1+IRR)^1} + \frac{\$3{,}000}{(1+IRR)^2} + \frac{\$2{,}000}{(1+IRR)^3} - \$4{,}000$$

針對上式求解 IRR，可算出 $IRR_A = 21.06\%$；因方案 A 的 IRR 大於該公司的資金成本 (10%)，故應接受此計畫。至於愛力達公司的 B、C 方案，兩者的 IRR 可分別算出為 $IRR_B = 19.54\%$，$IRR_C = 22.61\%$。由於兩方案的 IRR 值皆超過該公司的資金成本，但方案 C

---

[2] 根據 (11-5) 式求解 IRR，作法如同求解債券的殖利率，須採用試誤法逐步計算，相當費時。但若借助財務計算機或 Excel 試算表，可輕易求得答案。請參考延伸學習庫→ Excel 資料夾→ Chapter 11 → X11-A。

的 IRR 較高，因此方案 C 應被接受。

IRR 與 NPV 的決策結果比較

由前面的評估結果得知，NPV 及 IRR 兩種評量方法對於獨立型方案所給的決策結果是一致的（皆是建議接受方案 A），但對於互斥型的兩個方案所給的決策建議卻相互矛盾（NPV 法建議接受方案 B，IRR 法則建議接受方案 C）。

對於獨立型方案而言，接受方案的條件是該方案的淨現值必須大於零 (NPV > 0)，或其內部報酬率要大於資金成本 (IRR > K)。依據 IRR 的定義，當 NPV = 0 時，IRR = K；而當 NPV > 0 時，IRR > K 的條件必定成立。因此，NPV 及 IRR 兩種評量方法對於獨立型方案必然會作出一致的結果。

在評量互斥型方案時，運用 NPV 與 IRR 準則在多數情況下仍舊會得到一致的結果。但為何在前例中會出現相互矛盾的決策建議呢？這是因為愛力達公司所評估之 B、C 兩方案的**有效生命期限** (Effective Life) 不同。投資方案的有效生命期限，就如同債券的存續期間或實質回收期限；有效生命期限較短的計畫會傾向於有較高的 IRR 值。B、C 兩方案雖然都是四年期的計畫，但方案 B 主要的現金流量在最後一年才回收，故有效生命期限較長，而方案 C 主要的現金流量是集中在前兩期，因此有效生命期限較短，其 IRR 值相對較高。

順道一提的是，另一個導致 NPV 及 IRR 評估準則出現矛盾結果的可能原因，是互斥方案的規模（期初所需投入的金額）差距過大。在其他條件相同的情況下，規模較小的方案會傾向於有較高的

IRR 值[3]。

例 11-3

下列兩時間線分別展現方案 A 及方案 B 在各期的現金流量：

〈方案 A〉

```
     0            1          2          3          4
     |------------|----------|----------|----------|
-$1,000,000   $500,000   $400,000   $300,000   $300,000
```

〈方案 B〉

```
     0            1          2          3          4
     |------------|----------|----------|----------|
-$1,000,000   $300,000   $300,000   $500,000   $500,000
```

此兩方案是凱西公司的互斥方案；若凱西公司的全面資金成本為 12%，請問根據 NPV 準則，哪一方案應被接受？另根據 IRR 準則，又是哪一方案應被接受？

---

1. 根據 NPV 準則 ($K = 12\%$)：

$$NPV_A = \frac{\$500,000}{(1+12\%)^1} + \frac{\$400,000}{(1+12\%)^2} + \frac{\$300,000}{(1+12\%)^3} + \frac{\$300,000}{(1+12\%)^4} - \$1,000,000$$

$$= \$169,496$$

$$NPV_B = \frac{\$300,000}{(1+12\%)^1} + \frac{\$300,000}{(1+12\%)^2} + \frac{\$500,000}{(1+12\%)^3} + \frac{\$500,000}{(1+12\%)^4} - \$1,000,000$$

$$= \$180,664$$

因 $NPV_B > NPV_A$，故方案 B 應被接受。

---

[3] 當兩互斥方案的有效生命期限或規模不同時，兩互斥方案各自的 **NPV 輪廓線** (NPV Profile) 會彼此相交。有關 NPV 輪廓線的描述，請參考劉亞秋、薛立言合著之《財務管理》二版，華泰文化出版。

2. 根據 IRR 準則：

$$0 = \frac{\$500,000}{(1+IRR)^1} + \frac{\$400,000}{(1+IRR)^2} + \frac{\$300,000}{(1+IRR)^3} + \frac{\$300,000}{(1+IRR)^4} - \$1,000,000$$

解方程式，求得 $IRR_A = 20.75\%$

$$0 = \frac{\$300,000}{(1+IRR)^1} + \frac{\$300,000}{(1+IRR)^2} + \frac{\$500,000}{(1+IRR)^3} + \frac{\$500,000}{(1+IRR)^4} - \$1,000,000$$

解方程式，求得 $IRR_B = 19.47\%$

因 $IRR_A > IRR_B$，故方案 A 應被接受。

實力秀一秀 11-3：規模不同的互斥方案分析

湘華天公司的財務經理人正著手於兩互斥方案的評量工作，甲方案是目前投資 $5,000,000，未來五年每年創造淨現金收入 $1,600,000；乙方案是目前投資 $10,000,000，未來五年每年創造淨現金收入 $3,000,000。若公司的全面資金成本為 11%，請問根據 NPV 準則，哪一方案應被接受？若根據 IRR 準則，則應是哪一方案被接受？兩評量準則的決策結果是否產生矛盾？原因何在？請問該公司的財務經理人應接受甲案還是乙案？

◯ 還本期間法

企業雖然大多時候都是運用 NPV 及 IRR 準則來審慎評量投資方案，但有時在盡速回收資金的考量下，也會採用較為簡易的還本期間法。**還本期間** (Payback Period) 的定義是：「可將期初資本支出回收的預期年限」。以還本期間法來評量先前愛力達公司的三個

投資方案：可知方案 A 的還本期間為 2 年，因其在頭兩年的回收金額分別為 $1,000 及 $3,000，正好完全回收期初的資本支出金額 $4,000。方案 B 在前兩年共回收 $4,000，相較於期初投資金額尚不足 $2,000，若假設在第三年回收之 $5,000 的發生時點是平均分布於全年，則可算出在第 0.4 年時 ($2,000/$5,000) 即可將不足的 $2,000 回收，因此方案 B 的還本期間為 2.4 年。另以同樣步驟也可算出方案 C 的還本期間為 1.67 年。

對於獨立型方案，企業若用還本期間法當作決策準則，必須先選定一特定年限來作為是否可接受方案之依據。譬如將「可接受年限」訂為 2 年，則凡還本期間大於 2 年的計畫均不接受。至於互斥型方案，則除了要符合「可接受年限」的要求，還本期間愈短的計畫自是愈佳。

獲利指數法

獲利指數 (Profitability Index, PI) 是指把投資方案未來所有現金流量之現值加總後，再與期初的資本支出所形成的一個比率，如 (11-6) 式所示：

$$PI = \frac{\sum_{t=1}^{N} \frac{CF_t}{(1+K)^t}}{CF_0} \tag{11-6}$$

對於獨立型方案而言，只要 PI 大於 1，該計畫就可被接受。至於互斥型方案，則除了 PI 大於 1 的前提須成立外，方案中具有最高 PI 的一案應被接受。

根據表 11-1，可以算出愛力達公司各個方案的獲利指數如下：

$$PI_A = \frac{\frac{\$1,000}{(1+10\%)^1} + \frac{\$3,000}{(1+10\%)^2} + \frac{\$2,000}{(1+10\%)^3}}{\$4,000} = \frac{\$4,891}{\$4,000} = 1.22$$

$$PI_B = \frac{\dfrac{\$2,000}{(1+10\%)^1} + \dfrac{\$2,000}{(1+10\%)^2} + \dfrac{\$5,000}{(1+10\%)^3}}{\$6,000} = \frac{\$7,228}{\$6,000} = 1.20$$

$$PI_C = \frac{\dfrac{\$4,000}{(1+10\%)^1} + \dfrac{\$3,000}{(1+10\%)^2} + \dfrac{\$1,000}{(1+10\%)^3}}{\$6,000} = \frac{\$6,867.02}{\$6,000} = 1.14$$

由於方案 A 是獨立型計畫，其獲利指數大於 1，故應接受此計畫。比較互斥方案 B 與 C，因 $PI_B > PI_C$，故應接受方案 B。

第三節　各種評量方法優缺點比較

本節重點提問

- 從極大化股東財富的角度考量，哪一種資本預算決策評量方法最好？
- 為什麼一些企業經理人不用更精準的決策評量方法如 NPV 法，卻喜歡採用還本期間法？

　　長期投資方案的四大評量準則之中，NPV 法是唯一能讓決策結果符合公司「極大化股東財富」目標的方法，故最為財務理論所推薦。然而在實務上，企業卻未必總是採用 NPV 法來評定長期投資方案的可行性，此乃因各種評量方法都有其優缺點，選用不同的評量方法可以迎合不同的經營方針。以下介紹四大評量準則的優缺點。

淨現值法

　　淨現值法有兩個主要的優點：(1) 與「股東財富極大化」的經營目標符合；(2) 對計畫所創造的淨現金流量之再投資報酬率，提供了合理的假設。淨現值法還有一個次要的優點，就是各個計畫方案的淨現值可以相加，因此很容易算出多重方案（譬如條件型或分階段投資的方案）為公司增加的總價值。

　　有關淨現值法的決策準則符合「股東財富極大化」的目標這一點，我們可以回顧一下前述愛力達公司的 B、C 兩方案：B 方案的 NPV = $1,228，而 C 方案的 NPV = $1,115；淨現值法的決策結果是以 NPV 值較高的 B 方案為可行，而 B 方案也確實可為股東增加較多的財富。相對而言，若是依據內部報酬率法，因 C 方案的 IRR 值較高 (IRR_B = 19.54%；IRR_C = 22.61%)，故會認定 C 方案為可行，而 C 方案的 NPV 值卻較小，這樣的決策結果自然是與「股東財富極大化」的目標不符合。

　　淨現值法在衡量計畫方案未來現金流量的現值時，所採用的折現率，亦即 (11-4) 式中的 K，反映公司的全面資金成本。此點隱含的假設是：計畫每期所創造的現金流量，得以在公司的全面資金成本進行再投資。這樣的假設其實是蠻合理的，因為公司的全面資金成本，代表股東及債權人所要求的加權平均報酬率，也就是公司應賺到的最低報酬率，因此計畫在過程中所創造的現金流量進行再投資時，至少也應賺到這樣的報酬率。

　　然而淨現值法的評量準則也有其應用上的限制；當公司的總預算金額因主動或被動的因素而必須訂出上限時，一些淨現值高但期

初資本支出大的計畫可能就無法被採行。換句話說，當公司預算有限而面臨所謂的**資本配額** (Capital Rationing) 情況時，依據淨現值法的決策準則並無法對方案接受的優先順序有所定奪；乃因預算限制的存在，讓計畫方案規模的大小也變成計畫是否該被接受的決定因素之一，導致計畫的接受與否在彼此間產生了互斥作用。

淨現值法還有一個缺點，就是無法提供**安全邊際** (Safety Margin) 的訊息，亦即無法傳達計畫的風險性高低。譬如 A 計畫的投資規模為 100 萬元、淨現值為 30 萬元，而 B 計畫的投資規模為 300 萬元、淨現值為 70 萬元；若單看此兩計畫的淨現值，我們無法判定何者對公司而言是一個風險較低的投資。

內部報酬率法

內部報酬率法的優點是所得到的 IRR 估計值不會受到資金成本上升的影響，並可直接與其他投資機會的報酬率作比較。此外，IRR 估計值還可提供安全邊際的訊息；IRR 愈高的計畫愈安全（風險愈低），可容許較高的估計誤差而仍保持 IRR > K 的狀態。

最適資本預算

實務上，當公司的投資金額增加，其融資成本也可能隨之上升，導致公司有必要設定投資預算的上限。由於使用 IRR 評量方法不受公司資金成本變動的影響，故可將各個方案的 IRR 值排序，並因而決定公司的最適資本預算。實際作法是先依照方案的 IRR 值排出優先順序，同時估計出在不同預算金額下的**邊際資金成本** (Marginal

Cost of Capital, MCC)，然後在 IRR = MCC 之處找出**最適資本預算** (Optimal Capital Budget)。

舉例來說，假設科達公司正在評量今年的四大方案；各方案在期初的資本支出及 IRR 值如表 11-4 所示：

表 11-4　依方案的 IRR 值由高至低排序

方案	期初資本支出	IRR 值
A	5 千萬元	30%
B	5 千萬元	26%
C	3 千萬元	22%
D	7 千萬元	18%

另假設科達公司根據不同資本預算所估計的邊際資金成本 (MCC) 如表 11-5 所示：

表 11-5　依 MCC 由低至高排序

資本預算金額	MCC
8 千萬元以下	14%
8 千萬元～1 億 2 千萬元	16%
1 億 2 千萬元以上	20%

根據表 11-4 及表 11-5 的資料，科達公司在依序接受方案 A、B 及 C 後，其所須投入的資本金額為 1 億 3 千萬元，而此時的邊際資金成本已高達 20%，超過方案 D 的 IRR (18%)，故該公司的最適資本預算金額應為 1 億 3 千萬元，如圖 11-1 所示。由該圖可看出，最適資本預算決定於 IRR = MCC 之處；因此，只要某方案的 IRR 值高於公司的邊際資金成本 (MCC)，該方案就可被接受。

$$\text{IRR或MCC}$$

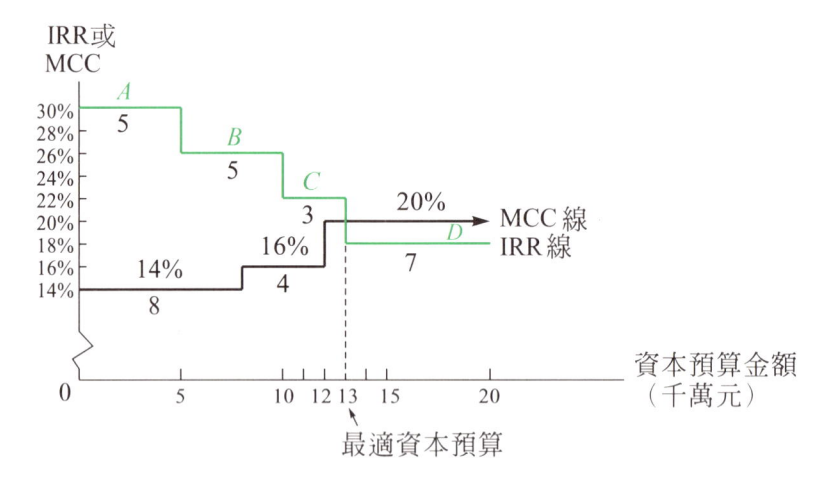

圖 11-1 最適資本預算的決定

　　內部報酬率法當然也有其缺點，例如在評量互斥方案時，其決策結果有可能不符合股東財富極大化的目標。更重要的是，IRR 評量法對投資方案所創造之淨現金流量的再投資報酬率，作了不合理

例 11-4

　　金頂採礦公司欲開發一條新礦脈，此計畫的期初資本支出為 $4,000,000。本案僅會在第一年年底產生 $9,000,000 的淨現金收入；在第二年年底公司則需花費 $4,800,000 將開採處的土地恢復原狀。請問此投資方案的 IRR 值為何？

IRR 的計算式可列出如下：

$$0 = \frac{\$9,000,000}{(1+IRR)^1} - \frac{\$4,800,000}{(1+IRR)^2} - \$4,000,000$$

令 $X = (1+IRR)$，則上式可改寫成：

$$4,000,000X^2 - 9,000,000X + 4,800,000 = 0$$

求解上述的二元一次方程式，可得到 X = 1.3811 或 X = 0.8688。因此，IRR = 38.11% 或 -13.12%。

的假設。前面提過，淨現值法在衡量計畫方案未來現金流量的現值時，所採用的折現率是公司的全面資金成本；其隱含的假設就是計畫創造的現金流可以在公司的全面資金成本進行再投資。但 IRR 法所隱含的假設，是計畫創造的現金流可以在該計畫的 IRR 進行再投資。每一個計畫方案都有其各自的內部報酬率，除非我們把方案再複製一遍，否則任何計畫創造的現金流要能在原來的 IRR 進行再投資恐怕並不是常態。因此，IRR 法隱含的假設自然不是合理的假設。

此外，在評估現金流量呈現非正常狀態的投資計畫時，內部報酬率法可能會產生不只一個 IRR，而造成決策上的困擾。一般而言，「正常方案」，指的是期初有淨現金流出，之後每一期則有淨現金流入的方案；「非正常方案」則不僅在期初有資本支出，在後期也會有淨現金流出的現象。上述 IRR 法的兩個缺點（亦即再投資報酬率的假設不合理以及可能產生不只一個 IRR 值），可經由修正來加以解決；我們把修正過後的方法，稱作「修正的內部報酬率法」，將於下一節中討論。

C 還本期間法

還本期間評量準則的吸引人之處，是簡單且易於瞭解，而另一優點則是所計算的還本期間可提供安全邊際的訊息；還本期間愈短的計畫，代表資金可愈早回收，故風險愈低。還本期間法最大的缺點則是忽略了還本期間之後所創造的現金流量；另一個缺點則是對所有現金流量都不考慮貨幣的時間價值。不過，第二個缺點可透過計算「**折現還本期間**」來矯正。此外，還本期間法也不似其他的評

量方法有客觀的決策準則；譬如淨現值法的接受準則是 NPV > 0，內部報酬率法是 IRR > K，而獲利指數法是 PI > 1，還本期間法的「可接受年限」則有賴經理人的自行判斷，有時難免失之偏頗。

折現還本期間法

還本期間法是直接把投資計畫未來各年度的現金流量加總後算出回收年限，此作法違反了財務學上對於現金流量處理的基本原則。改善之道是將每一筆現金流量都先作折現處理，然後再計算還本期間。我們把愛力達公司在表 11-3 中各方案的每筆現金流量以資金成本 10% 進行折現後，重新列於表 11-6：

表 11-6　愛力達公司投資方案「折現」現金流量

年	獨立方案 方案 A	互斥方案 方案 B	方案 C
0	($4,000)	($6,000)	($6,000)
1	909	1,818	3,636
2	2,479	1,653	2,727
3	1,503	3,757	751

根據表 11-6 中各方案的「折現」現金流量，可算出 A、B、C 三方案的「**折現還本期間**」分別為 2.41 年、2.67 年及 1.95 年。

企業使用還本期間法作為長期投資方案的評量準則時，會傾向於接受回收期限較短的計畫方案，因此許多有可能為股東創造高淨現值、高報酬率的計畫就會因回收期限過長而未能雀屏中選。還本期間法的優點似乎無法掩蓋其諸多缺點，但為什麼企業經理人還是經常喜歡採用回收期間較短的計畫呢？一個可能的原因是快速

CHAPTER 11 資本預算決策與評量

實力秀一秀 11-4：折現還本期間法

鬱金香公司在中國大陸進行投資，設定所有投資方案的折現還本期間不得超過 3 年；請問下列兩投資方案是否可被接受？（折現率 = 12%）

年度	方案 A 折現現金流量	方案 B 折現現金流量
0	($10,000)	($12,000)
1	2,000	3,000
2	5,000	4,000
3	10,000	8,000
4	4,000	9,000

實現獲利對經理人本身而言是有益而無害的，畢竟獲利對每股盈餘 (EPS) 的貢獻，有助於升遷及總薪資的調漲。另外，跨國企業在地主國投資若有政治風險的疑慮，也可能以盡快回收資金為決策準則，因而會傾向於倚重還本期間法。

獲利指數法

前面提到，NPV 法雖是一個較佳的評量準則，但是當公司對資本預算訂出上限時，NPV 法的應用就受到一些限制；這是因為某些計畫的 NPV 值雖然排序高，卻可能因為期初資本支出超過資本預算的限制而無法被採用。此時獲利指數法可以作為輔助的評量準則；獲利指數愈高的方案代表每一元的投資帶給企業的淨收入愈多，傳達出較安全、風險較低的訊息，因此在資金不夠分配的情況下應優先採行。

獲利指數法的主要缺點是，當評量兩互斥方案時，決策結果有可能與股東財富極大化的目標不符合；此情況通常發生在兩互斥方案的規模有顯著不同時。

例 11-5

環安公司已經決定了明年度的資本預算金額不得超過 $8 千萬。根據下列的資料：

獨立型方案	期初資本支出	NPV	IRR	PI
A	$50,000,000	$20,100,000	23.4%	1.40
B	$30,000,000	$8,200,000	20.8%	1.27
C	$40,000,000	$19,800,000	21.9%	1.50
D	$20,000,000	$8,800,000	22.7%	1.44
E	$30,000,000	$11,600,000	24.3%	1.39

(a) 請問三種評量準則 (NPV、IRR、PI) 所作出的方案優先順位排序是否有所不同？(b) 在資本預算的限制為 $8 千萬的情況下，哪些方案應被接受？(c) 若資本預算的限制為 $7 千萬，則哪些方案應被接受？(d) 若無資本預算的限制，則該如何判斷哪些方案應被接受？

(a) 根據 NPV：

　　A ＞ C ＞ E ＞ D ＞ B

根據 IRR：

　　E ＞ A ＞ D ＞ C ＞ B

根據 PI：

　　C ＞ D ＞ A ＞ E ＞ B

故可知三種評量方法所作出的方案優先順位排序皆不相同。

(b) 資本預算限制 = $8 千萬

依據 IRR 法，方案 E 和方案 A 應被接受；這是因為方案 E 和方案 A 的

IRR 值分別為最高及次高,而兩者的期初資本支出合計剛好為 $8 千萬,符合資本預算的限制。另外,兩者的 NPV 值合計為 $3.17 千萬。

若是依據 PI 法,則方案 C 和方案 D 應被接受,乃因兩者的 PI 值分別為最高及次高。不過,兩方案的期初資本支出合計僅為 $6 千萬,未能充分利用預算資源;若以 PI 值為第三高的方案 A 來取代方案 D,合計期初資本支出又將超過預算限制。最佳選擇是採用 PI 值分別為第三高及第四高的方案 A 和方案 E;期初資本支出剛好為 $8 千萬,兩者的 NPV 值共為 $3.17 千萬,與 IRR 法的評量結果相同。

(c) 資本預算限制 = $7 千萬

依據 IRR 法,方案 A 和方案 D 應被接受;兩者的 IRR 值分別為次高及第三高,而期初資本支出合計剛好為 $7 千萬,符合資本預算的限制。另外,兩者的 NPV 值合計為 $2.89 千萬。

若是依據 PI 法,則方案 C 和方案 E 應被接受,乃因兩者的期初資本支出合計剛好為 $7 千萬,符合資本預算的限制,而兩者的 NPV 值合計為 $3.14 千萬。其結果優於 IRR 法的評量結果。

同樣得知在有資本配額的情況下,最佳的決策結果並非是單純依據 NPV 法來對方案的優先順位作排序。

(d) 無資本預算限制的情況下

在無資本預算限制的情況下,NPV 評量方法無疑是最佳的資本預算評量方法。對於獨立型方案而言,只要 NPV > 0,就應被接受。本例中的五個方案的 NPV 值皆為正數,故全部都應被接受。

第四節　修正的內部報酬率

本節重點提問

- MIRR 法與 IRR 法比較,前者有哪些優點為後者所無?

修正的內部報酬率 (Modified Internal Rate of Return, MIRR) 法，顧名思義，就是將前述的 IRR 法作了一些修正，而此項修正主要是針對 IRR 法的兩個缺點。明確地說，MIRR 法對再投資報酬率的假設與淨現值法相同，亦即是說，計畫所創造的現金流量可以在公司的全面資金成本進行再投資。另外，MIRR 的定義使得每一個專案計畫只會產生單一的 MIRR。MIRR 的計算公式如下：

$$CF_0 = \frac{TV_N}{(1+MIRR)^N} \quad (11\text{-}7)$$

上式中，TV_N 代表方案在結束時（第 N 年底）的**終點價值** (Terminal Value)；其計算如下：

$$\begin{aligned}TV_N &= \sum_{t=1}^{N} CF_t(1+K)^{N-t} \\ &= CF_1(1+K)^{N-1} + CF_2(1+K)^{N-2} + \cdots + CF_N(1+K)^0\end{aligned} \quad (11\text{-}8)$$

對獨立型方案而言，若 MIRR > K（折現率），則該方案為可行。對互斥型方案而言，除了應符合 MIRR > K 的條件，所有方案中 MIRR 值最高者為可行。MIRR 法可排除傳統 IRR 法的兩個缺點，因此優於傳統的 IRR 法。

為便於說明起見，我們繼續利用**表 11-3** 中的現金流資料來計算愛力達公司各個方案的 MIRR 值。

愛力達公司的 A 計畫是獨立方案，N = 3，其 MIRR 計算如下：

1. 計算終點價值 (TV₃)

$$TV_3 = \sum_{t=1}^{3} CF_t(1+K)^{3-t}$$
$$= \$1,000(1+10\%)^2 + \$3,000(1+10\%)^1 + \$2,000(1+10\%)^0$$
$$= \$6,510$$

終點價值的計算，也可以藉繪出時間線來幫助理解，如圖 11-2 所示：

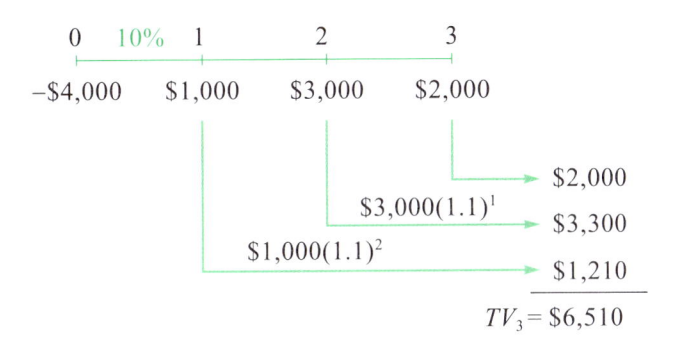

```
 0      10%    1         2          3
 |─────────────|─────────|──────────|
-$4,000      $1,000    $3,000     $2,000
                                    $2,000
                         $3,000(1.1)¹
                                    $3,300
             $1,000(1.1)²
                                    $1,210
                                   ─────────
                                TV₃ = $6,510
```

圖 11-2 透過時間線來計算 MIRR 公式中的終端價值

2. 計算 MIRR

$$\$4,000 = \frac{\$6,510}{(1+MIRR)^3}$$

解方程式，求得 $MIRR_A = 17.63\%$；因方案 A 的 MIRR 大於公司的資金成本 (10%)，故應接受此計畫。

接著再來計算愛力達公司兩個互斥方案的 MIRR，計算過程如下：

1. 計算方案 B 的終點價值 (TV₃) 及 MIRR

$$TV_3 = \$2,000(1+10\%)^2 + \$2,000(1+10\%)^1 + \$5,000(1+10\%)^0$$
$$= \$9,620$$

$$6{,}000 = \frac{\$9{,}620}{(1+MIRR)^3}$$

解方程式,求得 $MIRR_B = 17.04\%$。

2. 計算方案 C 的終點價值 (TV_3) 及 MIRR

$$TV_3 = \$4{,}000(1+10\%)^2 + \$3{,}300(1+10\%)^1 + \$1{,}000(1+10\%)^0$$
$$= \$9{,}470$$

$$\$6{,}000 = \frac{\$9{,}470}{(1+MIRR)^3}$$

解方程式,求得 $MIRR_C = 16.43\%$。

比較方案 B 及方案 C 的 MIRR 值,因 $MIRR_B > MIRR_C$,故知方案 B 為可行;此結果與 NPV 法的評量結果相同。本例因為方案 B 與 C 的規模相同,故採用 MIRR 法所得到的決策結果亦能符合公司經營之目標。但若是規模不同的互斥型方案,採用 MIRR 法之決策結果仍可能會與 NPV 法的決策結果產生矛盾。

例 11-6

下列是兩互斥方案的各期現金流量(折現率 = 7%):

方案	0	1	2	3
A	($10,000)	$4,000	$4,000	$5,000
B	($10,000)	$0	$0	$14,000

(a) 兩方案各自的 NPV 及 IRR 為何?兩種評量方法的決策結果有無衝突?
(b) 兩方案各自的 MIRR 為何?其決策結果與依 NPV 法之結果有無衝突?

(a) 計算 NPV 值及 IRR 值

$$NPV_A = \frac{CF_1}{(1+K)^1} + \frac{CF_2}{(1+K)^2} + \frac{CF_3}{(1+K)^3} - CF_0$$

$$= \frac{\$4,000}{(1+7\%)^1} + \frac{\$4,000}{(1+7\%)^2} + \frac{\$5,000}{(1+7\%)^3} - \$10,000$$

$$= \$1,314$$

$$IRR_A : 0 = \frac{\$4,000}{(1+IRR)^1} + \frac{\$4,000}{(1+IRR)^2} + \frac{\$5,000}{(1+IRR)^3} - \$10,000$$

解方程式,求得 $IRR_A = 13.78\%$。

$$NPV_B = \frac{CF_1}{(1+K)^1} + \frac{CF_2}{(1+K)^2} + \frac{CF_3}{(1+K)^3} - CF_0$$

$$= \frac{\$0}{(1+7\%)^1} + \frac{\$0}{(1+7\%)^2} + \frac{\$14,000}{(1+7\%)^3} - \$10,000$$

$$= \$1,428$$

$$IRR_B : 0 = \frac{\$0}{(1+IRR)^1} + \frac{\$0}{(1+IRR)^2} + \frac{\$14,000}{(1+IRR)^3} - \$10,000$$

解方程式,求得 $IRR_B = 11.87\%$。

根據 NPV 法則,因 $NPV_B > NPV_A$,故應採行方案 B;根據 IRR 法則,因 $IRR_A > IRR_B$,故應採行方案 A。兩種評量方法的決策結果不一致。

(b) 計算 MIRR 值

1. 計算方案 A 之終點價值 (TV_3) 及 $MIRR_A$

$$TV_3 = \$4,000(1+7\%)^2 + \$4,000(1+7\%)^1 + \$5,000$$

$$= \$13,860$$

$$\$10,000 = \frac{\$13,860}{(1+MIRR)^3}$$

解方程式,求得 $MIRR_A = 11.49\%$。

2. 計算方案 B 之終點價值 (TV_3) 及 $MIRR_B$

$$TV_3 = \$0(1+7\%)^2 + \$0(1+7\%)^1 + \$14,000$$
$$= \$14,000$$

$$\$10,000 = \frac{\$14,000}{(1+MIRR)^3}$$

解方程式，求得 $MIRR_B = 11.87\%$。

根據 MIRR 法則，因 $MIRR_B > MIRR_A$，故應採行方案 B。此評量結果與 NPV 法的決策結果相同而無衝突。

例 11-7

亞細亞公司正在考慮機器的汰舊換新一案。舊機器已折舊完畢，帳面價值為零，但仍可在市場售出，預估可賣得 $500,000。新機器須以 $2,000,000 購得，可使用 8 年，折舊採直線法，預估 8 年後的殘值為零。使用新機器每年可節省 $200,000 的營業費用。亞細亞公司的加權平均資金成本為 12%，所得稅率為 25%。試計算：(a) 此重置型方案各期的現金流量；(b) 此計畫方案的 NPV。

(a) 各期現金流量

1. 期初現金流量 (CF_0)：

   新機器的成本 = $2,000,000

   舊機器的售價 = $500,000

   舊機器出售的稅負 =（市價－帳面價值）×所得稅率

   　　　　　　　　= ($500,000 － $0)×0.25 = $125,000

   $CF_0 = \$2,000,000 － (\$500,000 － \$125,000) = \$1,625,000$

2. 每年營業現金流量 (OCF)：

   折舊費用：$2,000,000/8 = $250,000

   每年可節省的營業費用即是新增 EBIT，

營業現金流量 (OCF) = EBIT(1－T) ＋折舊費用
= $200,000(1－25%) ＋ $250,000
= $400,000

3. 期末現金流量：無

(b) 計畫方案的 NPV

$$NPV = \frac{\$400,000}{1.12^1} + \frac{\$400,000}{1.12^2} + \cdots\cdots + \frac{\$400,000}{1.12^8} - \$1,625,000$$

$$= \$362,056$$

NPV ＞ 0，故應採行此方案。

財務問題探究：實質選擇權

　　一個投資計畫在開始執行之後，各種未預期到的不確定因素可能會讓執行成果不如預期；在此情況下，計畫是不是一定要繼續執行下去呢？事實上，計畫並非一定要執行到其耐用年限結束才可終止；若計畫具有可以提早結束的彈性，則在計畫執行過程中的任何時點，只要立即處分資產的價值大於繼續營運所創造淨收益的現值，則立即終止營運並處分掉資產可能對公司更為有利。

　　提前終止投資計畫的彈性可以視為企業所擁有的一個選擇權，此選擇權的標的因是實質資產，故稱作**實質選擇權** (Real Options)[4]。提前終止投資計畫的選擇權是一個賣權，只要履約價格大於標的市價，就可以執行。履約價格是將投資計畫提前終止所能回收的淨殘值 (Net Salvage Value, NSV)，而標的市價則是繼續營運所創造之營業現金流量（在放棄時點）的現值。投資計畫未來現金流量的不確定性愈高，「提前終止」賣權的價值就愈高，而企業若忽略了此選擇權的價值，則有可能低估了該投資計畫真正的淨現值。

---

[4] 有關選擇權及實質選擇權的介紹，請參考劉亞秋・薛立言合著之《財務管理》二版，華泰文化出版。

本章摘要

- 資本預算決策指的是公司對於長期投資方案所作的決定,而資本預算則是指評量長期投資方案應否被接受,以及資金如何分配的決策過程。

- 投資方案若依執行目的來區分,有重置型、擴充型及其他型三類;若從接受與否彼此間是否有連帶關係來看,則有獨立型、互斥型及條件型三者。

- 重置型方案是為了達成下列兩個目的之一:(1) 讓目前的正常營運可以繼續維持下去;(2) 降低生產成本與營業費用。

- 獨立型方案的接受與否,完全是從方案本身的角度來考量,不受其他方案是否被接受的影響。互斥型方案中若其中有一個被接受,所有其他的自然就會被拒絕。

- 機會成本指的是因方案執行而須放棄的一些利益,是評估方案時應納入考慮的現金流量。

- 沒入成本是指與投資方案的接受與否不相關的成本,是評估方案時不應納入考慮的現金流量。

- 企業每年可申報多少的折舊費用受到稅法的規範,一般國家均認可兩種折舊方式,亦即直線法與加速折舊法。

- 所謂「正常方案」是指期初有淨現金流出,之後每一期則有淨現金流入的方案。相對而言,「非正常方案」則是指在計畫執行的後期也會有淨現金流出的情形。

- 投資方案的淨現值 (NPV) 等於該計畫方案未來所有現金流入的現值加總,減去期初的資本支出。

- 一個投資方案的內部報酬率 (IRR),指的是讓其 NPV 值等於零的折現率。

- 還本期間的定義是:「可將期初資本支出回收的預期年限」。

- 獲利指數 (PI) 是指把投資方案未來所有現金流量之現值加總後，再與期初的資本支出所形成的一個比率。
- 淨現值法有兩個主要的優點：(1) 與「極大化股東財富」的經營目標符合；(2) 對計畫所創造的淨現金流之再投資報酬率，提供合理的假設。
- 內部報酬率法有兩個主要的優點：(1) 計畫方案的 IRR 估計值不會受到資金成本改變的影響；(2) 可直接與其他投資機會的報酬率作比較（包括無風險的公債利率等）。
- 內部報酬率法也有三個缺點，包括：(1) 在評量互斥型方案時，決策結果有可能與股東財富極大化的目標不符合；(2) 對計畫所創造的淨現金流之再投資報酬率，提供不合理的假設；(3) 現金流呈現「非常態」狀況的計畫可能會有不只一個內部報酬率，而造成作決策的困難。
- MIRR 法對再投資報酬率的假設與淨現值相同，亦即是說，計畫所創造的現金流可以在公司的全面資金成本進行再投資。另外，MIRR 的定義使得每一個專案計畫只會產生單一的 MIRR。對互斥型方案而言，MIRR 法的決策結果亦能符合公司經營之目標。

本章習題

一、選擇題

1. 公司評估某投資方案的淨現值為大於零時，下列敘述何者未必正確？
   (a) 此方案的 IRR 必定大於該公司的全面資金成本
   (b) 計算 NPV 所用的折現率必定大於零
   (c) 此方案的獲利指數 (PI) 必定大於 1
   (d) 該公司應該接受此投資案

2. 一項投資計畫的期初資金需求為 $2,500，可以在未來三年每年產生 $1,000 的淨收益，若此計畫的機會成本為 4.5%，則此投資計畫的 NPV 最接近多少？
   (a) $400　　　　　　　　(b) $320
   (c) $260　　　　　　　　(d) $200

3. 如果某投資方案的淨現值大於零，則下列敘述何者為正確？
   (a) 此方案的回收年限應該短於兩年
   (b) 此方案的獲利指數必定大於 1.2
   (c) 此方案的 MIRR 必定不會大於此方案的 IRR
   (d) 此方案的 IRR 小於零

4. 下列敘述何者為正確？
   (a) 一個投資計畫的內部報酬率 (IRR) 就是該計畫的機會成本
   (b) 若計畫的 NPV 大於零，則該計畫的 IRR 會大於計算 NPV 時所用的折現率
   (c) 使用 NPV 作為投資計畫接受與否之準則，永不會有誤判的可能
   (d) 獲利指數 (PI) 愈接近 1，表示該計畫愈應該被接受

5. 假設某投資計畫在未來四年可創造的淨現金流入為每年 $6,000，若全面資金成本為 5%，則下列哪一個期初投入金額會讓該計畫的淨現值等於 0？

   (a) $19,375 (b) $20,490

   (c) $21,275 (d) 23,981

6. 下列何者會導致投資計畫的 NPV 上升：

   (a) 折現率增加

   (b) 未來各期現金流入金額（亦即投資收益）增加

   (c) 期初投資金額增加

   (d) 營運資金需求增加

7. 如果一家企業放棄了一個 NPV 大於 0 的投資計畫，該企業股東的損失會是多少？

   (a) 該計畫的機會成本 (b) 該計畫的 NPV

   (c) 該計畫的資金成本 (d) 該計畫未來收益的現值

8. 假設評估投資方案的機會成本為 10%，下列哪一個計畫應該優先被接受？

   (a) 期初投資金額最小，但是 NPV 小於零

   (b) 若以 9% 作為折現率，NPV 大於零

   (c) 若以 12% 作為折現率，NPV 等於零

   (d) 期初投資金額大於未來現金流入金額的總和

9. 某投資計畫的 IRR 大於該計畫的機會成本，表示：

   (a) 該計畫的 NPV 必定小於期初所需投入的資金

   (b) 該計畫的 NPV 必定小於零

   (c) 該計畫的獲利指數 (PI) 必定小於 1

   (d) 該計畫的獲利指數 (PI) 必定大於 1

10. 若一個五年期投資方案的回收期限 (Payback Period) 等於 3 年，則下列何者為正確？
    (a) 該投資方案的 NPV 大於零
    (b) 該投資方案的 IRR 超過其機會成本
    (c) 該投資方案有助提升股東的財富
    (d) 以上均不正確

11. 一項投資計畫的期初資金需求為 $3,000，可以在未來三年每年產生 $1,500 的淨收益，若此計畫的機會成本為 6%，則此投資計畫的獲利指數 (PI) 是多少？
    (a) 1.17   (b) 0.85
    (c) 1.34   (d) 1.84

12. 倘若企業使用回收期限 (Payback Period) 來作為資本預算的評量基準，則該企業最可能接受下列何種投資方案：
    (a) NPV 大於 0 的方案   (b) 投資期限較長的方案
    (c) 期初投資金額較小的方案   (d) IRR 較高的方案

13. 若一個投資計畫的 IRR 等於 12%，則在折現率等於_____的情況下，該計畫的 NPV 必定_____。
    (a) 8%，大於零   (b) 8%，小於零
    (c) 15%，大於零   (d) 15%，等於零

14. 當一個投資計畫所創造的未來各期淨現金流量不全然都大於零時，下列哪一敘述是不正確的？
    (a) 此計畫的 NPV 有可能小於零
    (b) 此計畫的 NPV 有可能不只一個

(c) 此計畫的 IRR 有可能超過兩個

(d) 此計畫的獲利指數 (PI) 有可能大於 1

15. 下列何者不是修正的內部報酬率 (MIRR) 法的優點？

(a) 不會出現超過一個的 IRR

(b) 對計畫所創造的淨現金流之再投資報酬率提供了合理的假設

(c) 可直接與其他投資機會的報酬率作比較

(d) MIRR 的值不會受到企業資金成本改變的影響

二、問答與計算

1. 請說明下列各項是否為評估計畫方案時應納入考慮的「相關現金流量」？原因為何？

    (a) 機會成本

    (b) 沒入成本

    (c) 淨營運資金的變化

    (d) 副作用

2. 在評估長期投資方案時，「淨營業營運資金的變化」與「淨營運資金的變化」是否代表相同的概念？

3. 就互斥型方案而言，依據 NPV 及 IRR 準則所導出的決策結果，有可能會產生矛盾。請問在何種情況下才有可能產生矛盾？

4. 根據淨現值法來評量長期投資方案有哪些優缺點？

5. 請比較「內部報酬率法」與「修正的內部報酬率法」各有何優缺點？

6. 以「還本期間法」來作為資本預算的評量準則有哪些優缺點？

7. 根據本章〔實力秀一秀 11-3〕所述，若依據「獲利指數法」來評量兩方案，則應是哪一案被接受？此決策結果是否與 NPV 法的決策結果產生矛盾？原因何在？

8. 耀華集團正在評估一個五年期的投資方案，期初投資金額為 $35,000，預估前四年每年可產生 $8,000 的淨現金流入。若耀華集團是採用 NPV 作為決策準則，而該公司的機會成本為 4%，請問：(a) 該方案在第五年最少須產生多少淨現金收入才可被接受？(b) 若該公司的機會成本是 5%，則該方案在第五年的最低淨現金收入須是多少才屬可行？

9. 根據本章表 11-3 所示愛力達公司的投資方案現金流量資料，另外假設該公司的全面資金成本為 14%。計算方案 B 及方案 C 的 NPV，並說明運用 NPV 與 IRR 方法的決策結果是否會有抵觸？

10. 假設一台印刷機器的購買成本為 $270,000，預計使用年限為 4 年，4 年結束後預估（稅後）殘值為 $50,000。倘若操作該機器每年招致的固定成本（包括折舊費用）為 $30,000，但每年可創造 $120,000 的收益（未扣除成本），請問：(a) 若折現率 = 7%，則投資此印刷機器的 NPV 是多少？(b) 投資此印刷機器的 IRR 又是多少？

11. 小偉目前所開的車之維修費用每年高達 $20,000，故他計畫換一部車來降低維修花費。他看中了一輛價格 $50,000 的中古車，而這部車與小偉原有的車都還有五年的剩餘使用年限。若小偉的機會成本為 4%，則新購之中古車每年的維修費用必須不超過多少金額，小偉的換車計畫才符合效益？

12. 王宮建設正在評估 A、B 兩個互斥的投資方案，兩方案期限皆為五年。A 方案期初成本為 $50,000，每年可創造稅後收益 $14,000；B 方案期初成本 $30,000，每年可創造稅後收益 $9,000。請問：(a) 若王宮建設的全面資金成

本為 5%，則應接受哪一個方案？(b) 若資金成本為 10%，又該選擇哪一個方案？(c) 王宮建設的全面資金成本落在什麼水準，才會讓此兩方案的淨現值相等？

13. 永發建設正在評估一擴充方案。此計畫在期初須投入 $1,200,000 購置機器設備，該設備的經濟生命為 3 年，採直線法折舊，3 年後殘值為零。此投資計畫預計每年可增加 $3,500,000 的銷售額，毛利率為四成，每年營業費用共增加 $700,000（含新增折舊費用 $400,000）。若永發建設的所得稅率為 25%，全面資金成本為 5%，試計算：(a) 此擴充計畫各期的現金流量；(b) 此計畫的 NPV。

14. 延續上題，並假設該擴充方案在期初會增加 $600,000 的淨營運資金 (NWC) 投資，同時新購的機器設備在 3 年後應可以 $150,000 的市價出售；試計算：(a) 此擴充計畫各期的現金流量；(b) 此計畫的 NPV。

CHAPTER 12

股利政策

"In childhood be modest, in youth temperate, in adulthood just, and in old age prudent."

「在孩童時你要謙虛，青壯時要溫和，成年時要公正，而老年時則要謹慎。」

~~~ Socrates 蘇格拉底 ~~~

　　股利 (Dividend) 是指公司以盈餘為基礎而對股東支付的報償，至於如何發放、發放種類、何時發放、及發放多少等則是**股利政策** (Dividend Policy) 的內容。進一步來說，公司每年所創造的自由現金流量，亦即營業淨利扣除新增營業資金，即為其股利發放之所本。不過公司的自由現金流量並非僅限定於發放股利，基本上可有五種用途：(1) 支付利息費用；(2) 償還負債本金；(3) 支付現金股利；(4) 買回股票；(5) 投資有價證券。利息費用及負債本金償還會受到資本結構決策的影響；有價證券的投資則受營運資金政策的影響；至於付股利及買回股票，是屬於股利政策的範疇。由此可知，公司的各項政策與決策，均會影響其資金的運用與分配；創造相同自由現金流量的公司，是否會因採行政

策的差異而被市場賦予不同的公司價值？本書第十章已討論過資本結構決策與公司價值的關係，本章重點則放在股利政策對公司價值的影響，以及公司如何決定其股利政策的議題上。

本章第一節介紹公司分配股利的各種形式；第二節闡述有關股利政策的各種理論；第三節說明公司的股利分配實務；第四節描述公司買回股票後的減資活動及其他類型的減資。

第一節　股利分配的各種形式

> **本節重點提問**
> - 公司分配股利可採哪幾種形式？
> - 股利從宣告到發放有哪幾個重要的日子？

　　一般公司除了定期作出投資及融資決策外，還必須思考採用什麼股利政策來回饋股東。簡單來說，公司若有盈餘，可選擇以發放現金股利或股票股利的方式將盈餘分配給股東。現金股利須動用到公司的現金，是有充沛自由現金流量的公司可考慮採用的方式；股票股利則不牽涉現金，但會讓公司的股本膨脹而導致未來每股盈餘的稀釋。另外，公司還可透過股票買回來將現金發還給股東，或者經由股票分割來調整股東的持股數量。

現金股利與股票股利

　　我國公司法第232條明確規定，公司無盈餘時，不得分派股息；而該條所指之盈餘，亦包括過去年度未分派的累積盈餘。是以，縱使公司在當年度有虧損，只要過去累積的未分配盈餘用以彌補虧損後仍有剩餘，即得發放股利。反之，公司若有累計虧損，則須先用本期淨利將虧損全數彌補後，所餘才可發放股利。此外，公司在分配股利之前，還須依法先從盈餘中提撥出10%作為法定盈餘公積，剩餘部分才可用於股利分派。

　　我國為鼓勵公司盡量將可供分派股利的盈餘發放給股東，現行

法律規定企業若有未分配盈餘，會被課徵 10% 的所得稅。所謂未分配盈餘，是指公司每年的稅後淨利，在彌補過去累積虧損、扣除法定盈餘公積及分派股利後之剩餘部分[1]。

例 12-1

A 公司去年度稅後淨利為 $1.2 億（= $12,000 萬），並於今年度股東會通過發放現金股利 $7,000 萬。(a) 假設 A 公司無任何累積虧損，請問 A 公司針對此未分配盈餘所須繳納的稅額是多少？(b) 假設 A 公司有 $2,400 萬的累積虧損，則所須繳納之未分配盈餘稅額又是多少？

(a) A 公司須先依法提撥 10% 盈餘作為法定公積，也就是 $1,200 萬。剩下的 $10,800 萬，在扣除 $7,000 萬現金股利後，所餘 $3,800 萬為未分配盈餘，故 A 公司須繳納之未分配盈餘稅額為 $380 萬。

(b) 若 A 公司有 2,400 萬元的累積虧損，則須先彌補虧損後，再行提撥 10% 法定公積。用剩下的 $8,640 萬〔=($12,000 萬 − $2,400 萬)×(1 − 10%)〕扣除 $7,000 萬現金股利後，得到未分配盈餘為 $1,640 萬。故 A 公司須提繳之未分配盈餘稅額為 $164 萬。

公司若決定要發放股利，可在現金和股票兩者之間擇一，當然也可兩者同時發給。由於保留在公司內部的現金原本就歸股東所有，不論如何運用及運用的成果如何，最後剩下的終歸要還給股東。因此發給**現金股利** (Cash Dividend) 可說是公司回饋股東最直接的方式。每年公司發放現金股利的金額，除了受到公司累積現金餘額的限制，也會受到法令的規範；譬如各國政府為了保護公司債權人的權益，會制定一些法規來防堵濫發股利的行為，包括規範股本（法

---

[1] 當年度若有提列特別盈餘公積，也須扣除。

定資本）不得被用來作為股利發放之用。另外，債權人本身也會在債券契約中放入一些條款，限制公司在事先約定的條件未獲滿足之前不得發放股利。

公司在分配股利時，為了節省現金以備其他用途，有時會以**股票股利** (Stock Dividend) 來搭配現金股利，特別是一些仍在初創或擴張階段的企業；這些公司因對資金有強烈需求，故在決定發放股利時，會將重點放在股票股利上。

將公司盈餘以股票股利方式提撥給股東，一般稱之為盈餘配股。除此之外，公司也可將資本公積以股票股利方式轉給股東，此即所謂公積配股。公司發放股票股利時，其資產不會減少，股東權益也無變動，只是將保留盈餘或資本公積轉為股本，故亦稱作無償配股。

連年發放高額股票股利的公司，其股本自然會快速膨脹。舉例來說，若某公司宣告發給 50% 的股票股利（或說無償配股率為 50%），則股東原持有一張股票，就可另獲得半張；於是公司的流通在外股數就變成原來的 1.5 倍，而股本也膨脹至原來的 1.5 倍。

例 12-2

某上櫃公司宣告發放每股 $0.35 的股票股利及 $0.40 的現金股利，除權息交易日是 8 月 26 日。小徐持有 10 張該公司的股票，並決定參與除權息，請問小徐可分得多少現金股利及股票股利？

$0.35 的股票股利等於是 3.5%〔= $0.35/$10（面額）〕的股票股利；小徐原持股 10 張股票（10,000 股），故可分得 350 股（= 10,000 股 × 3.5%）的股票。另外，小徐可配得之現金股利為 $4,000（= $0.40/股 × 10,000 股）。

在我國，股票每股的面額一般為 $10，故 50% 的股票股利，即等於發放 $5 的股票股利[2]。

◉ 股利發放相關日期

一家公司是否打算在某一年度發放股利及發放多少，其政策乃是先經由董事會擬定並公告之，接下來舉行股東常會，將股利事宜付諸討論後確定，再由董事會決定股利發放的相關日期並公告之。

在整個股利發放的過程中，有幾個重要的日子值得留意。第一是**宣告日** (Declaration Date)，就是股東常會針對董事會所擬定的股利政策進行討論，並作出決議而對外宣告的日子。第二是**除權（息）日** (Ex-Dividend Date)；股票的交易價格在該日會因除權（息）而調降，投資人若在該日才買進股票已無資格參與除權（息）。換句話說，投資人若想得到領取當期股利之權利，最晚必須在除權（息）的前一天買進股票。公司若只配發現金股利，則在除息日當天，股票的開盤價會依照配息的金額調降；若只配發股票股利，則在除權日當天的股票開盤價會依照配股的比率調整。當然，公司也可同時配息又配股，則在除權息當天，股票的開盤價會依配息金額及配股比例作調整。

第三是**最後過戶日** (Record Date)，這是除權（息）日的次日，是股東辦理股票過戶手續的截止日；凡在該日已辦完過戶手續而列名股東名冊的公司股東即有資格領取股利。由於股票的交割及過戶，是在下單日後的第二個營業日完成；若在除權（息）日的前一天買進股票，則完成過戶之日正好是最後過戶日。第四是**停止過戶**

---

[2] 股票股利 $5 除以面額 ($10) 等於 50%。

日,這是最後過戶日的次日;從停止過戶日(含)起,連續五日為**停止過戶期間**,以便公司整理股東名冊,而停止過戶期間的最後一日為**過戶基準日**,或稱**除權(息)基準日**。一般而言,公司股東可望在除權(息)日後 0.5 至 1.5 個月之內收到股利。圖 12-1 列出有關股利發放的幾個重要日子。

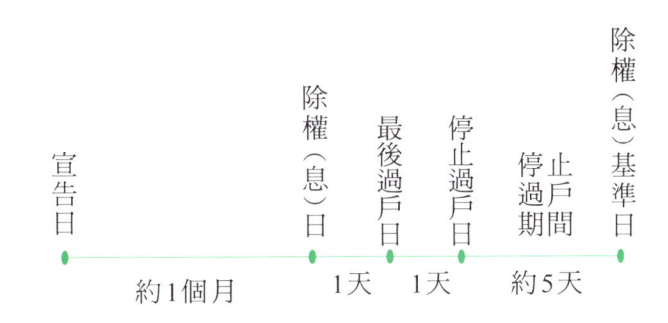

```
宣告日 ────約1個月──── 除權(息)日 ─1天─ 最後過戶日 ─1天─ 停止過戶日 ──約5天── 除權(息)基準日
                                              停止過戶期間
```

圖 12-1　股利從宣告到發放的重要日子

◉ 除權(息)日參考價

前面提到,在除權(息)日當天,股票的開盤價會依照配息的金額及配股的比率調整,調整後的價格稱之為「除權(息)參考價」。公司在某一年所配發的股利,若全部都是現金股利,則可將除息日前一天的收盤價減去現金股利,得到除息日當天的理論開盤價,亦即除息參考價。譬如某公司宣告發放現金股利 \$1,若除息日前一天的收盤價為 \$35,則除息參考價是 \$34 (= \$35－\$1)。當然,除息日的實際開盤價也可能與理論開盤價不同,此乃是因股價受到某些因素干擾而引起異常波動所致。

公司若決定不配息而僅配股(發放股票股利),則可根據除權日前一天的收盤價計算除權參考價。譬如某公司宣告發放股票股利 \$10,亦即無償配股率為 100% (= \$10/\$10);若除權日前一天的收

盤價為 $50，則除權參考價計算如下：

$$除權參考價 = \frac{除權日前一天的收盤價}{1+無償配股率}$$

$$= \frac{\$50}{1+100\%} = \$25$$

當然某些公司也可能既發放現金股利，又發放股票股利；譬如宣告每股配息 $2.4，且配股 $0.5。若除權（息）日前一天的收盤價為 $57，則除權息參考價的計算如下：

$$除權息參考價 = \frac{除權日前一天的收盤價-現金股利}{1+無償配股率}$$

$$= \frac{\$57 - \$2.4}{1+ (\$0.5/\$10)}$$

$$= \$52$$

另外，在除權（息）日之後，若股價上漲而把除權（息）日的價差補回，此狀況稱之為「填權（息）」；若股價下跌，進而跌破除權（息）參考價，則此狀況稱之為「貼權（息）」。

股票買回

公司想把多餘的現金回饋給股東，除了靠發給現金股利，也可進行**股票買回** (Stock Repurchase)。買回自家股票最普遍的方式是採**公開市場買回** (Open Market Repurchase)。實務上，公司會先經由董事會針對股票買回作出決議，隨即公告要買回之目的、種類、總金額上限、期間、區間價格及股數等，然後在預定買回期間內陸續買回；不過，公司並無義務一定要買足當初宣告計劃買回的最大

股數。

我國有關公司買回股票的法令規範，係明訂於**證券交易法第28-2條**：公司買回的股票稱作**庫藏股** (Treasury Stock)，可作三種用途：(1) 轉讓股份予員工；(2) 作為附認股權公司債、附認股權特別股、可轉換公司債、可轉換特別股或認股權憑證之股權轉換所需的股票；(3) 維護公司信用及股東權益所必要而買回，並辦理銷除股份者。為了第三種用途而買回之股票，必須於買回之日起 6 個月內辦理變更登記（減資）；為前兩種用途而買回的庫藏股，則應於買回之日起 3 年內將其轉讓，逾期未轉讓者，視為公司未發行股份，應辦理變更登記（減資）。買回的股數若尚未被註銷，則只會減少公司的流通在外股數而不會降低資本額。

有些公司會一面發放現金股利，一面又進行股票買回，這是什麼原因呢？讓我們來瞭解一下股票買回的動機。

股票買回的動機

股票買回與現金股利對投資人而言代表不一樣的訊息，前者是單次的承諾，後者則暗示在未來有持續性。假設公司想要大幅增加對股東的現金回饋，若全部以現金股利的方式發放，則投資人會調高對日後現金股利的預期，之後的股利若低於預期，股價就有可能向下修正。因此，當公司在某一年度有豐沛的現金而無合適的資本支出計畫時，通常會把多餘的現金用來買回股票，如此做不但不會像發給現金股利一樣，讓投資人誤以為未來每期的現金股利都將增加，還兼具調整公司資本結構的功能。

股票買回價格的決定

買回自家公司的股票,買回價格該如何決定?茲舉一例來說明。假設在沒有稅、股利宣告也無訊號效果的前提下,皇朝公司是一家純股權公司,目前有剩餘現金 $2,000,000,而預期未來自由現金流量的現值為 $8,000,000,權益資金成本為 20%,目前流通在外股數為 500,000 股。根據上述,可知該公司因無負債,故其公司市場價值 (V) 即等於權益市場價值 (E),計算如下:

$$V = E = \$2,000,000 + \$8,000,000 = \$10,000,000$$

另外,也可算出其股票公平市值 (P_0) 如下:

$$P_0 = \frac{\$10,000,000}{500,000 \text{ 股}} = \$20/\text{股}$$

進一步假設皇朝目前決定用公司的過剩現金 $2,000,000 來買回股票,則買回價格 ($P_1$) 為:

$$P_1 = \frac{\$2,000,000}{N_0 - N_1} = \frac{\$2,000,000}{500,000 - N_1} \quad (12\text{-}1)$$

上式中,N_0 代表股票買回之前的流通在外股數,而 N_1 則代表股票買回之後的流通在外股數,因此買回股數等於 $N_0 - N_1$。股票買回之前的權益市場價值扣掉 $2,000,000,即等於新的權益市場價值 ($E'$),如下所示:

$$E' = \$8,000,000 = N_1 \times P_1 \quad (12\text{-}2)$$

將 (12-1) 式代入 (12-2) 式中,解方程式可得 N_1 = 400,000 股;再將 N_1 的值代入 (12-2) 式中,可算出買回價格 (P_1) 為 $20,與買回前之價格相等。由此可知,在其他條件不變的情況下,股票買回本身並

不會使股價改變,僅會讓權益市場價值及流通在外股數以同等比例下降。由於股價反映公司在未來創造自由現金流量的能力,而股票買回既未改變公司在未來創造自由現金流量的能力,故不會影響股價。

財務問題探究:從股利分配的角度,看自由現金流量為何比稅後淨利重要

對普通股股東而言,公司每年是否有能力發放現金股利或進行股票買回,取決於公司有多少的自由現金流量而非稅後淨利。從本書第三章介紹的現金流量表可知,即使公司在當年度有高額的稅後淨利,但若在營運資金和固定資產方面的投資太多,則最後現金可能所剩無幾,導致發放現金股利的能力受限。自由現金流量則純粹是供發放股利、償債或短期投資之用,用途遠比稅後淨利「自由」的多。由於股票的價格是由股利折現模型 (DDM) 決定,自由現金流量高的公司較有能力持續發放股利,而股價也會反映此一事實,因此普通股股東應重視自由現金流量甚於稅後淨利。

例 12-3

假設股利宣告不具資訊內涵;品飛公司今年度稅後淨利為 $2,000,000,無負債,所得稅率為零,流通在外股數為 500,000 股,而目前的股價(公平市價)為 $50。品飛公司正在計劃每股股票發放現金股利 $2 的事宜。請問:(a) 品飛目前的每股盈餘 ($EPS_0$) 是多少?(b) 假設品飛用股票買回替代原先計劃的現金股利,則該筆用來支付現金股利的金額,可買回多少股股票?(c) 股票買回之後,品飛的每股盈餘 (EPS_1) 會是多少?(d) 股票買回前後每股盈餘的變化,告訴我們什麼?(e) 股票買回與現金股利對投資人而言,報酬有何差別?

(a) 品飛目前的每股盈餘 (EPS$_0$)：

$$EPS_0 = \frac{\$2,000,000}{500,000}$$

$$= \$4/股$$

(b) 目前股價（公平市價）為 $50，因此可買回股數：

$$\frac{\$2 \times 500,000}{\$50} = 20,000 \text{ 股}$$

(c) 股票買回之後的每股盈餘 (EPS$_1$)：

$$EPS_1 = \frac{\$2,000,000}{500,000 \text{ 股} - 20,000 \text{ 股}}$$

$$= \$4.17/股$$

(d) 股票買回前後每股盈餘的變化：

股票買回之前的每股盈餘為 $4/股，而股票買回之後的每股盈餘為 $4.17/股，可知股票買回本身不會改變公司的盈餘，只會減少股數，因此會造成每股盈餘的上升。

(e) 股票買回 vs. 現金股利：

若公司採股票買回，則股票的公平市價在買回前及買回後皆為 $50，而股東不論是賣出持股或繼續持有，其每股財富皆為 $50。若公司發放現金股利，則股票的公平市價在股利發放前為 $50，在股利發放（除息）後則為 $48，而股東的每股財富仍為 $50 (=$48 + $2)。可知對投資人而言，從股票買回或現金股利所得之報酬結果都一樣。

由〔例 12-3〕可知，在股利不具訊號效果的假設下，公司盈餘不受股利政策的影響，股票買回前後的股票公平市價亦不會改變，但現金股利發放後的公平市價則須扣除現金股利的金額。

CHAPTER 12
股利政策

財務問題探究：股票買回對每股盈餘及本益比的影響

股票買回不會影響公司的獲利能力，但會減少流通在外股數，因此會使得每股盈餘 (EPS) 上升。至於對本益比 (P/E) 的影響，則要看股票買回是否會讓股價上漲？若在買回之前，股價已是（反映公司未來盈餘現值的）公平市價，且假設股利政策不具任何訊號效果，則股票買回之後的股價不應改變。每股盈餘上升而股價未變，結果自然是本益比的下跌。

股票買回的方式

公司若要買回股票，可以採取下列四種方式之一：(1) 在公開市場買回；這是最常用的方式，作法就如同一般投資人在市場上伺機買進股票。(2) 採用公開收購 (Tender Offer) 方式；在短期間內（通常是 20 天）以單一價格買回既定數量的股票，而收購價格通常會比目前的市價高。若在期限之內無法購足股數，則整個公開收購事宜就因而作罷，亦即公司最後不會買回任何股數。(3) 採用荷蘭標 (Dutch Auction) 方式；由公司宣告願意買回之價格範圍，讓投資人在標單上填入想賣出之價格及數量，再由公司將能夠買到全部股數的最低價格訂為得標價格。由於公司是以單一價格購入全部欲買回股數，故荷蘭標亦稱作單一價格標。(4) 採用特定買回 (Targeted Repurchase) 方式；是公司直接與（手中有大量持股的）特定股東協商買回之價格及股數。特定買回若是用在惡意併購 (Hostile Takeover) 發生之時，則亦稱作綠色勒索 (Greenmail)；此時管理者為了保住經營權，有可能被迫接受意圖併購者所要求之（偏高）價格而將併購者手中的持股整批買回。

例 12-4

A 公司宣告要以荷蘭標方式買回股票 10,000 張（每張為 1,000 股），買回價格在 $100～$105 之間。假設股東寫出的標單及得標結果如下：

標單	價格	張數	是否得標	得標價格	分配比率
1	$100	6,000	是	$102	100%
2	$101	1,500	是	$102	100%
3	$102	3,000	是	$102	83%
4	$103	500	否	--	--
5	$104	2,000	否	--	--
6	$105	800	否	--	--

請說明上表的意義。

上表中左 3 行列出股東交出標單之欲買價格及數量，右 3 行則代表得標結果。由於公司欲買到全部 10,000 張股票所須出的最低價格是 $102，得標價格就是 $102，所有得標股東皆可在 $102 賣出其持股。不過，寫第 3 張標單的股東僅能賣出 2,500 張，占其欲賣出張數的 83%，而出價低於得標價格之股東，則可將 100% 的欲售張數賣出。

◉ 股票買回的功能

1. **對股價有正面訊號效果**：前面提及，股票買回政策本身並不會改變公司在未來創造自由現金流量的能力，故不會對目前股價造成影響。然而，市場上的股票常因大環境或其他因素而未能反映其公平市價，導致投資人不斷透過各項訊息來試圖發掘價格被低估的股票。而股票買回的宣告對投資人而言，又代表什麼樣的訊息呢？

一般認為，股票買回的宣告對股價會產生正的**訊號效果**(Signaling Effect)，也就是認為其所挾帶的訊息會讓股價上漲；這可用三個理由來說明。第一，股票買回一般都是在市價買回，因此經理人應該會想要在股價被低估時宣告進行股票買回。第二，法令規範公司之關係企業或董事、監察人、經理人等所持有之股份，在股票買回期間不得賣出；既然重要關係人未能售出持股，則為其自身利益著想，也會盡量讓未來股價維持在買回價格之上。第三，股票買回政策反映了管理者有心要認真經營公司，因為這樣的決策起碼證明了一件事，那就是當公司沒有良好的投資機會時，管理者會把現金透過股票買回退還股東，而不是隨意浪費在較差的投資機會上。

2. **讓股東保有選擇權**：由於資本利得只有在賣出股票時才會產生，投資人多會選擇低所得的年度來實現獲利並適用較低的稅率。換言之，股東可針對稅的考量來決定是否要賣出持股，譬如低所得或有現金需求的股東可趁此機會把股票賣出，而高所得或不需現金者則可繼續持有股票。比較起來，若公司發放的是現金股利，則不論有無現金需求，股東都得領回並繳交股利所得稅。

3. **可達到調整資本結構之目的**：公司若想大幅度提升其負債權益比，可一面對外舉債，一面把借來的資金用於買回股票，如此便可快速將資本結構調整到目標水準。

4. **買回之股票可用於員工認股**：很多公司都會發給員工股票選擇權作為獎勵薪酬的一部分；另外，公司也可能有附認股權公司債或可轉換公司債等流通在外；當這類股權轉換發生之際，公

司若已備妥（事先買回之）股票，就不必再發行新股，如此可省去發行新股的繁瑣程序。

5. **讓公司在股利政策上保留彈性**：股利在投資人眼中，代表公司對未來獲利的看法；股利支付率的上升反映公司對未來獲利的提升有信心，因此管理者不敢輕言調降股利支付率，深怕因此而送出錯誤的訊息。股票買回則可讓管理者在股利分配政策上，獲得比現金股利更多的彈性。由於股票買回本是另一種形式的股利分配，搭配股票買回的股利政策，可讓公司把現金股利支付率設定在較低的水準；讓股利支付率在較低的水準逐年成長，對公司而言比較不用擔心未來付不出市場期待的現金股利。若公司某一年度的獲利特別豐厚而導致現金過剩，則可機動式地用股票買回方式把現金分配給股東。股票買回既不會被投資人認為有持續性的意涵，因此適合用來處理暫時性的現金過剩問題。

◉ 股票買回應注意之處

1. **股票買回對股價的扶助效果不如現金股利**：現金股利的增加對投資人而言，具有持續性的意義，內含的資訊是未來的盈餘持續看好，而股票買回通常是一次性的，因此後者對股價的助長效果不如前者。
2. **股票買回有可能引發法律訴訟事件**：當公司進行股票買回時，若未能善盡公開宣告之責，進而導致一些股東未獲完善資訊而作錯決策，則有可能引發股東的不滿，進而向法院提告。
3. **股票買回的價格有時可能過高**：公司若一次性須買回大量的股

票，有可能會讓股價衝高而使買價偏離均衡價格，如此則造成未賣出股票之股東的損失。

股票分割

前面提過，股票股利是把股票發給股東，因此會讓公司的流通在外股數增加。股票分割 (Stock Split) 與股票股利有異曲同工之妙，這是許多外國公司經常採用的股利政策，若欲發放高於 50% 的股票股利時，通常就會直接進行股票分割。不過，在台灣尚未見到任何公司以股票分割作為股利政策，主要原因是早期法令規定股票面額必須為 $10，因而造成在實務上分割的困難。

股票分割基本上是「以多換少」，譬如「以 2 換 1」(2 for 1) 是發給股東 2 股取代原持有的 1 股；「以 1.5 換 1」(1.5 for 1) 是發給股東 1.5 股取代原持有的 1 股。若是「以少換多」，則稱之為反向分割 (Reverse Split)，譬如「以 1 換 2」(1 for 2) 是發給股東 1 股取代原持有的 2 股；「以 1 換 3」(1 for 3) 是發給股東 1 股取代原持有的 3 股。假設一家公司原有 50,000 股流通在外，每股價格為 $90；倘若宣告「以 2 換 1」的股票分割，則所有股東的持股數都乘以 2，但股價也會因而折半，也就是流通在外股數增為 100,000 股，而股價則降為 $45。如此一個「以 2 換 1」的股票分割，其實就等於一個 100% 的股票股利；兩者都會導致股東的持股數乘以 2，而股價則只有原來的二分之一。

美國金融市場上一般都相信股票有一個**最適價格區** (Optimal Price Range)，也就是說，當股價落在此區域時，公司的股票價格

會極大化;這是因為大多數的投資人心理上較願意接受在此區域內的價格,而且也負擔得起,因此認為股價在最適價格區可以讓交易活絡而致股價有較強的上升力道。美國的公司一般會盡量讓股價不超過每股 $100,而事實上,大多數的股價也都在 $80 以下;若股票價格超過 $80,則一個「以多換少」的股票分割,就可以讓公司的股價跌回適當的交易價格區。

◉ 股票股利或股票分割對股價的影響

當公司宣告要發放股票股利或進行股票分割時,股價通常會有什麼反應?根據財務文獻上已有的記載,公司股價在股票股利或股票分割宣告後的短期內會上升;上升的原因是投資人把股票股利或股票分割的宣告視為一種正面訊號,象徵管理階層對未來的盈餘成長有信心。不過,在股利宣告之後,若一直未見公司的盈餘有增加的跡象,則股價又會跌回至較早的水準。

公司發給股票股利或進行股票分割,目的是在保留現金,同時也可讓投資人感受到投資有回報而心裡舒坦一些。事實上,股票股利或股票分割只是把一個派餅原先的切塊切得更小,派餅的大小完全不因切割的方式而改變,而每個投資人的持份比例也是完全未變。既然沒有為股東帶來額外的價值,為什麼股價在宣告後會上漲?基本上,股利政策被市場認作是管理者對外發送正面訊息的一種低成本方式,若非是對未來的獲利成長有確實的把握,公司一般不會輕易發送此類訊號。因此,發放股利乃是一個放送利多訊息給市場的有效訊號 (Valid Signal),並非任何公司可以隨便模擬,否則股價日後必會遭到嚴厲的修正。

第二節　股利政策理論

> **本節重點提問**
> - 財務文獻上對於股利政策議題的不同見解，可歸納為哪五大理論？
> - 哪些股利政策理論與 M&M 股利無關論的看法並不衝突？

財務文獻上針對股利政策對公司價值的影響有各種不同的看法，可以歸納為五大理論，分別是：(1) 股利政策無關論；(2) 一雀在手理論；(3) 稅率差異理論；(4) 顧客群效應理論；(5) 資訊內涵理論。

股利政策無關論

米勒與墨迪格里阿尼 (M&M) 於 1961 年共同發表了一篇有關股利政策的學術論文，這是兩位財務大師繼 1958 年提出「資本結構無關論」之後的再次重要合作。他們證明在一個無稅、無交易成本、無其他市場不完全性，且投資人對於公司未來創造盈餘的能力具有相同資訊的世界裡，股利政策的改變不會影響股東要求報酬率及股票價格，此即為著名的股利政策無關論 (Dividend Irrelevance Theory)。在 1961 年之前，一般人對於股利政策的粗略概念是增發股利可以讓股東立即變得較為富有，因此會吸引到一些買盤而促使股價上漲。M&M 提出股價不會隨股利支付率的提高而上升的主張，

在當時顯然在直覺上不是令人易於接受。

M&M 舉了一個例子來說明股利政策與公司價值是無關的。M&M 設想的情境如下：公司先決定好它的投資活動，並籌劃出融資金額，不足的部分由保留盈餘來支應。保留盈餘若還有剩餘，就會全數當作股利發放給股東。倘若公司想要提高股利支付率，但不改變投資及融資的金額，則支付額外股利所需的錢將從哪裡來？唯一的方法就是印更多的股票來賣給新股東。問題是該賣出多少新股？新股東又願意為每股付出什麼價格？

假設公司目前有 1,000 股流通在外，每股市價為 $100，故股票總市值是 $100,000（＝ $100/ 股×1,000 股）。另假設公司的資產，投資、融資活動及獲利都保持不變，而每年的稅後盈餘扣除保留下來供再投資之用的金額後，所餘全部都當作股利發放出去。倘若公司現在想要靠賣出新股來發給現有股東額外的股利 $20,000；在資產、投資、融資活動及獲利均不變的情況下，公司（股票）的總市值自然也不會改變，仍是 $100,000。不過，舊有股東必須讓出 1/5 (= $20,000/$100,000) 的股權給新股東，於是原始的 1,000 股遂只占股權的 4/5，由此可推算出全部股數（舊股加新股）共為 1,250 股（＝1,000 股÷4/5），可知應賣出新股股數為 250 股。流通在外股數既然從 1,000 股增加為 1,250 股，而股票總市值無可改變，因此每股股票價格會從 $100 降至 $80，也就是說，新股東只會願意出 $80 來購買一股。

對舊股東而言，雖然得到額外的現金股利 $20,000，但股價下跌所造成的資本損失也是 $20,000（＝ $100/股 ×1,000 股－ $80/股 × 1,000 股），兩者剛好互相抵銷。由此可知，在 M&M 所建立的

完美市場裡，若公司的資產、投資、融資活動及獲利均保持不變，則提高現金股利勢必靠賣出新股來達成，也就是舊股東收到現金股利的代價是原所有權的市值縮水，而其財富總值則是完全未變，仍是 $100,000（= 舊股東得到現金股利 $20,000 + 舊股東持有股數的新市值 $80,000）。

公司若決定要讓股東收到額外的現金，除了靠提高現金股利支付率外，也可採用其他的股利分配政策。不過，M&M 也利用同樣完美的假設，證明了其他形式的股利分配政策依然不會影響公司的市值。舉例來說，假設公司有 2,000 股流通在外，且每年的稅後盈餘皆是 $40,000，會全部當作股利發放出去；因此，每股股利是 $20（= $40,000/2,000 股），而股東預期每年都會收到每股 $20 的股利。另假設股東要求報酬率 ($K_S$) 是 20%，由於股利的支付是永續年金形式，故每股市價為 $100 (= $20/20%)；既然有 2,000 股流通在外，故股票總市值為 $200,000[3]。

現在假設公司決定把第一年年底原本要發放的現金股利 $40,000 用股票買回取代，金額不變；其餘各年年底依舊發給現金股利 $40,000。如此作法會不會導致股票的總市值改變？答案是：「不會！」讓我們來看如下的解析。首先，計算第一年年底進行之股票買回的現值 (PV_{rep})：

$$PV_{rep} = \frac{\$40,000}{(1+20\%)} = \$33,333.33$$

其次，計算第二年及之後各年所有股利的現值 (PV_{Div})：

---

[3] 我們也可以用全部發放的股利除以股東要求報酬率而得到股票總市值，亦即 $20,000/0.2 = $100,000。

$$PV_{\text{Div}} = \frac{1}{(1+20\%)} \times \frac{\$40,000}{20\%} = \$166,666.67$$

兩者相加，得到股票目前的總市值為 $200,000。

在公司進行股票買回的時候，舊有股東若決定要在此時賣掉股票，必然會要求 20% 的報酬率，因此股票當時的賣價應比目前的 $100 高了 20%，亦即為 $120。換言之，公司用 $40,000 所買回的股數是 333.33 股，而流通在外股數則成為 1,666.67 股。繼續持有股票的股東，在未來每年預期的每股股利將會是：

$$每股股利 = \frac{\$40,000}{1,666.67 \text{ 股}} = \$24$$

由此可知，舊有股東若未在公司進行股票買回時，以每股 $120 賣掉股票而賺到 20% 的報酬率，也會在未來各年收到股利 $24，比原來高出 20%，而未來各年每股股利折現後所得的現值仍為 $100，如下所示：

$$\frac{1}{(1+20\%)} \times \frac{\$24}{20\%} = \$100$$

由以上分析可知，M&M 證明了在一個無稅、無交易成本、無其他市場不完全性的完美世界裡，股東的財富不會因提高股利支付率而增加，也不會因改變股利分配的形式而有所不同。因此，股東不會特別偏愛採高股利支付率的股票，公司的價值完全是取決於其創造獲利的能力。M&M 無關論主張股利政策並不會影響股東要求報酬率（亦即公司的資金成本）或股票價格、公司價值。但無關論的成立是奠基在完美的假設之下；若放寬假設，或納入其他的考慮因素，結論會不會改變呢？關於此點，財務文獻上另有不同的看法。

一雀在手理論

　　財務學家**高登** (Myron J. Gordon) 與**林特納** (John Lintner) 兩位教授分別在 1962 年及 1963 年發表論文，提出與 M&M 無關論不一樣的看法。他們認為股利支付率的提高之所以會導致股東要求報酬率的下降及股價的上升，乃因投資人喜歡目前確定的股利甚於未來不確定的資本利得，或說投資人認為今天 $1 股利的價值高於未來 $1 資本利得的價值。因此，高股利的股票會有較低的必要報酬率而導致股價上揚。上述兩位學者所提出之投資人偏好股利的論點，恰好符合《伊索寓言》(*Aesop's Fables*) 裡「一雀在手勝過二鳥在林」的隱喻，因而股利偏好理論也被稱作**一雀在手理論** (Bird-in-the-Hand Theory)。

　　M&M 對於高登與林特納的見解不表贊同，甚至將之稱為「一雀在手謬論」(Bird-in-the-Hand Fallacy)。M&M 指出，大多數的投資人即使目前收到股利，也會再將之投資到相同或相似公司的股票上，因此高股利公司的股票並不會被認為具有較低的不確定性或風險；M&M 並強調公司之長期現金流量的風險決定於其營業項目，而非股利政策。

　　一雀在手理論建議公司應採高股利政策，其理論基礎雖遭到 M&M 的反駁，但也有學者提出其他論點來支持高股利政策。從自由現金流量的角度來看，公司若已累積了相當多的現金卻缺乏優良的投資機會，其股東多會擔心管理團隊會把錢胡亂投資到 NPV < 0 的投資方案上。在此情況下，投資人寧可多收到一些股利，也不願見到公司濫用保留盈餘。換句話說，提高股利可以幫助降低公司的

代理成本。另外，公司一旦將盈餘都當作股利發放之後，若有資本支出的需求產生，就勢必到金融市場募集資金，而無論是向銀行借錢，或是發行債券或股票，都會受到政府相關單位的監管，且須作出必要訊息之揭露。因此，提高股利還有助於啟動市場的監督機制，進而省卻公司的監督成本，而冀望節省公司代理、監督成本的投資人自然會青睞採高股利政策公司的股票。

C 稅率差異理論

M&M 股利政策無關論未考慮稅的效果，但在真實世界裡，投資股票的股利所得稅常會高於資本利得稅，因此稅率差異論者認為這樣的差別稅率會造成投資人偏好資本利得。譬如在台灣，股票的資本利得不課稅，但股利須每年申報繳稅，因此明顯呈現出股利稅率高於資本利得稅率的局面。另外有些國家（譬如美國）雖讓股利所得與資本利得適用相同的稅率，但規定現金股利須在收到當年度繳稅，而資本利得卻可待日後賣股實現時才繳稅，由於投資人多會將賣股實現獲利的時點延至相對低所得的年度，導致資本利得的有效稅率確實是低於現金股利的稅率。

稅率差異理論 (Tax Differential Theory) 也稱作資本利得偏好理論，主張投資人真正在乎的是稅後的投資報酬率，因此只要現金股利的稅率高於資本利得的稅率，公司就應該把現金保留下來進行再投資或股票買回，而不是用來發放現金股利。依照此理論，稅率差異會造成投資人在獲利狀況相同的股票中，挑選現金股利支付率較低（盈餘保留率較高）的股票，造成高股利股票的價格受到壓抑，亦即會被投資人要求付出較高的必要報酬率。

顧客群效應理論

每個投資人目前的所得狀況不同,適用的稅率級距也不同,因此有可能偏好不同的股利政策。根據**顧客群效應** (Clientele Effect) 理論,高股利政策與低股利政策其實是一樣的,並無孰好孰壞的區別。因為無論採用哪一種,都有一群特定的投資人會偏愛。譬如所得在低稅率級距的退休人士會偏好高股利政策,甚或依賴定期發放的股利來支援日常生活開銷;而目前所得正處於高峰狀態的投資人,則會偏好低股利政策,因為既不急於收到股利提供的現金,更不想因股利而多繳稅。

顧客群效應理論建議公司無論是採用高股利或低股利政策,都應盡量維持其穩定,才能符合投資人及公司本身的利益。因為一旦變更股利政策,不喜歡新政策的投資人就必須賣掉股票;譬如高股利公司為了增加資本支出而降低股利,會使依賴股利支援生活開銷的投資人感受到現金短缺的不便利而變更持股。買賣股票造成投資人除了須負擔交易成本,還可能要繳交資本利得稅。另一方面,若太多投資人同時賣股,則會造成公司股價下跌,而新股利政策是否能吸引到新一批的投資人亦是未知數,因此也難說下跌的股價能否再漲回來。

資訊內涵理論

M&M 無關論的基本假設之一是,每個人皆對公司未來創造盈餘與股利的能力有相同的資訊。在真實世界裡,管理者因握有內部資訊而遠較投資人更瞭解公司現況,此種資訊不對稱的狀態造成投

資人總想進一步探知有關公司經營的實況。一般在市場上觀察到的現象是股利的增加會引起股價上漲，有些人遂將之解讀為投資人喜歡高股利政策。M&M 則提出不一樣的論點，他們認為一個高於預期的股利增加，對投資人而言是一個正面的訊號，代表管理者對於公司未來的盈餘展望趨於樂觀；因此，股利增加引起股價上漲，並非代表投資人偏好高股利，而是反映股利宣告所挾帶的資訊內涵。相反地，股利減少或股利增加低於預期則是一個負面的訊號，代表管理者對於公司未來的營運狀況不甚看好；因此，股利削減引起股價下跌，也並非代表投資人偏好高股利，而是在反映股利宣告所挾帶有關公司未來盈餘狀況的資訊內涵。

　　資訊內涵理論 (Information Content Theory) 或 **訊號發射理論** (Signaling Theory) 建議公司應維持股利政策的穩定，使股利的穩定成長能符合投資人的預期；突兀的降低股利會送出有關公司經營面的負面訊息，因此不可不慎。

　　綜上所述，我們或可把支持高股利政策者稱之為右派，而把贊成低股利政策者稱之為左派，而 M&M 被推到右派與左派之間，成為不偏不倚的中間派。事實上，經過金融市場過往歷歷軌跡的錘鍊，眾多財務學家如今都寧願將 M&M 理論視為一個根基正確的基礎理論；他們的看法是，只要把 M&M 原先的假設條件放寬了，股利政策的建議自然就會得到適當的修正。換句話說，任何與 M&M 股利政策無關論預測不一樣的現象，都可歸因為放寬假設的結果，也就是容許稅、交易成本、資訊不對稱等現象存在而造成的結果。

CHAPTER 12 股利政策

財務問題探究：從不發股利的波克夏公司靠什麼傳遞資訊內涵？

自 1962 年華倫‧巴菲特 (Warren Buffett) 主掌波克夏公司 (Berkshire Hathaway Inc.) 之後，數十年來該公司從未發過現金股利，也從未進行過股票分割等其他形式的股利分配，但股價的漲勢卻讓巴菲特成為全球最受推崇的投資公司經營者，更被加冕了「股神」的封號。在 2017 年 10 月，買一股波克夏公司的 A 級股票 (Class A Share)，投資人要花上 28 萬美元，而回到 1987 年 10 月，同樣一股波克夏的 A 級股票只售約 3,300 美元；30 年間股價上漲了 85 倍，投資績效可謂斐然奪目！

股利宣告具資訊內涵是財務學家從現實觀察中匯集的共識，而市場一般也認同公司不應任意調降股利以避免送出錯誤訊息，且主張維持穩定的股利政策是贏得投資人信心的要件。事實上，波克夏公司數十年都不發股利也是一種穩定的股利政策。巴菲特先生公諸於世的股利政策哲學是：「若我們保留的每一塊錢都能產生比一塊錢更高的效益，則公司就不考慮發放任何股利」；而波克夏公司四十多年來不斷用事實證明其有卓越能力，把留在公司每一塊錢的價值充分放大！因此，在經營者的能力與投資人的信心天人合一的情況下，是不是有必要藉股利宣告來發送有關公司未來盈餘能力的資訊，答案自然清楚擺在波克夏投資人的心中！

第三節　股利分配實務

本節重點提問

- 公司在企業生命週期的不同階段會如何配發股利？
- 公司在股利政策上一般會遵循哪些施行方針？

一般而言，企業的生命週期大致可分為四個階段：初創期、成長期、成熟期、衰退期。在初創期，企業因進行產品開發及市場需求調查等工作，已感受到強勁的資本支出需求在即，故於此階段通常不會發給任何股利。進入成長期，大量投產及擴張經營導致資金需求激增，雖會開始配發一些股利，但為了節省現金，多是以股票股利為主。步入成熟期後，固定資產及人員配置已大致到位，且盈餘成長亦趨於穩定而逐漸平緩下來，此時（現金）股利支付率呈現上升的趨勢，而股票股利的比重則明顯滑落。到了衰退期，公司基本上不再進行重大投資，因此每年累積的豐沛現金讓公司成了所謂的**現金牛 (Cash Cow)**，於是會慷慨發放現金股利來將累積的盈餘還給股東。

除了在生命週期的各個階段會有不同的股利政策，公司在布署它的股利政策時，通常會秉承哪些基本的原則或依循什麼樣的慣例？由於市場普遍認同股利宣告具訊號效果，因此企業經理人會慎重看待股利政策對股價帶來的衝擊。財務學家透過與企業主的訪談，進而歸納出公司在股利政策上的一些施行方針，描述如下：

1. 訂定階段性的目標股利支付率；譬如在初創及成長期會採低現金股利支付率，而在成熟及衰退期會採高現金股利支付率。
2. 重視股利的增減趨勢更甚於重視股利的絕對數字；特別是不要讓股利向上調高的趨勢出現逆轉。
3. 盡量讓股利的變化保持一種平滑上升的狀態；除非盈餘的增加是持續性或永久性的，否則不會輕易調高股利。
4. 當公司已累積了大量不需要的現金或想要改變資本結構時，就可利用股票買回的操作。

股利分配模型的建立

前述各種股利政策理論所提的建議，有些是以完美市場為前提，有些是假設投資人對股利及資本利得的風險持特定看法或是從兩者稅率有差異的角度出發，有些則是根據現實世界中投資人的所得稅率級距不同而推定會有不一樣的股利需求狀況，還有則是假設股利的增加或減少對投資人具有資訊內涵。整體來說，公司股利政策的決定應把投資人的偏好及對現金的需求都納入考量，乃因這些終究是會影響股票價格及公司價值。

實務上，公司每年應分配多少股利，並不是單看投資人的偏好及需求，而是必須將相關重要決策同時納入考量，包括公司的投資機會、最適資本結構、外部資金來源及成本。這些因素若一併考量，就構成一個計算公司有多少能力發放股利的模型，稱之為剩餘分配模型 (Residual Distribution Model) 或剩餘股利政策 (Residual Dividend Policy)。用此模型決定公司的股利分配金額，基本上是透過如下四個步驟：(1) 決定目標資本預算；(2) 在既定的目標資本結構之下，決定權益資金的需求金額；(3) 使用內部創造的盈餘來滿足權益資金的需求金額；(4) 有剩餘的資金才用來發放現金股利或進行股票買回。此模型之所以稱作剩餘分配模型，乃因公司盈餘必先用以滿足根據目標資本預算及目標資本結構算出的權益需求金額，才能將所餘作為發放股利之用。根據剩餘分配模型，公司每年所餘資金可供用在股利分配的金額計算如下：

股利分配金額 = 稅後淨利 − 目標資本預算 × 目標權益比率

(12-3)

其中，目標權益比率＝權益價值/公司價值。

若公司的股利政策完全遵照剩餘分配模型，則各年度投資機會的多寡很可能造成股利的發放無法保持穩定。由於投資人不喜歡波動的股利，公司若運用剩餘模型來決定股利分配金額，應該作出長期的規畫，也就是要針對未來數年的投資機會及盈餘狀況作出估計，然後計算出平均每年的股利分配金額。

例 12-5

武興鋁業公司自訂之目標權益比率為 50%。假設本年度的目標資本預算為 $500,000，而預估的稅後淨利可達 $450,000，則依據剩餘分配模型，武興鋁業本年度可用於股利分配的金額是多少？

股利分配金額＝稅後淨利－目標資本預算 × 目標權益比率
　　　　　　＝ $450,000 － $500,000×50% ＝ $200,000

第四節　公司減資

本節重點提問

- 減資有哪三種類型？
- 三種類型的減資對每股淨值的影響有何不同？

台灣從 2006 年開始，上市、上櫃公司興起一股減資 (Capital Reduction) 的風潮；由於愈來愈多的公司起而效尤，減資的動機與從中可能獲得的利益，遂成為市場人士關注的話題。正式說來，減資是指股份有限公司透過法定程序減少其資本額，使流通在外的股

數減少。公司減資可分為三種類型：(1) **現金減資**；(2) **註銷庫藏股減資**；(3) **打消虧損減資**，由於現金減資已在第八章討論過，此處不再贅述。註銷庫藏股減資則是前述股票買回政策可實現的目標之一，而打消虧損減資也與股利政策一樣，會影響股東對股價的期待，本節就來介紹這兩種減資方法在公司會計帳上的處理，以及對投資人的影響。

註銷庫藏股減資

公司常在面對自家股票價格跌跌不休之際，公開宣布要啓動庫藏股機制，亦即準備在一定的價格區間內自市場買回自家股票，表面上宣稱是要轉讓給員工認股，實質上則可能是為了替自家股票護盤。針對公司買回自家股票，我國**證券交易法第 28-2 條**規定：公司為了**維護信用及股東權益**之必要，得經董事會三分之二以上董事之出席及出席董事超過二分之一同意，買回其股份，並於買回之日起 6 個月內辦理註銷登記；此即為所謂的註銷庫藏股減資。茲舉一例說明如下。

麗寶公司的股本為 $10 億（1 億股），資本公積與保留盈餘分別是 $6 億及 $2.5 億，權益合計 $18.5 億，如下所示：

（單位：萬元）

權益：	
股本（$10 面額，100,000,000 股	$100,000
資本公積	60,000
保留盈餘	25,000
權益總計	$185,000

麗寶公司打算用 $2 億自市場買回自家股票進行註銷，而目前該公司的股票市價為每股 $25，故可買回之股數為八百萬股。由於股票面額為 $10，當庫藏股被註銷後，該公司的股本將減少 $0.8 億（= $10/ 股 ×8,000,000 股），而每股市價扣除面額後的 $15，會導致資本公積減少共 $1.2 億，如下所示：

（單位：萬元）

權益：	
股本（$10 面額，92,000,000 股）	$ 92,000
資本公積	48,000
保留盈餘	25,000
權益總計	$165,000

用 $2 億進行註銷庫藏股減資，對麗寶公司的流通在外股數、每股淨值及每股盈餘會產生哪些影響？首先，流通在外股數由 100,000,000 股降至 92,000,000 股，導致每股淨值由 $18.5 下降至 $17.93（= $16.5 億 / 92,000,000 股）。假設公司淨利在減資前後均維持在 $1.5 億，則減資後每股盈餘將會從 $1.5 上升至 $1.63。

例 12-6

麗寶公司的股本為 $10 億，資本公積與保留盈餘分別是 $6 億及 $2.5 億，權益總計 $18.5 億。假設該公司打算以 $2 億自市場買回股票進行註銷庫藏股減資，公司淨利在減資前後均可維持在 $1.5 億，若買回股價為 $10（與面額相同），請問減資後的每股淨值及每股盈餘分別是多少？若買回股價為 $8（低於面額），則減資後的每股淨值及每股盈餘又會是多少？

----

1. 若買回庫藏股之價格等於股票面額（每股 $10），可買回 20,000,000 股。

對權益之影響是股本減少 $2 億（= $10/股 × 20,000,000 股），資本公積與保留盈餘則不會改變，權益總計 $16.5 億。減資後每股淨值將由 $18.5 上升至 $20.625（= $16.5 億 / 80,000,000 股），而每股盈餘則從 $1.5 上升至 $1.875（= $1.5 億 / 80,000,000 股）。

2. 若買回庫藏股之價格為 $8（低於面額），可買回 25,000,000 股。對權益的影響是股本減少 $2.5 億，而資本公積反而會增加 $0.5 億。減資後每股淨值將由 $18.5 上升至 $22，而每股盈餘則從 $1.5 上升至 $2。

財務問題探究：現金減資對小股東及大股東的不同意義

對小股東而言，現金減資當然不如現金股利，一方面是因為現金股利具持續性的意義而現金減資則是一次性的，另一方面則可能是因為不知大股東葫蘆裡在賣什麼膏藥。舉例來說，若某小股東原持有某公司的股票 1,000 股，公司發放 $6 的現金股利讓小股東收到 $6,000 現金，且仍可繼續保有 1,000 股的股票。若公司進行 $6 的現金減資，則小股東同樣收到 $6,000 現金，但原有的 1,000 股卻縮減成 400 股。假設當初小股東購買股票的價格及減資前的市價皆是 $200/ 股，$6 的現金減資讓小股東平白少了 600 股；倘若股價在減資後仍是 $200/ 股，則等於是讓 $120,000 從指縫中溜走。當然，現金減資理論上應使股票價格同比例上漲，也就是說，股價應至少漲到 $500，股東才覺得沒有虧到。然而，公司進行現金減資背後的真正故事才是股價是否有上彈力道的決定因素。小股東手中的持有股數短少是鐵的事實，但股價漲不漲則充滿著不確定性，會不會最後結果是被迫犧牲股數來換取現金，但財富市值卻縮水了！

現金減資對大股東而言意義頗為不同。當大股東想要賣股求現時，除了擔心申報出脫大量股票會影響股價，也顧慮到賣股所引起的控制權改變；若公司採取現金減資，則不但可以如願拿到現金，更不用擔心持股比例或控制權產生變化，可說是左右逢源之策；而且，想要挪出現金移作他用的真正原因，也就隱藏在現金減資的背後而無人探究了。

◯ 打消虧損減資

　　有些公司經營不善連年虧損，導致現金愈來愈為短缺，最後可能連保留盈餘與資本公積都出現赤字，造成每股淨值不到 $10；想要繼續營運勢必得向外募集新的資金。雪上加霜的是，依法每股淨值低於面額的股票會被停止信用交易，若更進一步下跌而低於 $5，則會被打入全額交割股。在此難堪的情況下，即使預期本業將要好轉或是想要振衰起敝進而拉攏新的資金進駐，新股東也不會願意直接認購新股，只好先進行減資來打消虧損。

　　依照我國現行**公司法第 168-1 條**之規定，公司為彌補虧損，於會計年度終了前，有減少資本及增加資本之必要者，董事會應將財務報表及虧損撥補之議案，於股東會開會三十日前交監察人查核後，提請股東會決議。藉由打消虧損減資，公司可將過去年度的虧損一筆勾銷，把每股淨值拉到 $10 以上後再來募集資金。此即所謂的**減資後增資**。這樣的作法一方面可恢復信用交易，另一方面若未來開始有獲利，也可立即把獲利當作股利發放給股東，而無須先用來打消虧損。

　　假設公司原有資本額 $1,000 萬，待彌補虧損為 $200 萬，辦理打消虧損減資後，流通在外股數由 1,000,000 股減為 800,000 股，亦即股東原持有 1,000 股變成僅持有 800 股。權益總計雖維持不變，但每股淨值卻由 $8 提高至 $10，如下表所示。

減資前

權益:	
股本（$10 面額，1,000,000 股）	$10,000,000
資本公積與保留盈餘	(2,000,000)
權益總計	$ 8,000,000

減資後

權益:	
股本（$10 面額，800,000 股）	$8,000,000
資本公積與保留盈餘	0
權益總計	$8,000,000

打消虧損減資是否對股價有幫助？由於股數減少，每股淨值會提高，每股股價似乎也應依比例調升，但實際上股價會不會維持上漲的局面，端視減資後虧損是否會繼續惡化；換言之，真正決定股價走勢的不是減資本身捎來的期待，而是公司是否真有改善營運的決心及重振計畫是否奏效。

本章摘要

- 公司之自由現金流量可有五種用途：(1) 支付利息費用；(2) 償還負債本金；(3) 支付現金股利；(4) 買回股票；(5) 投資有價證券。
- 公司可以選擇的股利分配形式有下列四種：(1) 發給現金股利；(2) 發給股票股利；(3) 進行股票買回；(4) 進行股票分割。
- 每年公司發放現金股利的金額，除了受到公司累積現金餘額的限制，也會受到法令的規範。
- 在整個發放股利的過程中，有幾個重要的日子值得留意：(1) 宣告日；(2) 除權（息）日；(3) 最後過戶日；(4) 除權（息）基準日；(5) 股利發放日。
- 在除權（息）日的當天，股票的開盤價會依照配息的金額及配股的比例調降下來，如此調降下來的價格稱之為除權（息）參考價。
- 在除權（息）日之後，若股價上漲而把除權（息）日的價差補回，此狀況稱之為填權（息）；若股價下跌，進而跌破除權（息）參考價，則此狀況稱之為貼權（息）。
- 公司想把多餘的現金回饋給股東，除了靠發給現金股利，也可進行股票買回。
- 股票買回與現金股利對投資人而言代表不一樣的訊息，前者是單次的承諾，而後者則暗示在未來有持續性。
- 股票買回本身並不會讓股價改變，只是會改變權益市場價值及流通在外股數。
- 公司若決定買回股票，可以採取的方式有四種：(1) 對外宣告即將在公開市場進行股票買回，此為目前最常用的一種方式。(2) 採用「公開收購」方式，用固定的價格買回既定數量的股票。(3) 採用「荷蘭標」方式，由公司宣告願意買回的價格範圍，並讓股東在交出的標單上寫明想賣的價格及賣出的數量，然後由公司算出能夠買到全部欲買股數的最低價格，並以該價格買進全部欲買的股數。(4) 採用「綠色勒索」方式，這是直接與一個主要的股東協商價格

及股數,然後進行買回。

- 股票分割與股票股利有異曲同工之妙;這是許多外國公司經常採用的股利政策,可以讓股價快速回到最適價格區。不過,在台灣尚未見到任何公司以股票分割來當作它的股利政策。

- 股票分割基本上是「以多換少」,譬如「以 2 換 1」(2 for 1) 是發給股東 2 股取代原持有的 1 股;若是「以少換多」,則稱之為反向分割。

- 一個「以 2 換 1」的股票分割,其實就等於一個 100% 的股票股利;兩者都會導致股東的持股數乘以 2,而股價則只有原來的二分之一。

- 財務文獻上針對股利政策對公司價值的影響歸納出五大理論:(1) 股利政策無關論;(2) 一雀在手理論;(3) 稅率差異理論;(4) 顧客群效應理論;(5) 資訊內涵假說或訊號發射理論。

- 一般而言,企業的生命週期大致可分為四個階段:初創期、成長期、成熟期、衰退期。

- 財務學家透過與企業主的訪談,進而歸納出公司在股利政策上的一些施行方針:(1) 訂定階段性的目標股利支付率;(2) 重視股利的增減趨勢更甚於重視股利的絕對數字;(3) 盡量讓股利的變化保持一種平滑上升的狀態;(4) 當公司已累積了大量不需要的現金或想要改變資本結構,就會利用股票買回的操作。

- 實務上,公司每年應分配多少的股利,並不是單看投資人的偏好及需求,而是必須將相關重要決策同時納入考量,包括公司的投資機會、目標資本結構、外部資金的來源及成本。這些因素若一併考量,就構成一個計算公司應有多少能力發放股利的模型,稱之為剩餘分配模型或剩餘股利政策。

- 減資是指股份有限公司透過法定程序減少其資本額,使流通在外的股數減少,可分為三種類型:(1) 現金減資;(2) 註銷庫藏股減資;(3) 打消虧損減資。

本章習題

一、選擇題

1. 股票分割「以 1.8 換 1」等於是發給 ＿＿＿＿ 的股票股利。
   (a) 50%
   (b) 80%
   (c) 180%
   (d) 120%

2. 若公司以高於股票面額的價格買回流通在外股票，並加以註銷，則下列敘述何者不正確？
   (a) 股東權益中的股本部分會減少
   (b) 每股淨值會增加
   (c) 股東權益中的資本公積與保留盈餘部分會減少
   (d) 每股盈餘會上升

3. 某上市公司宣告發放現金股利 $1.01 及股票股利 $0.33。文婷原持有 10,000 股，應可配得多少現金股利和股票股利？
   (a) $10,100；33 股
   (b) $10,100；330 股
   (c) $101,000；3,300 股
   (d) $101,000；300 股

4. 股票股利的發放不會影響下列何者（假設股票有固定面額）？
   (a) 普通股股本
   (b) 資本公積
   (c) 保留盈餘
   (d) 股東權益合計

5. 股票分割「以 1 換 7」是指：
   (a) 原持有 7,000 股縮減成為 1,000 股
   (b) 原持有 1,000 股變成持有 7,000 股

6. 下列有關股利發放之事件日敘述，何者為誤？

   (a) 股利除權（息）日在股利除權（息）基準日之前

   (b) 股利最後過戶日在股利發放日之前

   (c) 股利除權（息）日在股利最後過戶日之前

   (d) 股利最後過戶日在股利除權（息）基準日之後

7. 下列敘述何者為正確？

   (a) 現金減資會造成每股盈餘增加

   (b) 現金減資會造成股價上漲

   (c) 買回股票並註銷會造成每股盈餘減少

   (d) 買回股票並註銷會造成每股淨值減少

8. 海王紙業公司的目標權益比率為 60%。假設公司今年度的稅後淨利預計可達 $1,000,000，同時目標資本預算金額為 $800,000，則依據剩餘分配模型，該公司今年可用於股利分配的金額是多少？

   (a) $300,000   (b) $280,000
   (c) $520,000   (d) $200,000

9. 從自由現金流量的角度，股東若喜歡高股利政策，則最有可能的理由是下列何者？

   (a) 一雀在手理論是正確的

   (b) 投資人希望快點有投資回報

   (c) 稅率差異說明了一切

   (d) 股東擔心管理者把過剩現金浪費在 NPV < 0 的投資計畫上

10. 忠企公司宣告發放現金股利 $1.01 及股票股利 $0.33。若除權（息）日前一天的收盤股價為 $28，則忠企公司股票的除權（息）日參考價應為多少？

   (a) $26　　　　　　　　　　　(b) $26.13

   (c) $26.99　　　　　　　　　 (d) $27

11. 公司發放股票股利會引起下列哪些項目產生變化？
    (I) 股東權益合計、(II) 每股面額、(III) 每股帳面價值、(IV) 流通在外股數

    (a) I 及 II　　　　　　　　　(b) I 及 IV

    (c) I、II 及 III　　　　　　 (d) III 及 IV

12. 有關股利政策，下列敘述何者正確？

    (a) M&M 無關論主張股利政策不會影響股東要求報酬率，但會影響公司價值

    (b) 高登與林特納的一雀在手理論主張，降低股利支付率會導致普通股必要報酬率下降

    (c) 稅率差異論主張，在資本利得稅率偏低的地區，投資人喜歡高股利支付率

    (d) 對於市場上觀察到之股利增加引起股價上漲的現象，M&M 用資訊內涵或訊號發射假說來加以解釋

13. 下列有關公司股利政策之敘述，何者為正確？

    (a) 一雀在手理論主張，投資人較喜歡眼前的股利而不喜歡未來的資本利得，因此股利發放愈多的股票，其價格愈高

    (b) 稅率差異理論主張，資本利得的稅率通常較低，因此股利發放愈多的股票，其價格愈高

    (c) 公司發放的股利若低於投資人之預期，則依資訊內涵假說，股價會上升

    (d) 依顧客群效應理論，高稅率投資人喜歡高股利股票

14. 下列哪些股利政策理論的主張與 M&M 無關論並無抵觸：

    (a) 一雀在手理論 (b) 顧客群效應理論

    (c) 資訊內涵假說 (d) b 和 c

15. 下列敘述何者不正確？

    (a) 打消虧損減資會造成流通在外股數減少

    (b) 打消虧損減資會造成流通在外股數增加

    (c) 買回股票並註銷會造成流通在外股數減少

    (d) 買回股票並註銷會造成每股盈餘增加

二、問答與計算

1. 下表是瑞福公司在 2017 年的股利發放相關資料。若 2017/8/23（星期三）的普通股收盤價為 $60，請計算 2017/8/24 當天的除權（息）參考價。

除權交易日	除息交易日	現金股利 ($/股)	股票股利 ($/股)
2017/8/24	2017/8/24	3.85	0.1

2. 假設 KY 公司平均資金成本為 12%，且目前有閒置資金 $1,200 萬，該公司明年的可能投資機會如下：

	計畫 A	計畫 B	計畫 C
所需資金	$400 萬	$300 萬	$700 萬
內部報酬率	15%	12%	14%

    若採剩餘股利政策，則公司應發放多少股利？若 KY 公司必須發放 $600 萬股利，且股權融資僅限於內部產生的盈餘，則應接受哪些投資方案？

3. 益興公司目前的資本結構為負債 70%、權益 30%，並且一直採用剩餘股利政策。益興公司預計今年底之稅後淨利為 $9,000,000。若益興公司決定維持現有資本結構，試問最多可以執行多少資本預算而不必發行新股票？

4. 大鵬航空公司今年度的稅後淨利預計可達 $20,000,000，而下年度預定之目標資本預算金額為 $22,000,000。假設該公司的目標權益比率為 50%，則依據剩餘分配模型，請問：(a) 該公司今年可用於股利分配的金額是多少？(b) 該公司需要取得多少負債資金才能維持其目標權益比率？

5. 「公司若宣布提高（降低）未來股利的發放金額，通常對該公司股價都會產生正面（負面）效果，依此推論，投資人應該會偏好高股利的公司」。請以資訊內涵假說或訊號發射理論，來反駁上述論點。

6. 公司之自由現金流量基本上有幾種用途？其中哪幾種用途是屬於股利政策研擬的範疇？

7. M&M「股利政策無關論」主張投資人不會偏好某種特定的股利政策，因此企業無法藉由採行特定的股利政策來增加公司價值。另有兩派理論也是從投資人偏好的角度出發，但其主張與 M&M 無關論的看法對立，請說明此兩派理論的主張。

8. 在股利政策的各種理論中，有哪兩派理論與 M&M「股利政策無關論」的主張並無衝突。

9. 企業的生命週期大致可分為哪幾個階段？在各階段公司一般採用的股利政策為何？

10. 解釋何謂「買回庫藏股」。公司購回庫藏股的目的有哪些？

11. 近年來，許多企業競相從股票市場買回自己的股票，使之成為「庫藏股」。請根據財務金融學說或原理，簡述此買回動作對其股價的影響。依據本國法令，企業未配置的「庫藏股」，時間超過多久即被強制要求辦理「減資」？

12. 公司欲進行股票買回，可採哪幾種方式？

中文索引

零劃

M&M 有關論定理二　Proposition II　379
有關論定理一　Proposition I　378
M&M 定理一　Proposition I　370
M&M 定理二　Proposition II　370
NPV 輪廓線　NPV Profile　417

一劃

一般合夥　General Partnership　11
一雀在手理論　Bird-in-the-Hand Theory　467

四劃

不可分散風險　Undiversifiable Risk　197
互斥型方案　Mutually Exclusive Project　401
內部報酬率　Internal Rate of Return, IRR　415
公司　Corporation　9
公司自由現金流量　Free Cash Flow to Firm, FCFF　308
公司治理　Corporate Governance　22
公開收購　Tender Offer　457
反向分割　Reverse Split　461

五劃

代理成本　Agency Cost　20
代理問題　Agency Problem　17
代銷　Best Efforts　242
充分分散風險的投資組合　Well-Diversified Portfolio　198
加速折舊法　Accelerated Depreciation Method　406
加權平均資金成本　Weighted Average Cost of Capital, WACC　330, 335
包銷　Underwriting　242
可分散風險　Diversifiable Risk　198
可供選擇投資組合群　Feasible Set　213
可延長期限債券　Extendable Bond　248
巨災債券　Catastrophe Bond　252
市場投資組合　Market Portfolio　199
市場風險　Market Risk　197
市場風險溢酬　Market Risk Premium　204
市場價值　Market Value　331
市價／帳面價值比　Price-to-Book Ratio, PB Ratio　136

平均收現期間　Average Collection Period, ACP　125
平均值－變異數架構　Mean-Variance Framework　193
平價債券　Par Bond　262
必要報酬率　Required Rate of Return　159, 302
本金匯率連結債券　Principal Exchange Rate Linked Security, PERLs　253
本金償還　Principal Repayment　245
本益比　Price-Earnings Ratio, PE Ratio　135
本國債券　Domestic Bond　253
本期淨利　Net Profit　90
永續年金　Perpetuity　65
永續債券　Perpetual Bond　244
目標資本結構　Target Capital Structure　362

六劃

企業倫理　Business Ethics　26
全面資金成本　Overall Cost of Capital　329
全數歸還提早贖回　Make-Whole Call　250
共同基礎損益表　Common-Size Income Statement　97
共同基礎資產負債表　Common-Size Balance Sheet　97
合夥　Partnership　9

存貨周轉率　Inventory Turnover Ratio　126
安全邊際　Safety Margin　422
年金　Annuity　54
年數合計法　Sum of the Years' Digits Method　407
有限合夥　Limited Partnership　11
有限清償　limited Liability　11
有限清償公司　Limited Liability Corporation, LLC　14
有效生命期限　Effective Life　416
有效年利率　Effective Annual Rate, EAR　52
有效訊號　Valid Signal　462
自由現金流量　Free Cash Flow, FCF　144

七劃

利害關係人　Stakeholders　23
利息稅盾　Interest Tax Shield　375
投資活動　Investing Activities　92
投資組合　Investment Portfolio　170
投資期間報酬率　Holding Period Rate of Return　158
折價債券　Discount Bond　263
折舊稅盾　Depreciation Tax Shield　406
杜邦方程式　Du Pont Equation　139
每股盈餘　Earnings Per Share, EPS　91
沒入成本　Sunk Cost　402

中文	English	頁碼
系統風險	Systematic Risk	195
貝他係數	Beta Coefficient	199

○ 八劃

中文	English	頁碼
到期期限	Term to Maturity	244
到期期限配合原則	Maturity Matching Principle	7, 248
到期殖利率	Yield to Maturity, YTM	261
固定成長模型	Constant Growth Model	302
固定利率循環票券	Fixed Rate Commercial Paper, FRCP	249
固定利率債券	Fixed-Rate Bond	246
固定資產周轉率	Fixed Asset Turnover Ratio	127
所有權	Ownership	17
直線法	Straight Line Method	406
股利收益率	Dividend Yield	136, 157
股利折現模型	Dividend Discount Model, DDM	301
股利政策	Dividend Policy	445
股利政策無關論	Dividend Irrelevance Theory	463
股東財富極大化	Stockholder Wealth Maximization	6
股東權益報酬率	Return on Common Equity, ROE	134
股票分割	Stock Split	461
股票股利	Stock Dividend	449
股票買回	Stock Repurchase	452
股票價格極大化	Stock Price Maximization	6
長期負債權益比	Long-Term Debt/Equity Ratio	129
門檻利率	Hurdle Rate	7
附加市場價值	Market Value Added, MVA	146
附加經濟價值	Economic Value Added, EVA	144
非系統風險	Unsystematic Risk	195
非固定成長模型	NonConstant Growth Model	305
非流動負債	Non-Current Liabilities	83
非流動資產	Non-Current Assets	80

○ 九劃

中文	English	頁碼
保留盈餘	Retained Earnings	83
宣告日	Declaration Date	450
指數連動本金	Index-Linked Principal	252
派餅模型	Pie Model	374
流動比率	Current Ratio	122
流動負債	Current Liabilities	83
流動資產	Current Assets	80
負債成本	Cost of Debt	330
負債管理比率	Debt Management Ratio	128
負債權益比	Debt Equity Ratio	129

重置型方案　Replacement Project　399
重複課稅　Double Taxation　13
限制條款　Restrictive Covenants　20
風險性資產　Risky Asset　195

○ 十劃

部門資金成本　Divisional Cost of Capital　348
速動比率　Quick Ratio　123
修正版加速成本回收制　Modified Accelerated Cost Recovery System, MACRS　408
修正的內部報酬率　Modified Internal Rate of Return, MIRR　430
庫藏股　Treasury Stock　453
息前稅前盈餘　Earnings Before Interest and Taxes, EBIT　130
效率投資組合　Efficient Portfolio　214
效率投資組合群　Efficient Set　218
效率前緣　Efficient Frontier　218
時間線　Time Line　40
浮動利率債券　Floating-Rate Bond　247
特別股　Preferred Stock　285
特別股成本　Cost of Preferred Stock　335
特定買回　Targeted Repurchase　457
破產成本　Bankruptcy Cost　384
訊號效果　Signaling Effect　459
訊號發射理論　Signaling Theory　470

財務狀況表　Statement of Financial Position　77
除權（息）日　Ex-Dividend Date　450
高登成長模型　Gordon Growth Model　302

○ 十一劃

基本獲利率　Basic Earning Power　132
帳面價值　Book Value　331
淨利率　Profit Margin　132
淨現金流量　Net Cash Flows, NCF　142
淨現值　Net Present Value, NPV　413
淨營業營運資金　Net Operating Working Capital, NOWC　143
淨營運資金　Net Working Capital, NWC　142
現金股利　Cash Dividend　448
現金流量折現法　Discounted Cash Flow (DCF) Method　35
現金流量表　Statement of Cash Flows　92
現值　Present Value 或 PV　39
票面利率　Coupon Rate　245
章程　Charter　12
終值　Future Value 或 FV　40
終端價格　Terminal Price or Horizon Price　306
荷蘭標　Dutch Auction　457
貨幣的時間價值　Time Value of Money　2, 37

491

十二劃

剩餘分配模型　Residual Distribution Model　473
剩餘股利政策　Residual Dividend Policy　473
循環信用融資　Note Issuance Facilities, NIFs　249
惡意併購　Hostile Takeover　457
提早贖回債券　Callable Bond　249
普通年金　Ordinary Annuity　54
普通股　Common Stock　285
普通股股本　Share Capital　83
最後過戶日　Record Date　450
最適投資組合　Optimal Portfolio　219
最適資本結構　Optimal Capital Structure　362
最適資本預算　Optimal Capital Budget　423
期初年金　Annuity Due　54
殘值　Residual Value or Salvage Value　407
減資　Capital Reduction　474
無限清償　Unlimited Liability　9
無風險資產　Risk-Free Asset　195
無實體　Book-Entry Form　245
發行成本　Flotation Cost　340
稅前淨利　Profit Before Tax　90
稅後負債成本　After-Tax Cost of Debt　333
稅率差異理論　Tax Differential Theory　468

十三劃

債務移除　Bond Defeasance　249
損益表　Income Statement　86
新增現金流量　Incremental Cash Flows　401
溢酬風險比　Premium-to-Risk Ratio　210
溢價債券　Premium Bond　263
董事長　Chairman of the Board　16
董事會　Board of Directors　16
資本公積　Share Premium or Paid-in Capital　83
資本市場線　Capital Market Line, CML　223
資本利得　Capital Gains　301
資本利得收益率　Capital Gains Yield　157
資本配額　Capital Rationing　422
資本結構決策　Capital Structure Decision　361
資本結構無關論　Capital Structure Irrelevance Theory　370
資本損失　Capital Loss　301
資本資產定價模型　Capital Asset Pricing Model, CAPM　203
資本預算　Capital Budgeting　398
資訊不對稱　Information Asymmetry

18

資訊內涵理論　Information Content Theory　470

資產負債表　Balance Sheet　77

零成長模型　Zero Growth Model　304

零息債券　Zero-Coupon Bond　247

預期報酬率　Expected Rate of Return　159

遞延債息債券　Deferred Coupon Bond　247

遞增債息債券　Stepped-Up Coupon Bond　247

十四劃

實現報酬率　Realized Rate of Return　158

實質選擇權　Real Options　435

實體　Physical Form　245

管理權　Management　17

綜合損益表　Statement of Comprehensive Income　86

綠色勒索　Greenmail　457

酸性試驗比率　Acid Test Ratio　123

複利效果　Compounding Effect　40

複利頻率　Compounding Frequency　47

十五劃

廠商特定風險　Firm-Specific Risk　198

標準差　Standard Deviation　164

十六劃

機會成本　Opportunity Cost　402

獨立型方案　Independent Project　401

獨資　Sole Proprietorship　9

融資順位理論　Pecking Order Theory　387

還本期間　Payback Period　418

十七劃

償債基金　Sinking Fund　251

應收帳款周轉率　Receivable Turnover Ratio　124

營業毛利　Gross Profit　90

營業毛利率　Gross Profit Margin　132

營業利益　Operating Profit　90

營業活動　Operating Activities　92

營業淨利　Net Operating Profit After Taxes, NOPAT　142

營業淨額　Net Sales　88

營業現金流量　Operating Cash Flows, OCF　142, 405

營業資金　Operating Capital, OC　143

獲利指數　Profitability Index, PI　419

獲利能力比率　Profitability Ratio　131

總括申報制　Shelf Registration　241

總負債比率　Total Debt Ratio　128

總風險　Total Risk　163

總經理　Chief Executive Officer, CEO　16

總資產周轉率　Total Asset Turnover Ratio　127
總資產報酬率　Return on Total Assets, ROA　133

十八劃

賺得利息倍數　Times Interest Earned, TIE　130
擴充型方案　Expansion Project　400
轉換比率　Conversion Ratio　256
轉換價值　Conversion Value　256
轉換價格　Conversion Price　256
雙幣別債券　Dual Currency Bond　253
邊際資金成本　Marginal Cost of Capital, MCC　422

十九劃

證券市場線　Security Market Line, SML　204

二十劃

籌資活動　Financing Activities　92

二十一劃

顧客群效應　Clientele Effect　469

二十二劃

權益成本　Cost of Equity　330
權益自由現金流量　Free Cash Flow to Equity, FCFE　308
權益乘數　Equity Multiplier　129
權益變動表　Statement of Changes in Equity　100
權衡模型　Trade-Off Model　383

二十三劃

變現力比率　Liquidity Ratio　121
變異係數　Coefficient of Variation, CV　164
變異數　Variance　163

英文索引

A

Accelerated Depreciation Method　加速折舊法　406
Acid Test Ratio　酸性試驗比率　123
After-Tax Cost of Debt　稅後負債成本　333
Agency Cost　代理成本　20
Agency Problem　代理問題　17
Annuity　年金　54
Annuity Due　期初年金　54
Average Collection Period, ACP　平均收現期間　125

B

Balance Sheet　資產負債表　77
Bankruptcy Cost　破產成本　384
Basic Earning Power　基本獲利率　132
Best Efforts　代銷　242
Beta Coefficient　貝他係數　199
Bird-in-the-Hand Theory　一雀在手理論　467
Board of Directors　董事會　16
Bond Defeasance　債務移除　249
Book Value　帳面價值　331
Book-Entry Form　無實體　245
Business Ethics　企業倫理　26

C

Callable Bond　提早贖回債券　249
Capital Asset Pricing Model, CAPM　資本資產定價模型　203
Capital Budgeting　資本預算　398
Capital Gains　資本利得　301
Capital Gains Yield　資本利得收益率　157
Capital Loss　資本損失　301
Capital Market Line, CML　資本市場線　223
Capital Rationing　資本配額　422
Capital Reduction　減資　474
Capital Structure Decision　資本結構決策　361
Capital Structure Irrelevance Theory　資本結構無關論　370
Cash Dividend　現金股利　448
Catastrophe Bond　巨災債券　252
Chairman of the Board　董事長　16
Charter　章程　12
Chief Executive Officer, CEO　總經理　16
Clientele Effect　顧客群效應　469

Coefficient of Variation, CV　變異係數　164

Common Stock　普通股　285

Common-Size Balance Sheet　共同基礎資產負債表　97

Common-Size Income Statement　共同基礎損益表　97

Compounding Effect　複利效果　40

Compounding Frequency　複利頻率　47

Constant Growth Model　固定成長模型　302

Conversion Price　轉換價格　256

Conversion Ratio　轉換比率　256

Conversion Value　轉換價值　256

Corporate Governance　公司治理　22

Corporation　公司　9

Cost of Debt　負債成本　330

Cost of Equity　權益成本　330

Cost of Preferred Stock　特別股成本　335

Coupon Rate　票面利率　245

Current Assets　流動資產　80

Current Liabilities　流動負債　83

Current Ratio　流動比率　122

D

Discounted Cash Flow (DCF) Method　現金流量折現法　35

Debt Equity Ratio　負債權益比　129

Debt Management Ratio　負債管理比率　128

Declaration Date　宣告日　450

Deferred Coupon Bond　遞延債息債券　247

Depreciation Tax Shield　折舊稅盾　406

Discount Bond　折價債券　263

Diversifiable Risk　可分散風險　198

Dividend Discount Model, DDM　股利折現模型　301

Dividend Irrelevance Theory　股利政策無關論　463

Dividend Policy　股利政策　445

Dividend Yield　股利收益率　136, 157

Divisional Cost of Capital　部門資金成本　348

Domestic Bond　本國債券　253

Double Taxation　重複課稅　13

Du Pont Equation　杜邦方程式　139

Dual Currency Bond　雙幣別債券　253

Dutch Auction　荷蘭標　457

E

Earnings Before Interest and Taxes, EBIT　息前稅前盈餘　130

Earnings Per Share, EPS　每股盈餘　91

Economic Value Added, EVA　附加經濟價值　144

Effective Annual Rate, EAR　有效年利率　52

Effective Life　有效生命期限　416

Efficient Frontier　效率前緣　218

Efficient Portfolio　效率投資組合　214

Efficient Set　效率投資組合群　218

Equity Multiplier　權益乘數　129

Ex-Dividend Date　除權息日　450

Expansion Project　擴充型方案　400

Expected Rate of Return　預期報酬率　159

Extendable Bond　可延長期限債券　248

F

Feasible Set　可供選擇投資組合群　213

Financing Activities　籌資活動　92

Firm-Specific Risk　廠商特定風險　198

Fixed Asset Turnover Ratio　固定資產周轉率　127

Fixed Rate Commercial Paper, FRCP　固定利率循環票券　249

Fixed-Rate Bond　固定利率債券　246

Floating-Rate Bond　浮動利率債券　247

Flotation Cost　發行成本　340

Free Cash Flow to Equity, FCFE　權益自由現金流量　308

Free Cash Flow to Firm, FCFF　公司自由現金流量　308

Free Cash Flow, FCF　自由現金流量　144

Future Value 或 FV　終值　40

G

General Partnership　一般合夥　11

Gordon Growth Model　高登成長模型　302

Greenmail　綠色勒索　457

Gross Profit　營業毛利　90

Gross Profit Margin　營業毛利率　132

H

Holding Period Rate of Return　投資期間報酬率　158

Hostile Takeover　惡意併購　457

Hurdle Rate　門檻利率　7

I

Income Statement　損益表　86

Incremental Cash Flows　新增現金流量　401

Independent Project　獨立型方案　401

Index-Linked Principal　指數連動本金　252

Information Asymmetry　資訊不對稱　18

Information Content Theory　資訊內涵理論　470

Interest Tax Shield　利息稅盾　375

Internal Rate of Return, IRR　內部報酬率　415

Inventory Turnover Ratio　存貨周轉率　126

Investing Activities　投資活動　92

Investment Portfolio　投資組合　170

limited Liability　有限清償　11

L

Limited Liability Corporation, LLC　有限清償公司　14

Limited Partnership　有限合夥　11

Liquidity Ratio　變現力比率　121

Long-Term Debt/Equity Ratio　長期負債權益比　129

M

Make-Whole Call　全數歸還提早贖回　250

Management　管理權　17

Marginal Cost of Capital, MCC　邊際資金成本　422

Market Portfolio　市場投資組合　199

Market Risk　市場風險　197

Market Risk Premium　市場風險溢酬　204

Market Value　市場價值　331

Market Value Added, MVA　附加市場價值　146

Maturity Matching Principle　到期期限配合原則　7, 248

Mean-Variance Framework　平均值－變異數架構　193

Modified Accelerated Cost Recovery System, MACRS　修正版加速成本回收制　408

Modified Internal Rate of Return, MIRR　修正的內部報酬率　430

Mutually Exclusive Project　互斥型方案　401

N

Net Cash Flows, NCF　淨現金流量　142

Net Operating Profit After Taxes, NOPAT　營業淨利　142

Net Operating Working Capital, NOWC　淨營業營運資金　143

Net Present Value, NPV　淨現值　413

Net Profit　本期淨利　90

Net Sales　營業淨額　88

Net Working Capital, NWC　淨營運資金　142

NonConstant Growth Model　非固定成長模型　305

Non-Current Assets　非流動資產　80

Non-Current Liabilities　非流動負債　83

Note Issuance Facilities, NIFs　循環信用融資　249

NPV Profile　NPV 輪廓線　417

O

Operating Activities　營業活動　92

Operating Capital, OC　營業資金　143

Operating Cash Flows, OCF　營業現金流量　142, 405

Operating Profit　營業利益　90

Opportunity Cost　機會成本　402

Optimal Capital Budget　最適資本預算　423

Optimal Capital Structure　最適資本結構　362

Optimal Portfolio　最適投資組合　219

Ordinary Annuity　普通年金　54

Overall Cost of Capital　全面資金成本　329

Ownership　所有權　17

P

Par Bond　平價債券　262

Partnership　合夥　9

Payback Period　還本期間　418

Pecking Order Theory　融資順位理論　387

Perpetual Bond　永續債券　244

Perpetuity　永續年金　65

Physical Form　實體　245

Pie Model　派餅模型　374

Preferred Stock　特別股　285

Premium Bond　溢價債券　263

Premium-to-Risk Ratio　溢酬風險比　210

Present Value 或 PV　現值　39

Price-Earnings Ratio, PE Ratio　本益比　135

Price-to-Book Ratio, PB Ratio　市價/帳面價值比　136

Principal Exchange Rate Linked Security, PERLs　本金匯率連結債券　253

Principal Repayment　本金償還　245

Profit Before Tax　稅前淨利　90

Profit Margin　淨利率　132

Profitability Index, PI　獲利指數　419

Profitability Ratio　獲利能力比率　131

Proposition I　「有關論」定理一　378

Proposition I　M&M 定理一　370

Proposition II　「M&M 有關論」定理二　379

Proposition II　M&M 定理二　370

Q

Quick Ratio　速動比率　123

R

Real Options　實質選擇權　435

Realized Rate of Return　實現報酬率　158

Receivable Turnover Ratio　應收帳款周轉率　124

Record Date　最後過戶日　450

Replacement Project　重置型方案　399

Required Rate of Return　必要報酬率　159, 302

Residual Distribution Model　剩餘分配模型　473

Residual Dividend Policy　剩餘股利政策　473

Residual Value or Salvage Value　殘值　407

Restrictive Covenants　限制條款　20

Retained Earnings　保留盈餘　83

Return on Common Equity, ROE　股東權益報酬率　134

Return on Total Assets, ROA　總資產報酬率　133

Reverse Split　反向分割　461

Risk-Free Asset　無風險資產　195

Risky Asset　風險性資產　195

S

Safety Margin　安全邊際　422

Security Market Line, SML　證券市場線　204

Share Capital　普通股股本　83

Share Premium or Paid-in Capital　資本公積　83

Shelf Registration　總括申報制　241

Signaling Effect　訊號效果　459

Signaling Theory　訊號發射理論　470

Sinking Fund　償債基金　251

Sole Proprietorship　獨資　9

Stakeholders　利害關係人　23

Standard Deviation　標準差　164

Statement of Cash Flows　現金流量表　92

Statement of Changes in Equity　權益變動表　100

Statement of Comprehensive Income　綜合損益表　86

Statement of Financial Position　財務狀況表　77

Stepped-Up Coupon Bond　遞增債息債券　247

Stock Dividend　股票股利　449

Stock Price Maximization　股票價格極大化　6

Stock Repurchase　股票買回　452

Stock Split　股票分割　461

Stockholder Wealth Maximization　股東財富極大化　6

Straight Line Method　直線法　406

Sum of the Years' Digits Method　年數合計法　407

Sunk Cost　沒入成本　402

Systematic Risk　系統風險　195

T

Target Capital Structure 目標資本結構 362

Targeted Repurchase 特定買回 457

Tax Differential Theory 稅率差異理論 468

Tender Offer 公開收購 457

Term to Maturity 到期期限 244

Terminal Price or Horizon Price 終端價格 306

Time Line 時間線 40

Time Value of Money 貨幣的時間價值 2, 37

Times Interest Earned, TIE 賺得利息倍數 130

Total Asset Turnover Ratio 總資產周轉率 127

Total Debt Ratio 總負債比率 128

Total Risk 總風險 163

Trade-Off Model 權衡模型 383

Treasury Stock 庫藏股 453

U

Underwriting 包銷 242

Undiversifiable Risk 不可分散風險 197

Unlimited Liability 無限清償 9

Unsystematic Risk 非系統風險 195

V

Valid Signal 有效訊號 462

Variance 變異數 163

W

Weighted Average Cost of Capital, WACC 加權平均資金成本 330, 335

Well-Diversified Portfolio 充分分散風險的投資組合 198

Y

Yield to Maturity, YTM 到期殖利率 261

Z

Zero Growth Model 零成長模型 304

Zero-Coupon Bond 零息債券 247